プロジェクターの技術と応用
Technology and Application of Projection Display

監修：西田信夫

シーエムシー出版

はじめに

　動画像を実時間でスクリーンに投写するプロジェクターの歴史は，けっこう古く，1950年代に油膜に電子ビームで画像を書き込む方式のもの（アイドホール）が開発されている。その後，電気光学結晶に画像を書き込む方式のもの，小型CRT（陰極線管）上の画像をスクリーンに投射するもの（CRTプロジェクター），液晶ライトバルブに画像を書き込む方式のものなどが商品化されたが，プロジェクターに対する評価は，長い間，表示画像が暗い，解像度が低い，色ずれを生じ易い，などとはかばかしくなかった。確かに，過去においては，CRTプロジェクターは高解像度化と高輝度化の両立が難しく，硫化カドミウムを光導電体として用いた光書き込み型液晶ライトバルブを使った装置は応答速度が遅いなど，各々に問題があった。しかし，プロジェクターの性能は着実に向上し，特にTFT（薄膜トランジスター）液晶テレビパネルを用いた装置（液晶プロジェクター）やディジタルマイクロミラーデバイス（DMD）を用いた装置（ライトスイッチ式プロジェクター）が商品化され，投写画像が明るく，高解像度になるにつれて，プロジェクターに対する評価は次第に高くなり，今日では，データプロジェクターとして会議に欠かせないものになっている。

　プロジェクターの高輝度化・高解像度化のためには，液晶テレビパネル，DMDなど画像形成素子の高性能化だけでなく，ランプ，光学系，スクリーンなどコンポーネント・要素技術の向上も不可欠である。また，プロジェクターをさらに普及させるためには，その使い方に関わる各種の要求に応える必要がある。

　そこで，本書では，第1章で，プロジェクターの各種方式について，今や過去のものとなった装置も含めて述べ，第2章から第4章で，現在使われているCRTプロジェクター，液晶プロジェクター，ライトスイッチ式プロジェクターの表示原理，構成，特徴などを解説し，第5章で，主要なコンポーネントや要素技術について解説した。

　第6章では，プロジェクターの使われ方の例として，各種の応用システムについて解説した。また，プロジェクターによって投写された画像は人間の目によって観察されるわけであるので，第7章で，視機能から見たプロジェクターの評価を取り上げた。

　執筆者は，それぞれの分野で現在第一線でご活躍の方々である。
　本書がプロジェクターの一層の発展にいささかでも貢献できれば幸いである。

2005年6月

西田信夫

普及版の刊行にあたって

本書は2005年に『プロジェクターの最新技術』として刊行されました。普及版の刊行にあたり、内容は当時のままであり加筆・訂正などの手は加えておりませんので、ご了承ください。

2010年8月

シーエムシー出版　編集部

―――― 執筆者一覧(執筆順) ――――

西田 信夫	徳島大学　工学部　光応用工学科　教授
	(現)徳島大学　大学院ソシオテクノサイエンス研究部　客員教授
福田 京平	(現)徳島文理大学　理工学部　教授
菊池　宏	日本放送協会　放送技術研究所　主任研究員
東　忠利	ウシオ電機㈱　顧問(非常勤)
八木 隆明	ルミレッズ ライティング ジャパン　セールスグループ
	テクニカル サポート マネージャー
永瀬　修	(現)リコー光学㈱　PJ事業室　サブリーダー(課長)
小川 恭範	セイコーエプソン㈱　LCP設計部　課長
松本 研二	HOYA㈱　コンポーネント事業部　技術開発部　開発グループ
	グループリーダー
織田 訓平	(現)大日本印刷㈱　研究開発センター　機能性材料研究所　所長
後藤 正浩	(現)大日本印刷㈱　オプトマテリアル事業部
	オプトマテリアル研究所　エキスパート
大島 徹也	㈱日立製作所　材料研究所　画像デバイス研究部　研究員
中島 義充	三菱電機㈱　京都製作所　所長室　専任/プロジェクトリーダ
	(新リアプロジェクタ技術開発)
鹿間 信介	三菱電機㈱　情報技術総合研究所　光・マイクロ波回路技術部
	次長
	(現)摂南大学　理工学部　電気電子工学科　准教授
寺本 浩平	三菱電機㈱　リビング・デジタルメディア事業本部　デジタル
	メディア事業部(京都製作所駐在)　主管技師長
藤井 哲郎	(現)東京都市大学　環境情報学部　情報メディア学科　教授
清川　清	(現)大阪大学　サイバーメディアセンター　准教授
奥井 誠人	日本放送協会　放送技術研究所　テレビ方式　主任研究員
関口 治郎	㈱NHKテクニカルサービス　事業開発センター　制作
	立体ハイビジョン　チーフエンジニア
	(現)㈱ハーツ　機材センター
坂本 幹雄	NECビューテクノロジー㈱　開発本部　本部長代理
小川　潤	(現)NECディスプレイソリューションズ㈱　先行技術開発室
	開発G　グループマネージャー
鵜飼 一彦	早稲田大学　理工学部　応用物理学科　教授

執筆者の所属表記は，注記以外は2005年当時のものを使用しております．

目 次

第1章 プロジェクターの基本原理と種類　　西田信夫

1 はじめに ･････････････････････････1
2 プロジェクターの基本原理･････････2
3 CRTプロジェクター･･･････････････3
4 ライトバルブ式プロジェクター･････4
　4.1 油膜ライトバルブ式プロジェクター
　　　･･････････････････････････････5
　4.2 電気光学ライトバルブ式プロジェクター ･････････････････････････8
　4.3 液晶ライトバルブ式プロジェクター
　　　･･････････････････････････････9
5 ライトスイッチ式プロジェクター･･14

第2章 CRTプロジェクター　　福田京平

1 はじめに ････････････････････････17
2 基本構成 ････････････････････････18
3 背面投射型と前面投射型････････････18
4 背面投射型CRTプロジェクターの
　構成要素 ････････････････････････19
　4.1 ミラー･････････････････････19
　4.2 投射レンズ････････････････････20
　4.3 CRT ･････････････････････････24
　4.4 液冷直結方式･･････････････････25
　4.5 スクリーン････････････････････26
　4.6 3色の投射像の合成･････････････28

第3章 液晶プロジェクター　　菊池 宏

1 はじめに ････････････････････････31
2 基本構成 ････････････････････････33
3 液晶ライトバルブ ････････････････34
　3.1 電気アドレス型液晶ライトバルブ
　　　････････････････････････････34
　　3.1.1 透過型液晶ライトバルブ････34
　　3.1.2 反射型液晶ライトバルブ････36
　3.2 光アドレス型液晶ライトバルブ･･･37
4 投影システム ････････････････････39
　4.1 透過型液晶プロジェクター ･････39
　4.2 反射型液晶プロジェクター ･････40
　　4.2.1 3板式････････････････････40
　　4.2.2 単板式････････････････････42
　4.3 光書込み型液晶プロジェクター･･44
　4.4 超高精細映像表示システム ･････45
　　4.4.1 スーパーハイビジョンにおける
　　　　　画素ずらし法････････････46
　　4.4.2 マルチ画像システム ･･･････47

I

第4章　ライトスイッチ式プロジェクター　　西田信夫

1　はじめに･････････････････････53
2　ディジタルマイクロミラーデバイスの構造と動作原理････････････････53
3　ディジタルマイクロミラーデバイスの製作方法････････････････････56
4　ディスプレイへの応用･･････････57
　4.1　暗視野投写光学系････････････57
　4.2　パルス幅変調による階調表示････57
　4.3　投写型ディスプレイ装置･･･････58
5　おわりに･･･････････････････････59

第5章　コンポーネント・要素技術

1　ランプ･･････････････東　忠利･･･61
　1.1　はじめに･･････････････････61
　1.2　ハロゲンランプ････････････61
　1.3　メタルハライドランプ･･･････62
　　1.3.1　製作方法･･････････････63
　　1.3.2　封入物････････････････63
　　1.3.3　点灯方式･･････････････64
　　1.3.4　入力電力とアーク長･････64
　　1.3.5　分光エネルギー分布･････64
　　1.3.6　効率と寿命････････････65
　1.4　超高圧水銀ランプ･････････66
　　1.4.1　製作方法･･････････････67
　　1.4.2　点灯方式･･････････････67
　　1.4.3　反射鏡････････････････68
　　1.4.4　定格電力およびアーク長･69
　　1.4.5　分光エネルギー分布および輝度分布････････････････69
　　1.4.6　効率と寿命････････････70
　1.5　キセノンランプ････････････71
　　1.5.1　石英ガラス製キセノンランプ････････････････････71
　　1.5.2　セラミックス製キセノンランプ････････････････････73
2　プロジェクター用LED光源････････････････八木隆明･･･75
　2.1　はじめに･･････････････････75
　2.2　プロジェクターの明るさ････75
　2.3　LED光源の白色面輝度･･････76
　2.4　ライトバルブのÉtendueと光源のLED数････････････････78
　2.5　LEDプロジェクター光束････80
3　照明光学系････････････永瀬　修･･･82
　3.1　はじめに･･････････････････82
　3.2　プロジェクターの照明系････82
　　3.2.1　基本構成･･････････････82
　　3.2.2　フィルムから液晶パネルへの転換････････････････84
　　3.2.3　液晶プロジェクターの光学系････････････････････85
　3.3　インテグレータ光学系･･････87
　　3.3.1　フライアイインテグレータ･87
　　3.3.2　ロッドインテグレータ･･････89
　3.4　偏光変換光学系････････････90
　3.5　偏光変換インテグレータ光学系･･91

3.6 プロジェクターにおける投射レンズ
    と照明系のマッチング ……… 93
3.7 おわりに …………………… 95
4 色分離・色合成光学系 …… **小川恭範** … 97
4.1 はじめに …………………… 97
4.2 色分離・色合成光学系の基本構成
    ……………………………… 97
    4.2.1 単板式プロジェクター ……… 97
    4.2.2 3板式プロジェクター ……… 98
    （1）ミラー順次光学系 ………… 98
    （2）プリズム合成光学系 ……… 99
4.3 構成部品 …………………… 100
    4.3.1 ダイクロイックミラー …… 100
    4.3.2 クロスダイクロイックプリズム
        ……………………………… 102
4.4 色設計 ……………………… 103
    4.4.1 基本的な考え方 …………… 103
    4.4.2 色むら ……………………… 105
    4.4.3 フィルターの構成 ………… 107
4.5 まとめ ……………………… 107
5 マイクロレンズアレイ …… **松本研二** … 109
5.1 はじめに …………………… 109
5.2 実効開口率向上 …………… 109
5.3 要求性能 …………………… 110
5.4 液晶プロジェクター用マイクロ
    レンズアレイの各種製法 ……… 111
    5.4.1 イオン交換法によるマイクロ
        レンズアレイの製法 ……… 111
    5.4.2 2P（Photo-Polymerization）法
        によるマイクロレンズアレイ
        の製法 …………………… 112
    5.4.3 レジストリフローと反応性

    イオンエッチングによる
    マイクロレンズアレイの製法
    ……………………………… 114
    5.4.4 ウエットエッチングによる
        マイクロレンズアレイの製造
        方法 ……………………… 115
5.5 液晶プロジェクター用マイクロ
    レンズアレイの構成材料 ……… 116
    5.5.1 ガラス基板 ………………… 116
    5.5.2 マイクロレンズアレイ用
        高分子材料 ……………… 116
    （1）高屈折率化に関して ……… 117
    （2）高耐光性化に関して ……… 118
    （3）マイクロレンズアレイ用樹脂
        ……………………………… 118
5.6 マイクロレンズの用語と定義 …… 118
6 背面投射型スクリーン
    ……………… **織田訓平，後藤正浩** … 122
6.1 リアプロジェクションディスプレイ
    とスクリーン ……………… 122
6.2 MDプロジェクター ………… 123
6.3 MDプロジェクター用スクリーン · 124
6.4 光吸収部（ブラックストライプ）
    付きスクリーン …………… 125
6.5 ウルトラ・ハイ・コントラスト・
    スクリーン（UCS）………… 127
6.6 新規高効率スクリーン ……… 128
6.7 薄型プロジェクションディスプレイ
    用スクリーン ……………… 130
6.8 まとめ ……………………… 130
7 指向性反射スクリーン方式投射型
    立体ディスプレイ ……… **大島徹也** … 133

7.1	はじめに …………………133	7.6.1	小型・省電力LEDプロジェクター ………140
7.2	裸眼立体表示の原理 ………133	7.6.2	高効率LEDアレイ光源 ……140
7.3	複数人鑑賞用スクリーン ……135	7.6.3	試作ディスプレイ …………142
7.4	画面輝度均一化スクリーン …137	7.7	おわりに ……………………142
7.5	水平鑑賞範囲拡大ディスプレイ…138		
7.6	卓上ディスプレイ …………140		

第6章　応用システム

1　リアプロジェクションテレビ
　　………………中島義充，鹿間信介…144
1.1　はじめに …………………………144
1.2　テレビの基礎 ……………………144
　1.2.1　テレビ方式と視覚 ……………144
　　（1）画面サイズと最適視距離 ……144
　　（2）解像力と視力 …………………145
　　（3）明るさの弁別 …………………146
　　（4）毎秒像数とフリッカ …………147
　　（5）色の弁別 ………………………147
　　（6）運動視 …………………………147
　1.2.2　画質 ……………………………148
　　（1）画質評価 ………………………148
　　（2）テレビ信号と信号処理 ………148
1.3　リアプロ・テレビの概要 ………148
　1.3.1　PTV技術史 ……………………148
　1.3.2　リアプロ・テレビの製品と特長
　　　　　…………………………………149
1.4　リアプロ・テレビ向け光学技術
　　　　………………………………149
　1.4.1　DMD™による空間光変調原理
　　　　　…………………………………151
　1.4.2　屈折式光学エンジン …………151

　　（1）DMD™素子と光学系の構成
　　　　　…………………………………151
　　（2）投写系 …………………………153
　　（3）照明系 …………………………155
　1.4.3　屈折・反射式光学エンジン …156
　　（1）新光学系 ………………………156
　　（2）ハイブリッドフレネルスクリーン
　　　　　…………………………………162
　　（3）リアプロジェクターの特性 …163
1.5　キーコンポーネントの最新動向…166
　1.5.1　光源 ……………………………166
　1.5.2　スクリーン ……………………166
　　（1）偏光スクリーン ………………167
　　（2）薄膜スクリーン ………………167
　　（3）クロスレンチキュラーレンズ
　　　　　…………………………………167
　1.5.3　ライトバルブ …………………168
　1.5.4　画素ずらし素子 ………………168
2　リアプロ・マルチディスプレイの必要
　技術と最新動向 ………寺本浩平…171
2.1　はじめに …………………………171
2.2　光学系 ……………………………172
2.3　スクリーン ………………………173

- 2.3.1 広い視野特性 …………… 173
- 2.3.2 斜め方向からみたマルチ画面での一体感 …………… 174
- 2.3.3 細目地スクリーン構造 …… 175
- 2.4 画面マルチ化の信号処理技術 …… 176
  - 2.4.1 CSC色域補正回路 ………… 176
  - 2.4.2 グラデーション補正回路 … 176
  - 2.4.3 輝度センサーフィードバックシステム …………… 177
- 2.5 省スペース化技術 …………… 177
  - 2.5.1 超薄型マルチプロジェクター …………… 177
  - 2.5.2 フロントメンテナンスシステム …………… 178
3. デジタルシネマ ………… **藤井哲郎**… 180
  - 3.1 はじめに …………… 180
  - 3.2 映画の電子化の進展 …………… 180
  - 3.3 ハリウッドを中心に進む世界標準 …………… 181
  - 3.4 デジタルシネマの画質の階層化 … 183
  - 3.5 4K映画用機器の開発状況 …… 183
  - 3.6 4Kデジタルシネマ配信システム …………… 185
  - 3.7 ネットワーク配信実験 ………… 187
  - 3.8 デジタルシネマの将来 ………… 190
4. 広視野ディスプレイ ……… **清川 清**… 192
  - 4.1 はじめに …………… 192
  - 4.2 スクリーン形状 …………… 192
  - 4.3 投影方式 …………… 194
  - 4.4 周壁面ディスプレイの事例 …… 195
  - 4.5 曲面ディスプレイの事例 ……… 198
  - 4.6 広視野ディスプレイの高精細化 … 201
  - 4.7 任意形状へのプロジェクション … 202
5. プロジェクターによる立体映像システム ………… **奥井誠人，関口治郎**… 206
  - 5.1 はじめに …………… 206
  - 5.2 奥行き感と再生像 …………… 206
    - 5.2.1 奥行き手がかりと視差 …… 206
    - 5.2.2 視差と再生像の位置 ……… 207
  - 5.3 立体表示装置の特性と立体映像表示 …………… 209
    - 5.3.1 クロストーク …………… 209
    - 5.3.2 幾何学ずれ …………… 210
    - 5.3.3 輝度 …………… 211
  - 5.4 プロジェクターによる立体映像表示装置 …………… 211
    - 5.4.1 偏光メガネ方式 …………… 211
    - 5.4.2 時分割方式 …………… 212
    - 5.4.3 色フィルタによる方式 …… 213
    - 5.4.4 眼鏡なし方式 …………… 213
  - 5.5 偏光フィルタによる立体映像システムの基本構成と導入例 …… 214
  - 5.6 2台のプロジェクターを用いて立体映像を投影する際の手順と留意点 …………… 216
  - 5.7 立体映像展示施設の事例紹介 … 217
    - 5.7.1 ナショナルセンター東京 CYBER DOME …………… 217
    - 5.7.2 山梨県三珠町 歌舞伎文化公園文化資料館3Dハイビジョンシアター …………… 218
6. 超短焦点非球面ミラーを用いた反射型投写方式 …… **坂本幹雄，小川 潤**… 221
  - 6.1 はじめに …………… 221

6.2 ミラーによる反射型投写方式の必要性 ·············· 221	6.5 実際のミラーレンズ特性 ········ 227
6.3 反射型投写方式の基本 ········ 223	6.6 投写性能 ······················ 230
6.4 製品WT600の光学設計と構成 ···· 224	6.7 使用状況と今後 ················ 232

第7章 視機能から見たプロジェクターの評価：色順次提示方式プロジェクターにおけるカラーブレイクアップ現象とその観賞者への影響

鵜飼一彦

1 はじめに ······················ 233	3 CBUの機序 ···················· 234
2 色順次提示方式プロジェクターにおけるカラーブレイクアップ現象とその観賞者への影響 ···· 233	4 CBUによる影響 ················ 236
	5 むすび ························ 238

第1章　プロジェクターの基本原理と種類

西田信夫*

1　はじめに

　光の分野での"プロジェクター"の本来の意味は"光あるいは画像を投射する装置"であり、スライドプロジェクター、オーバーヘッドプロジェクターという具合いに使われてきたが、最近では"プロジェクター"とだけ言うと、それは"小型のCRT（ブラウン管）やライトバルブ（実時間で画像の記録・消去ができる小型の表示デバイス）に表示された画像を投射レンズによりスクリーンに拡大投写する装置"を指している場合が多くなっている。

　プロジェクターに対する評価は、長い間、表示画像が暗い、解像度が低い、色ずれを生じ易い、などとはかばかしくなく、「直視型CRTが使えない極く限られたところで使われるだけである」などと言われてきた。それが、今では、プロジェクターはテレビやビデオの映像を大画面に写し出すビデオプロジェクターとしてだけでなく、パソコンを用いたプレゼンテーション用のデータープロジェクターとして会議の必需品になっており、さらにディジタルシネマ用プロジェクターとして映画の世界にも進出している。

　プロジェクターが現在のように世の中に迎え入れられるようになるまでには苦難の道があった。プロジェクターの始まりは、1950年代の油膜に電子ビームで画像を書き込む方式のものにまで遡ることができる[1]。その後、電気光学結晶に電子ビームによる走査で画像を書き込むライトバルブを用いるもの、小型CRT上の画像を投射するもの（CRTプロジェクター）、硫化カドミウム（CdS）を用いた光導電体を介して画像を液晶層に書き込むライトバルブ（光書き込み型液晶ライトバルブ）を用いるものなどが開発された。

　CRTプロジェクターは、色ずれを生じ易い、表示画像が暗い、などの問題点を有してはいるが、他の方式に比べて価格が安く、取扱いも容易なため広く用いられ、現在も使われている。光書き込み型液晶ライトバルブを使った装置は、高価な上に、応答速度が遅かったため、民生用としてはあまり普及しなかった。

　プロジェクターのこのような状況は、1986年に薄膜トランジスター（Thin Film Transistor：TFT）駆動の小型の液晶テレビパネル（TFT液晶ライトバルブ）を用いる装置（液晶プロジェク

---

　*　Nobuo Nishida　徳島大学　工学部　光応用工学科　教授

ター)が発表[2]されてから大きく変わることとなった。TFT液晶テレビパネルは半導体集積回路と基盤技術が同じであるので，その性能およびコストの速やかな改善が期待できたからである。また，1993年には，ディジタルマイクロミラーデバイス(DMD)と称する表示デバイスを使った高輝度プロジェクター(ライトスイッチ式プロジェクター)も開発されて[3]，プロジェクターは一層注目されるようになった。

これらのプロジェクターのうち現在使われているものは，CRTプロジェクター，液晶プロジェクターおよびライトスイッチ式プロジェクターであるが，他のプロジェクターも今日のプロジェクターの礎になっているので，その主なものの動作原理や特徴を述べることにする。

2 プロジェクターの基本原理

プロジェクターの基本原理はいたって簡単である。CRTプロジェクターの場合は，高輝度小型CRTの画像をレンズでスクリーンに拡大投影しているだけである。もちろん高解像度で高輝度の投影画像を得るためにいろいろな工夫がなされているが，基本原理という点では簡単であり，カラー化も赤，緑，青の拡大投影画像をスクリーン上で重ね合わせることによって行っている。

ライトバルブ式プロジェクターは，基本的には，映写機やスライドプロジェクターと同じで，ランプから出た光束でライトバルブを照明し，ライトバルブ上の画像を投射レンズを用いてスクリーンに投写しているが，光学系は，使用するライトバルブの仕様によって違ってくる。例えば，ライトバルブが透過型であれば，図1(a)に示すように，スライドプロジェクターと同じ構成であるが，ライトバルブが反射型だと，図1(b)に示すような構成になる。

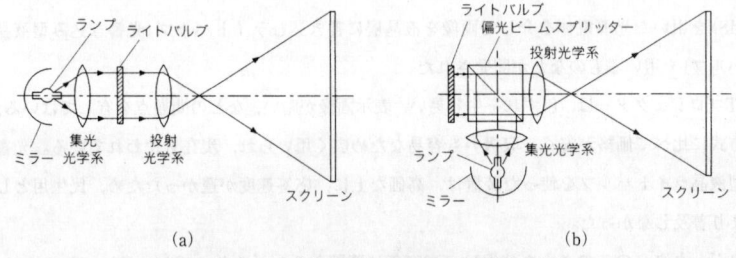

図1　ライトバルブ式プロジェクターの基本的な光学系
(a)ライトバルブが透過型の場合
(b)ライトバルブが反射型の場合

第1章 プロジェクターの基本原理と種類

また，カラー化の手法もライトバルブの仕様によって異なる。ライトバルブが透過型のカラー液晶パネルのように各画素に3原色に対応する開口が形成されている場合は，図1(a)に示した構成（この方式を"単板式"と呼んでいる）でカラー画像を投写できるが，ライトバルブが各画素に対して一つの開口を有する場合には，図2に示すように，光源から出た光を色分離光学系で赤，緑，青の3原色の光に分離した後，3枚のライトバルブをそれぞれ照明し，各ライトバルブで変調された光を色合成光学系で合成した後，1本の投射レンズでスクリーン上に投写することによりカラー画像を得ている（この方式は"3板式"と呼ばれている）。

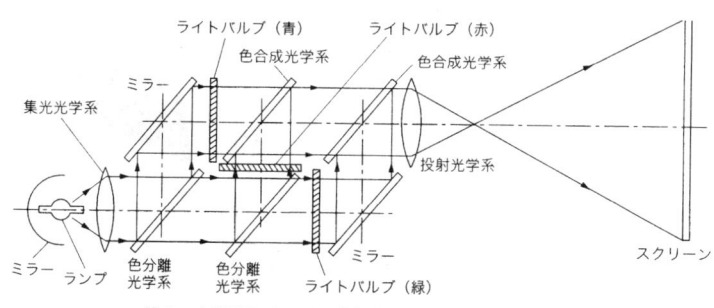

図2　3板型ライトバルブ式プロジェクターの基本光学系

ライトスイッチ式プロジェクターは，DMD（マトリックス状に配置された微小ミラーを画像信号に応じて傾斜させることにより画像を表示するデバイス）による反射光をレンズでスクリーンに拡大投影しており，カラー化は，DMDの高速性を利用して，図3に示すように，1個のDMDと回転カラーフィルター円板を用いて行っている[1]。

3　CRTプロジェクター

CRTプロジェクター[5〜8]は，高輝度小型のCRTの画像をスクリーンに拡大投影するディスプレイで，最初の商品は1973年に発売されたが，単管式（CRTを1本用いる方式）で，スクリーン輝度が2〜6フートランバート(fL)（1 fLは1平方フィートあたり1ルーメンの光束発散度を持つ完全拡散面の輝度）と低く，画質も十分でなかった。1977年になると，3管屈折レンズ式（赤，緑，青の単色高輝度CRTと投射レンズ3本を用いる方式）および3管凹面鏡式（非球面レンズと凹面鏡を組み込んだ単色投写管を3本用いる方式）のものが開発され，画質の向上とともに，画面の明るさも10倍以上になったため，アメリカを中心に普及し始めた。その後，投射レンズのプラス

3

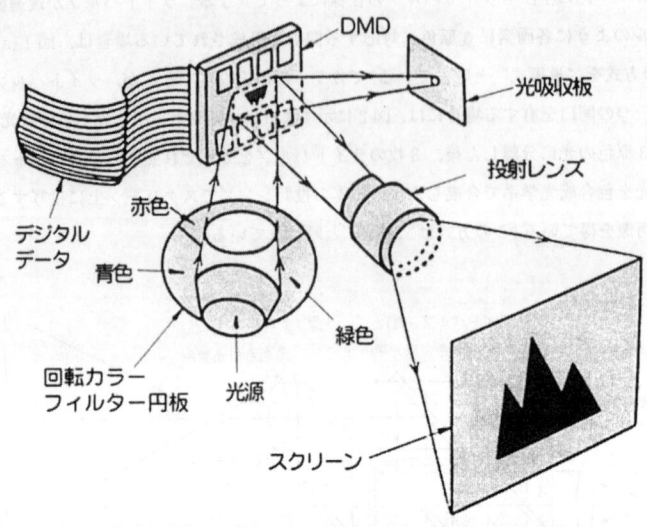

図3　1個のデジタルマイクロミラーデバイス(DMD)と回転カラーフィルター
円板を用いた順次フィールド式カラービデオプロジェクターの光学系

チック化による軽量化，CRTと投射レンズの光学的結合への不凍液の採用，干渉膜による色再現範囲の拡大，CRTの輝度の向上などの改善がはかられ，1990年頃には40インチ前後の画面サイズで，ピーク輝度1,900cd/m^2，解像度1,000TV本程度のものが発表された。

CRTプロジェクターの詳細については第2章を参照していただきたい。

4　ライトバルブ式プロジェクター

ライトバルブ(光弁)は，入射した光を空間的(面的)に変調する画像を実時間で形成する光学素子であり，最近では，ディスプレイに用いられる場合にライトバルブと呼ばれ，光コンピューティングに用いられる場合は空間光変調素子と呼ばれる場合が多い。

ライトバルブが，画像を電気信号により書き込むタイプの場合は，図1に示したようにしてプロジェクターを構成することができるが，一般的には，ライトバルブ式プロジェクターの構成は図4のように表される。すなわち，ライトバルブに何らかの画像書き込み手段により画像を書き込み，書き込まれた画像を，書き込み手段とは別に設けた投射用光源からの光で照明し，透過光あるいは反射光(図4では反射光)をスクリーンに投射すれば，拡大画像が形成される。

第1章 プロジェクターの基本原理と種類

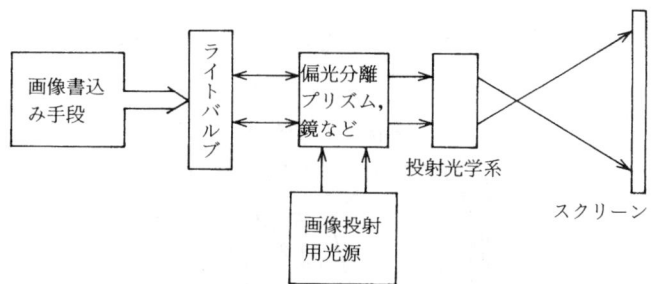

図4 ライトバルブ式プロジェクターの基本構成

　画像書き込み手段には，電子ビームによる走査，2次元画像の投影，レーザー光による走査，電気信号による方法などがある。画像を書き込む媒体には，油膜，電気光学結晶，液晶などがある。投射用光源としてはキセノンランプ，メタルハライドランプ，超高圧水銀灯などが用いられる。

　ライトバルブ式は，このように画像書き込みエネルギー源と投射用光源を独立に選択できるため，使用できる画像書き込み媒体の種類も多く，高解像度で高輝度な画像が得やすい。

　以下に代表的なライトバルブ式プロジェクターについて述べる。

4.1　油膜ライトバルブ式プロジェクター

　最初に開発された本格的なプロジェクターは，油膜を使用するライトバルブ（油膜ライトバルブ）を用いたもので，スイスのグレタグ（Gretag）社で1950年代に開発され，「アイドホール」という名称で商品化された[1,5,9]。これは，図5[5]に示すように，凹面鏡の上に作製した薄い油膜に電子ビームで電荷像を書き込み，静電力により油膜に生じる微小凹凸画像（位相画像）をシュリーレン光学系と呼ばれる光学系により濃淡画像としてスクリーンに投射するものである。

　シュリーレン光学系による位相画像の濃淡画像への変換の基本原理を図6[9]に示す。第1格子と第2格子は，第1格子の各スリットの像がそれぞれシュリーレンレンズによって第2格子の各バーの上に形成されるように配置されている。油膜が一様であれば，第1格子を通った光はすべて第2格子により遮られてスクリーンに到達しない。しかし，油膜の一部が変形して，その部分の屈折角あるいは回折角が変化すると，そこを通過する光路が変化するので，光は第2格子で遮られることなく格子の間隙を通ってスクリーンに到達し，油膜の変化量に対応した濃淡画像がスクリーンに形成される。

　アイドホールは，3本のライトバルブを使うことにより，フルカラー画像を30枚／秒の速さで

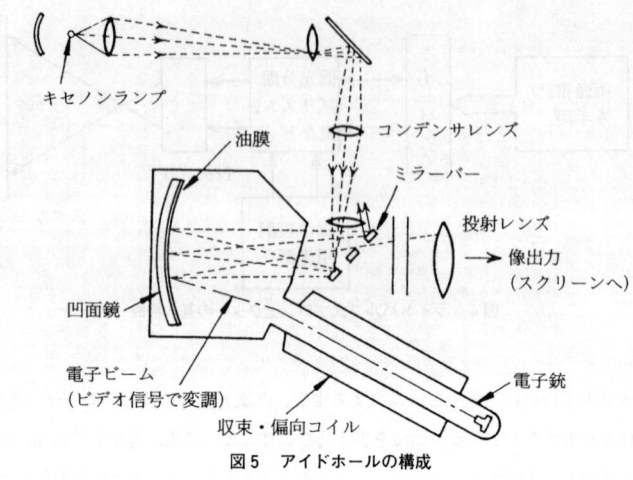

図5　アイドホールの構成

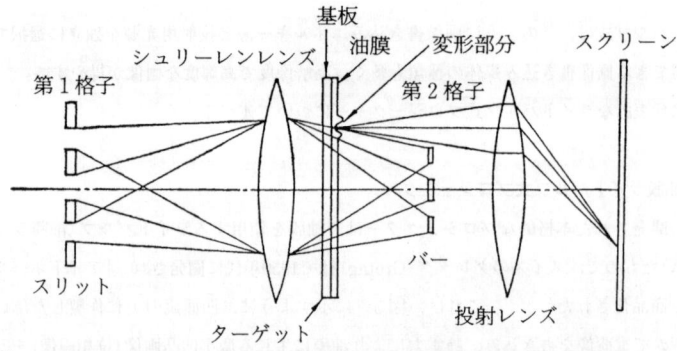

図6　シュリーレン光学系による位相画像の濃淡画像への変換の基本原理

表示できる。解像度は，モノクロームの場合，1,400×1,000画素と高く，投射光束も7,000ルーメンという非常に高い値が得られている。この装置の問題点は，油膜を直接電子ビームで照射しているため，油膜材料の劣化や油蒸気によるカソードの劣化が起こることである。その防止のために装置自体に排気系を持たせているが，その結果，装置が大型で複雑になっており，保守も面倒であった。

　アイドホールのこのような欠点を改良したのが，ゼネラル・エレクトリック（General Electric：GE）社のプロジェクター[1,5,9,10]で，新しい油膜材料の開発とカソードの改良によって

第1章 プロジェクターの基本原理と種類

封じ切り管構造にするとともに，油膜面の変形を回折格子としても利用して，1電子銃，1ラスターでフルカラー画像の投射を行っている。

GEのライトバルブ式プロジェクターの構成を図7[11]に示す。ビデオ信号で変調された電子ビームで油膜を走査して凹凸パターンを形成し，それを入力スロットと出力バーから成るシュリーレン光学系で濃淡画像へ変換する点はアイドホールと同じである。色フィルターの緑色部および入力スロットの水平スロット部を通り油膜面に到達した緑色光は，油膜上のラスター線の縦方向の幅変化によって制限される。ラスター線の幅変化は，高周波数の搬送波を緑色用のビデオ信号で変調し，それを垂直偏向板に加えることによって引き起こす。一方，マゼンタ色(青色＋赤色)部と垂直スロット部を通ったマゼンタ色光は，ラスター線に垂直な方向に形成された回折格子によって変調される。回折格子の形成は，12MHz(青色光用)と16MHz(赤色光用)の搬送波を水平偏向板に加え，そのそれぞれを青色および赤色のビデオ信号で変調して，電子ビームが油膜を走査する速度を変化させることによって行う。12MHzの搬送波に対応して形成された凹凸パターンは，青色光が出力バーを通り，赤色光がブロックされるように各色光を回折する。16MHzの搬送波に対しては，赤色光が透過され，青色光がブロックされる。このようにして，3色の画像が同じ電子ビームにより同時に油膜に書き込まれ，フルカラー画像としてスクリーンに投射される。

このシステムの解像度は1,070×700画素，投射光束は900ルーメンである[1,12]。

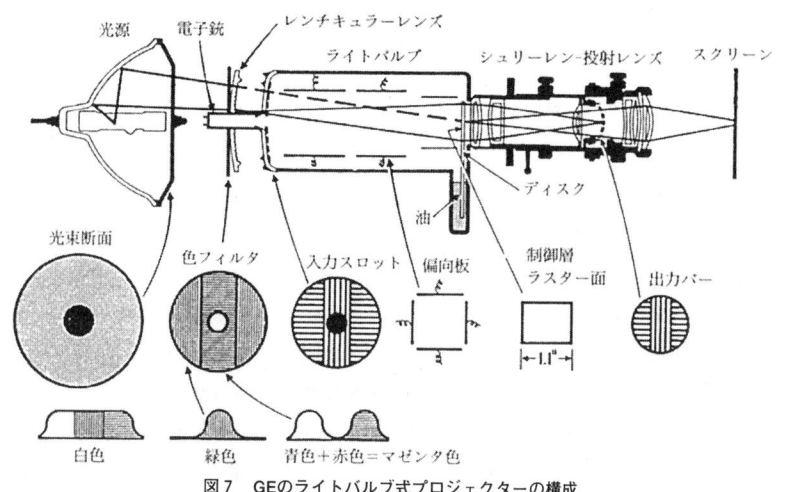

図7 GEのライトバルブ式プロジェクターの構成

4.2 電気光学ライトバルブ式プロジェクター

電気光学ライトバルブ[9,13]は,薄い電気光学結晶のポッケルス効果(結晶の屈折率異方性が電場に比例する効果)を利用して電荷像を濃淡画像に変換するもので,その動作原理は次の通りである。

図8に示すように,電気光学結晶を電子管の中に組み込み,結晶の表面を電子ビームで走査して電荷像を形成すると,結晶は電荷像に応じた屈折率異方性を示す。この状態の結晶に,偏光分離プリズムにより偏光された投射光を入射させると,入射光の偏光方向が電荷像に応じて回転され,再び偏光分離プリズムを通ることにより,電荷像が濃淡画像に変えられる。

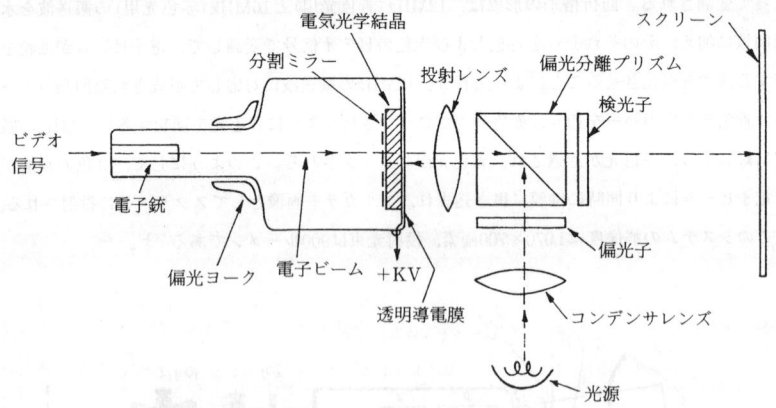

図8 電気光学ライトバルブ式プロジェクターの基本構成

電気光学ライトバルブの欠点は,必要な電気光学効果を得るためには,高電圧を要することであった。フィリップス(Philips)社のフランス研究所(LEP)は,電気光学ライトバルブのこの欠点を,電気光学結晶として約30mm×40mm×0.25mmのKD_2PO_4を用い,ペルチエ冷却器でキューリー点近傍の-50℃に冷却して必要印加電圧の低減をはかることで解消し,さらに図9[14]に示すライトバルブ構造を用いて消去と書き込みの同時化を達成し,全くフリッカーのないテレビ画像の投射を実現した。このライトバルブはTitusという名称で商品化された。

Titus電気光学ライトバルブの消去と書き込みの同時化の原理は次の通りである[1,14]。図9の構造において,ターゲットの2次電子放出比が1以上になるように電子ビームの加速電圧を選び,一定強度の電子ビームでターゲットを走査すると,電子ビームは実効的にターゲットの照射点とグリッドの間の短絡回路として作用する。すなわち,電子ビーム照射点の電位がグリッドの電位

第1章　プロジェクターの基本原理と種類

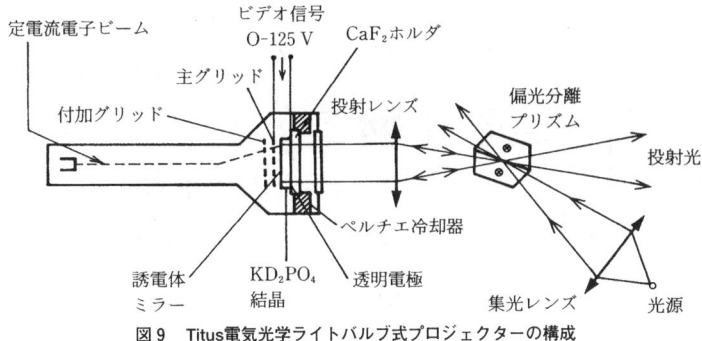

図9　Titus電気光学ライトバルブ式プロジェクターの構成

より低いと，2次電子放出比は1より大きく，照射点の電位は増加する。反対に，照射点の電位がグリッドの電位を越えると，2次電子放出比は1より小さくなり，照射点の電位は減少する。したがって，グリッドと透明電極の間にビデオ信号を印加しておくと，ターゲットの各点は，あらかじめ持っていた電荷に関係なく，電子ビームの照射につれて相応するビデオ電圧にチャージされる。かくして消去と書き込みが同時に行われる。

　Titus電気光学ライトバルブ式プロジェクターの解像度はほぼ750×500画素，投射光束は2,800ルーメンである。

4.3　液晶ライトバルブ式プロジェクター

　液晶ライトバルブは，液晶層と，書き込みエネルギーを液晶層に伝達する層（書き込み層）とから成っており，画像書き込み手段には，電子ビームによる走査，2次元画像の投影，レーザー光による走査，電気信号による方法がある。現在急速に普及が進んでいる液晶プロジェクターは，液晶としてネマチック液晶を用い，薄膜トランジスター（TFT）を電荷保持エレメントとして用いたアクティブマトリックス型の電気信号書き込み型（電気アドレス型）液晶ライトバルブ式プロジェクターである。

　液晶プロジェクターが液晶ライトバルブ式プロジェクターの最終的な形態であるかどうかはまだわからないが，現在の形になるまでにも幾多の変遷があった。

　最初の液晶ライトバルブ式プロジェクターは電子ビームにより画像を書き込むもの[15]で，1968年にRCA（Radio Corporation of America）社から発表された。そのライトバルブの構造を図10に示す。CRTの蛍光面に相当するところにモザイクフェイスプレートが置かれ，その表面に液晶層が接して配置されている。液晶はネマチック液晶で，動的散乱モード（DSM）で動作させられて

プロジェクターの最新技術

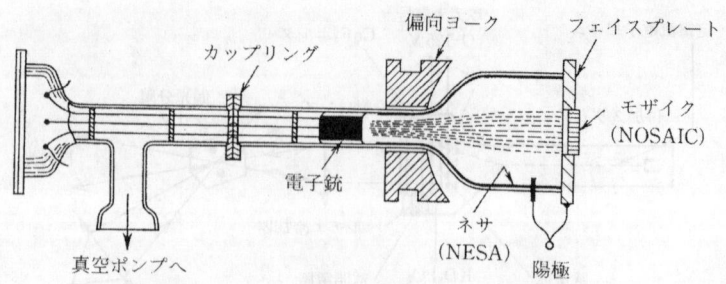

図10 電子ビーム書き込み型液晶ライトバルブの構造

いる。液晶に書き込まれた光散乱性の画像は反射型シュリーレン法で拡大投影される。30枚／秒近くの表示速度が得られ，テレビ画像の投射に成功しているが，解像度が200×200画素程度で，高解像度化の可能性も低いことから，その後目立った発展は見られなかった。

続いて，1970年に光導電体を介して2次元画像を液晶層に書き込む液晶ライトバルブ(光アドレス型液晶ライトバルブ) を使ったプロジェクターの実験がヒューズ(Hughes)社[16]およびベル(Bell)電話研究所[17]から，また1972年にレーザービームで液晶層を走査して熱的に画像を書き込む液晶ライトバルブ(レーザー熱書き込み型液晶ライトバルブ) を使ったプロジェクターの実験がベル電話研究所[18]から提案された。その後，光アドレス型は，ゼロックス(Xerox)社[19]，富士通[20]，日本電気[21]などで，レーザー熱書き込み型は，京都大学[22]，IBM[23]，シンガー(Singer)社[24]，日本電気[25]などで研究開発が行われた。

図11にヒューズ社で開発された光アドレス型液晶ライトバルブの構造，図12にこのライトバルブを用いたプロジェクターの構成を示す[26]。光導電体は硫化カドミウム(CdS)とテルル化カドミウム(CdTe)のヘテロ接合で，CdTeは投射光がCdSを照射するのを防止する遮光層としても働いている。誘電体ミラーは投射光を反射するために，また液晶配向膜は液晶分子を配向させるために設けられている。液晶はネマチック液晶で，ハイブリッド電界効果モードで動作する。書き込み光源は緑色発光のCRTで，CRT画像が光導電体上に投影されると，光が当たったところは光導電体のインピーダンスが低下するため，画像に相当する電圧パターンが液晶に加わり，ハイブリッド電界効果を働かせる。この状態の液晶層に偏光分離プリズムにより偏光された投射光を入射させると，入射光の偏光方向は電圧パターンに応じて回転される。このようにして，ライトバルブで反射された光の偏光方向はCRT画像に従って回転しているので，再び偏光分離プリズムを通ると，濃淡画像に変換される。

この方式のプロジェクターは，1979年にモノクローム型，1981年にマルチカラー型が発売され

第1章　プロジェクターの基本原理と種類

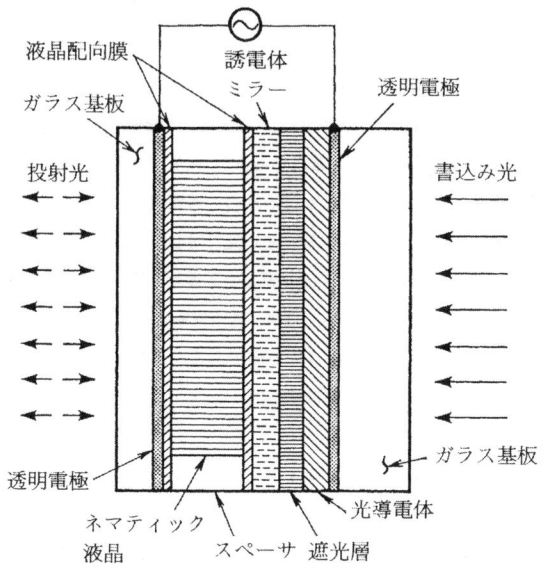

図11　光アドレス型液晶ライトバルブ(反射型)の構造(断面図)

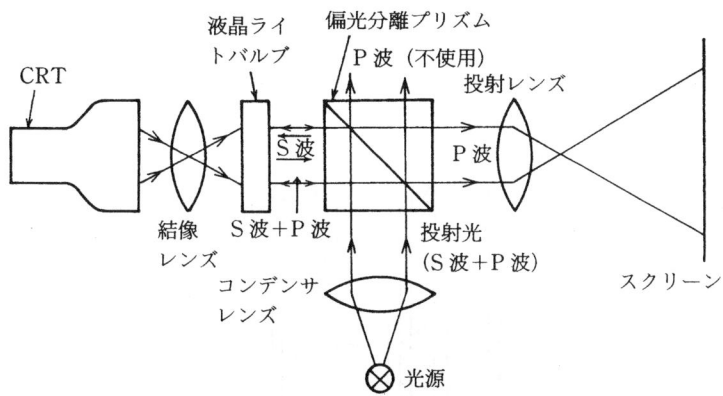

図12　光アドレス型液晶ライトバルブを用いたプロジェクターの構成

た。解像度は1,000×1,000画素程度，投射光量は500Wのキセンランプを用いた場合で500ルーメン程度であったが，時間応答特性は，光導電体としてCdSを用いていたため，十分ではなかった。そこで，光導電体をCdSから水素化アモルファスシリコン(a-Si:H)に変えた液晶ライトバルブの

プロジェクターの最新技術

開発が進められ，高品位テレビ(HDTV)対応のディスプレイ装置が開発されている[27～29]。

次に，レーザー熱書き込み型液晶ライトバルブを用いたプロジェクターの一例として，日本電気で開発されたレーザー熱書き込み型液晶ライトバルブの構造とプロジェクターの構成をそれぞれ図13，図14に示す[25, 30]。液晶ライトバルブは，レーザー光を吸収して熱に変換する光吸収膜，投射光を反射するための光反射膜(電極を兼ねている)，液晶が光吸収膜に浸透するのを防ぐための液晶ブロック膜，液晶層，液晶に電界をかけるための透明電極，液晶配向膜とから構成されている。光吸収膜は，波長が830nmの半導体レーザー光に対して吸収率の高い酸化バナジウムフタロシアニン膜で，光反射用のアルミニウム(Al)膜とで干渉膜を構成しており，光吸収率は95%以上である。液晶ブロック膜は二酸化珪素(SiO_2)膜，透明電極はインジウム錫オキサイド(ITO)膜，液晶配向膜は斜め蒸着法による一酸化珪素(SiO)膜である。液晶は昇温後の急冷により光散乱性を示すスメクチック液晶である。各膜の厚さは0.01～0.1μmで，液晶層の厚さ(約10μm)に比べてごく薄いものである。

画像信号で変調されているレーザービームをスキャニングミラーで2次元に偏向し，書き込みレンズで10μm程度に絞って液晶ライトバルブに照射すると，光吸収膜がレーザー光を吸収して発熱し，その熱が液晶層に伝わり，液晶を液体相(アイソトロピック相)まで加熱する。液晶の温度は，レーザー光が，別の場所に移動することにより，取り除かれると，急激に下がり，液晶は散乱状態になる。すなわち，散乱画素が形成され，そのまま保持される。

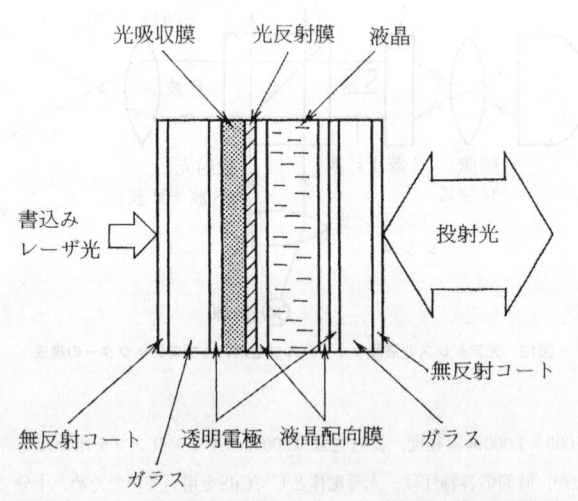

図13 レーザー熱書き込み型液晶ライトバルブ(反射型)の構造(断面図)

第1章　プロジェクターの基本原理と種類

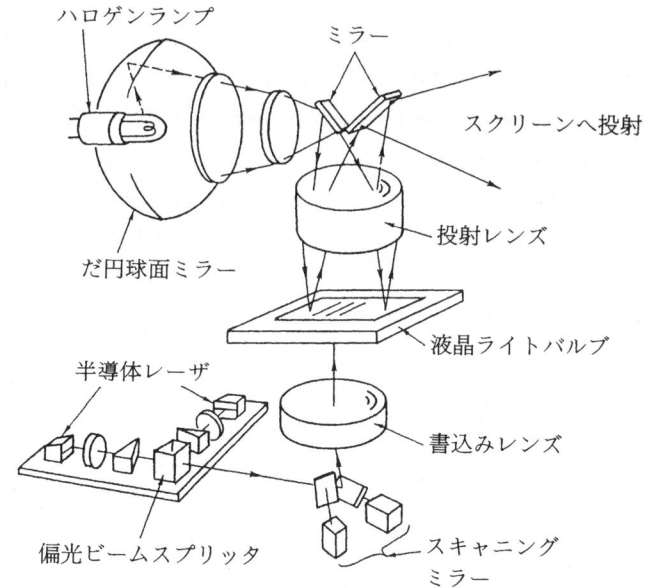

図14　レーザー熱書き込み型液晶ライトバルブを用いたプロジェクターの構成

　このようにして液晶ライトバルブにはレーザー光が描く図形が液晶の光散乱度の変化として書き込まれる。この状態の液晶ライトバルブに投射用の光を当て，シュリーレン光学系により正反射（鏡面反射）された光だけをスクリーンに投射すれば，濃淡画像が得られる。
　画像の消去は，透明電極間に電圧を印加して，液晶分子を再配列させることによって行う。また，レーザー光を照射した状態で電圧を印加すると，レーザー光を照射しない場合に比べて低電圧で消去できるので，この効果を利用して，画像を部分的に消して，その部分だけを書き直すこともできる。
　なお，図14の装置では，レーザー光の強度を増すために，2本の半導体レーザービームを偏光ビームスプリッターで1本のビームに合成している。
　この方式のプロジェクターの特徴は解像度が高いことで，8,000×8,000画素の解像度を実現したという報告[31]もあるが，一画面を表示するのに数秒から数十秒かかり，動画の表示ができないため，その用途は非常に限定されたものであった。
　現在，液晶プロジェクターとして普及が進んでいるものはこれらのいずれでもなく，電気アドレス型液晶ライトバルブである液晶テレビパネルを用いたものである。

液晶テレビパネルを用いる液晶ライトバルブ式プロジェクター(液晶プロジェクター)は，1986年にアモルファスシリコン(a-Si)の薄膜トランジスター(TFT)パネルを用いたものが発表され[2]，1989年に234×383画素のもの[32]が商品化されて以来，そのコンパクト性と使い勝手の良さのために急速に普及した。解像度も640×480画素から1,024×768画素へと年を追って向上され，TFTもポリシリコン(p-Si)を用いて作られるようになり，液晶テレビパネルの大きさは1インチ以下になっている。光源の単アーク長化，光インテグレーターや偏光変換光学系の使用による高輝度化も行われ，現在，家庭用のビデオプロジェクターから高解像度・高輝度のデータプロジェクターまで各種のものが市販されている。

液晶プロジェクターの詳細については，第3章を参照していただきたい。

5　ライトスイッチ式プロジェクター

ライトスイッチ式プロジェクター[3,4,33,34]は，デジタルマイクロミラーデバイス(DMD)と呼ばれる，微小ミラーをマトリックス状に配置したデバイスの微小ミラーの角度を変えることにより画像を表示し，その画像を投射レンズで拡大投影するものである。微小ミラーは，単結晶シリコン基板上に2次元に配列したSRAM(記憶保持動作が不用な随時書き込み読み出しメモリー)アレイの各メモリーセルの上に形成されており，SRAMアレイに入力される画像信号に応じて静電気力で傾斜させられることにより画像を表示する。

DMDは，1995年頃にテキサス・インスツルメント(Texas Instruments)社で開発され，1997年に0.7インチで画素数が800×600画素のものが，1999年に1.1インチで画素数が1,280×1,024画素のものが量産されるようになった。DMDを用いる表示技術はDLP(デジタルライトプロセッシング)と呼ばれ，DLPによるプロジェクターはDLPプロジェクターと呼ばれている。現在，画素数が1,280×1,024画素で，光出力が6,500ANSIルーメン(白色表示した画面を9分割して，それぞれの照度の平均をとったもの。ANSI：American National Standards Institute)の装置が商品化されている。

DMDおよびDLPの詳細については，第4章を参照していただきたい。

文　献

1) A. G. Dewey, Projection light-valve technologies for high-information-content displays, J.

第1章 プロジェクターの基本原理と種類

Appl. Photo. Eng., **6**, No. 5, 115〜120 (1980)
2) S. Morozumi, T. Sonehara, H. Kamakura, T. Ono and S. Aruga, LCD full-color video projector, Digest of Technical Papers of 1986 SID International Symposium, 375〜378 (1986)
3) J. B. Sampsell, An Overview of the Digital Micromirror Device (DMD) and Its Application to Projection Displays, Digest of Technical Papers of 1993 SID International Symposium, 1012〜1015 (1993)
4) J. M. Younse and D. W. Monk, The Digital Micromirror Device (DMD) and Its Transition to HDTV, Digest of Technical Papers of the 13th International Display Research Conference (Euro-Display'93), 613〜616 (1993)
5) 倉橋浩一郎, 大画面ディスプレイ, 電気学会雑誌, **100**, No.12, 1138〜1141 (1980)
6) 塩田多喜蔵, 伊東紀夫, カラービデオプロジェクションシステム, 電子通信学会誌, **61**, No.11, 1199〜1203 (1978)
7) 山本義春, CRTプロジェクションテレビ(リア形), O plus E, No.125, 97〜108 (1990)
8) 荻野正則, CRT式投写型ディスプレイ, 光学, **25**, No. 6, 321〜322 (1996)
9) 山田達也, 佐野俊一, ライトバルブ式投写装置, テレビジョン, **27**, No. 5, 348〜353 (1973)
10) 日野谷勝弘, 藤目俊郎, ビデオプロジェクター, テレビジョン, **26**, No. 1, 2〜13 (1972)
11) W. E. Good, Projection television, *Proc. SID*, **17**, No. 1, 3〜7 (1976)
12) T. T. True, Recent advances in high-brightness and high-resolution color light-valve projectors, Digest 1979 SID International Symposium, 20〜21 (1979)
13) D. H. Pritchard, A reflex electro-optic light valve TV display, *Proc. SID*, **12**, No. 2, 57〜71 (1971)
14) G. Marie, Light valves using DKDP operated near its Curie point : Titus and Phototitus, *Ferroelectrics*, **10**, No. 1 / 2 / 3 / 4 -Part 1, 9〜14 (1976)
15) J. A. Van Raalte, Reflective liquid crystal television display, *Proc. IEEE*, **56**, No.12, 2146〜2149 (1968)
16) J. D. Margerum, J. Nimoy and S. -Y. Wong, Reversible ultraviolet imaging with liquid crystals, *Appl. Phys. Lett.*, **17**, No. 2, 51〜53 (1970)
17) D. L. White and M. Feldman, Liquid-crystal light valves, *Electron. Lett.*, **6**, No.26, 837〜839 (1970)
18) H. Melchior, F. J. Kahn, D. Maydan and D. B. Fraser, Thermally addressed electrically erased high-resolution liquid-crystal light valves, *Appl. Phys. Lett.*, **21**, No. 8, 392〜394 (1972)
19) W. E. L. Haas and G. A. Dir, Simple real-time light valves, *Appl. Phys. Lett.*, **29**, No. 6, 325〜328 (1976)
20) 吉川滋, 堀江政勝, 高橋英男, 志村孚城, 反射型液晶ライトバルブの構成法, 電子通信学会論文誌, **J59-C**, No. 5, 305〜312 (1976)
21) 中野正和, 西田信夫, 井型格子状電極を用いた光書込型液晶ライトバルブの動作特性, 第28回応用物理学関係連合講演会講演予稿集, 86 (1981)
22) A. Sasaki, T. Morioka, T. Takagi and T. Ishibashi, Thermally addressed liquid-crystal display for dynamic figures, *IEEE Trans. Electron Devices*, **ED-22**, No. 9, 805〜806 (1975)

23) A. G. Dewey, J. T. Jacobs and B. G. Huth, Laser-addressed liquid crystal projection displays, *Proc. SID*, **19**, No. 1, 1～7 (1978)
24) R. C. Tsai, High density 4-color LCD system, *Information Display*, 3～6 (May, 1981)
25) 窪田恵一，須釜成人，加藤裕司，苗村省平，西田信夫，坂部毅，永沼誠昭，レーザ熱書込み液晶投射型高解像度高輝度大画面ディスプレイ，昭和58年度電子通信学会総合全国大会講演論文集分冊5，66(1983)
26) B. S. Hong, L. T. Lipton, W. P. Bleha, J. H. Colles and P. F. Robusto, Application of the liquid crystal light valve to a large screen graphic display, Digest 1979 SID International Symposium, 22～23(1979)
27) 若月一晃，液晶ライトバルブ方式プロジェクター，O plus E, No.125, 85～90(1990)
28) 滝沢国治，空間光変調素子を用いた投写形ディスプレイ，O plus E, No.125, 109～115(1990)
29) 鈴木鉄二，根岸一郎，反射型空間光増幅器を用いた高輝度・高解像度プロジェクター，光学，**25**, No.6, 319～320(1996)
30) 西田信夫，レーザ書込み投射型液晶大画面表示装置，電子通信学会誌，**69**, No.6, 597～600(1986)
31) A. G. Dewey, S. F. Anderson, G. Cheroff, J. S. Feng, C. Handen, H. W. Johnson, J. Leff, R. T. Lynch, C. Marinelli and R. W. Schmiedeskamp, A 64-million pel liquid-crystal projection display, Digest 1983 International Symposium, 36～37(1983)
32) 大江均，森和義，横尾義彦，液晶ビジョンXV-100Z, O plus E, No.125, 79～84(1990)
33) 西田信夫，ディジタルマイクロミラーデバイス(DMD)とそのディスプレイへの応用，O plus E, No.179, 90～94(1994)
34) 帰山敏之，DLP投射システム，ディスプレイ アンド イメージング，**9**, No.2, 79～86(2001)

第2章　CRTプロジェクター

福田京平*

1　はじめに

　DVDの普及，デジタル放送の開始に伴いテレビを大画面で楽しみたいというニーズが増えている。

　大画面を実現する方法の一つとして小さなサイズのCRT (Cathode Ray Tube)，あるいは液晶画面を拡大投射するプロジェクターが製品化されている。CRTプロジェクターの原理図を図1に示す。5～7インチのCRT上の画像を，投射レンズによってスクリーン上に家庭用では40～60インチ，業務用では40～200インチに拡大する。大画面を実現する方法として国内では直視型の液晶ディスプレイ，プラズマディスプレイが脚光を浴びているが，北米市場では手ごろな値段で購入できるためにプロジェクター方式が主流である。しかしながらこの分野においてもCRTから液晶やDLPを用いたものに次第に代わりつつあり，またこの数年学会等における論文発表も減少しているのが現状である。しかしながらCRTプロジェクターで開発された技術は他のプロジェクターを初めとするディスプレイ分野に引き継がれており参考となる点も多々あると考える。

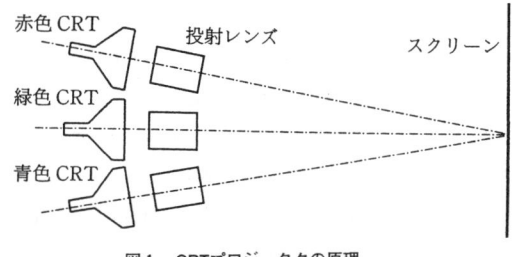

図1　CRTプロジェクタの原理

＊　Kyohei Fukuda　徳島文理大学　文学部　コミュニケーション学科　教授

2 基本構成

CRTプロジェクターの原理図を図1に示す。CRTとして5～7インチの小型の赤色，緑色，青色の3本のモノクロームのCRTが用いられている。この画面を投射レンズによって約10倍以上に拡大するためCRT面上の輝度はスクリーン上の輝度の100倍以上を確保する必要がある。これよりも小さなCRTを用いると，単位面積当たりの入力パワーが大きくなり過ぎてCRTが破壊されるなど信頼性の問題，また蛍光体に非常に大きな負荷がかかるために発光特性が劣化する等の問題が生じる。カラーCRTを用いる方式も考えられるが，この場合シャドウマスクにより発光効率は1/4に劣化してしまい，10～14インチの大きなCRTを用いねばならず，同時に投射レンズも非常に大きくなり，コンパクトなセットが実現できない。実際に初期の頃14インチのカラーCRTをフレネルレンズによって拡大する方式が製品化されたこともあった。

また100インチ以上の大画面のプロジェクターについては十分な輝度を得るためにCRTを6本以上配置したものもある。例えば6本の場合には3本ずつを2段にして，上の段には右から赤，緑，青色のCRT，下の段には右から青，緑，赤色の順に配置することによって斜め方向から見たときの色の変化を低減できるようにしている。

3 背面投射型と前面投射型

プロジェクターの方式として，図2(a)に示す前面投射型と図2(b)に示す背面投射型がある。

前面投射型は投射部とスクリーンが独立した構成となっており，スクリーンでの像の反射光を観視する仕組みになっている。投射部は机上，あるいは天井から吊り下げて設置する。しかし，最近は液晶プロジェクターの進歩が著しく，装置も大幅に小型軽量化できることから，この分野での需要は少なく大会議室での利用などに限定されている。

背面投射型は投射部とスクリーンが一体的に構成され，外観ではカラーCRTを用いた直視テレビに近い形となっている。スクリーンからの透過光を観視する仕組みになっている。40型のサイズでCRTプロジェクターを用いた背面投射型テレビを他の大画面テレビと比較すると表1のようになる。画質面でのCRTプロジェクターの特徴は

① 残像が少なく動きがなめらかである。
② 明るい部屋で見ても黒い箇所が白っぽくなることがない。
③ 明るい箇所の輝きが優れている。②の特徴と相俟って輝度のダイナミックレンジが広い映像となっている。

以下CRTプロジェクターの長所を最も引き出すことの出来る背面投射型について説明する。

第2章　CRTプロジェクター

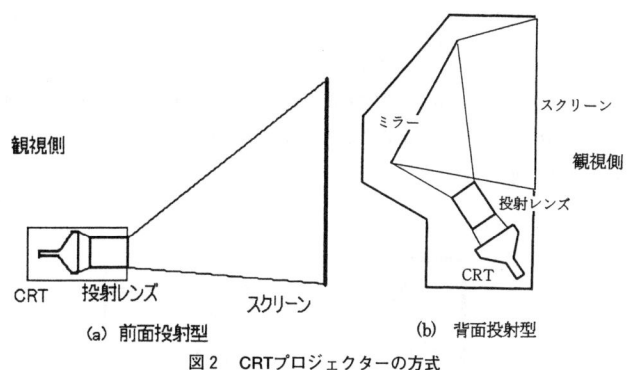

(a) 前面投射型　　　　　(b) 背面投射型
図2　CRTプロジェクターの方式

表1　40型での各種ディスプレイの比較

	背面投射型 CRTプロジェクター	背面投射型 液晶プロジェクター	液晶ディスプレイ	プラズマディスプレイ	CRT直視型
画質	○	○	○	○	○
奥行き	△	○	◎	◎	×
価格	◎	○	△	△	△

4　背面投射型CRTプロジェクターの構成要素

4.1　ミラー

　図1でCRTプロジェクターの原理について説明したがこのままの形でリアプロジェクターを実現してしまうと非常に奥行きが厚くなる。そこでできるだけコンパクトなセットを実現するために図3に示すように折り返しのためのミラーを配置している。CRTプロジェクター開発の初期の頃は，(c), (d)に示す2枚のミラーが設けられていた。(c)は薄型化を志向したセット，(d)は高さを低くすることを目的としたセットである。その後，より一層コンパクトにするために(a), (b)に示すように投射レンズにミラーを内蔵する方法が提案された。合計で3枚のミラーが用いられている。しかしながらこれ以上の枚数のミラーを配置しても，ミラー同士が衝突してしまいコンパクトなセットを実現することは出来ない。そこで次に製品化された構造が(e)に示すものである。配置されているミラーは1枚だけである。1枚ミラー方式の場合，これまでの画角の小さな投射レンズ，すなわち投射レンズからスクリーンまでの投射距離が長いレンズを用いると，2枚ミラー，あるいは3枚ミラー方式よりも奥行きが厚いセットとなってしまう。従来よりも大幅に投射距離が短くなるレンズを開発することによって薄型のセットを実現できる。この投

射レンズについては後述する。またミラーには反射損失があり，裏面鏡の反射率は92%，表面鏡の反射率は96%である。したがって3枚ミラーシステムから1枚ミラーシステムにすることによって輝度も向上することが出来る。また裏面鏡の場合図4に示すように裏面部の他に表面でも反射が生じるために解像特性を少し劣化させる。コストを考慮して大きなミラーには裏面鏡小さなミラーには表面鏡が用いられる。

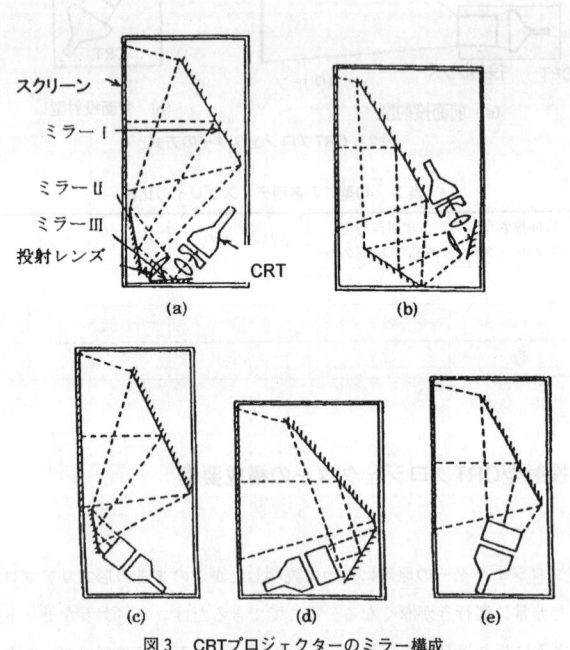

図3　CRTプロジェクターのミラー構成

4.2　投射レンズ

CRTプロジェクター用レンズが，一般に用いられるカメラ用レンズ等と異なる点について述べる。

① 明るいレンズが必要

CRTの蛍光面からの出射光は完全拡散光に近い。したがって明るさはF値の二乗に逆比例する。ほとんどの投射レンズはF値が1.2以下であり，非常に明るい。

② 大口径レンズである。

先に述べたように5〜7インチのCRTを用いていること，さらにF値が小さいこととあいまっ

第2章　CRTプロジェクター

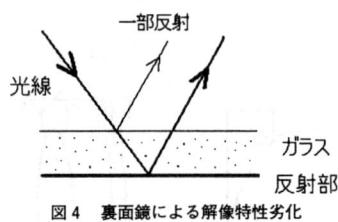

図4　裏面鏡による解像特性劣化

て，実際のレンズの直径は120〜150mmであり，非常に大口径である。

この投射レンズとしてガラスレンズ，あるいはガラスレンズとプラスチックレンズを併用した構成のものが用いられてきた。ガラスレンズの場合，非球面を用いるとコストが上昇し非実用的であり，実際には7枚構成の球面レンズが用いられている。プラスチックレンズを併用した場合には非球面の導入は容易であり，少ないレンズ枚数で構成できる。プラスチックを導入したレンズ構成を図5に示す。ガラス1枚，プラスチック2枚の合計3枚という少ない構成枚数となっている。最もスクリーンに近いレンズは球面収差の補正，2番目のガラスレンズは全体の80〜90%のパワーを有する。3番目の凹レンズは像面湾曲を補正する役割を持っている。主たるパワーを持つレンズをガラスとすることにより，温度変化による解像特性の変化を，全てをプラスチックで構成したときと比べて10〜20%にまで低減している。ガラスレンズの場合，F値が1.2であるのに対して，プラスチックを併用した図5のレンズ構成のF値は1.0であり，かなり明るく出来る。

4.1で述べたように1枚ミラー方式で薄型のセットを実現するには短い投射距離のレンズが必要である。図5の投射レンズの半画角が20〜25度であるのに対して，1枚ミラーの薄型セットを実現するには半画角を37度くらいにまで広げる必要がある。このように広角化したレンズ構成を図6に示す。プラスチック3枚，ガラス1枚の4枚構成レンズである。ガラスレンズは全体の約90%のパワーを有しプラスチックレンズの最大の弱点である温度や湿度変化による解像特性の劣化を緩和している。プラスチックレンズを用いた温湿度による影響については後で詳述する。

広画角を実現する原理について述べる。画角の増大に伴い劣化する収差は像面湾曲，非点収差それに図形歪である。像面湾曲と非点収差を取り除くために，図6の第3番目のプラスチックレンズを導入するとともに蛍光面を湾曲化している。CRTの蛍光面ガラスはプレスで製作されるため，金型ができれば平面も湾曲面もそれほどコストには差がない。図形歪についてはCRT面のラスター像を逆向きの歪とすることによって補正している。

プラスチックレンズの問題点は温度や湿度等の環境変動による性能劣化と形状精度を十分に確保する製造技術である。図6のレンズがこれらの問題に対しどのように配慮されているか述べる。

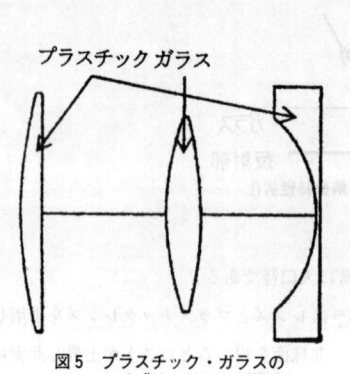
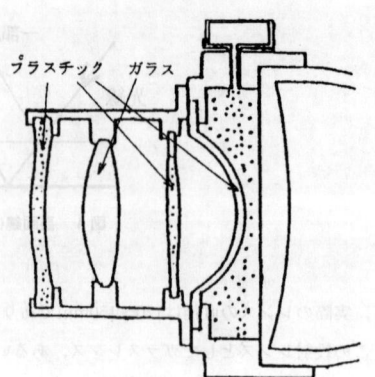

図5 プラスチック・ガラスの
　　　ハイブリッドレンズ構成

図6 短投射距離プラスチック，ガラスの
　　　ハイブリッド構成レンズ

① 温湿度による変動

プラスチックレンズは温度，あるいは湿度の変動により膨張し，また屈折率が変動する。この問題に対して次の二つの方法によって対策している。

1) ガラスレンズ併用

ガラスはプラスチックに比べて膨張係数，屈折率の変化がはるかに少ない。全系のパワーの90％をガラスレンズが持っており，全てのレンズをプラスチックで構成したときと比べて温湿度による変動は1/10以下となっている。

2) 投射距離が短い

投射距離が短くなると温度や湿度の影響を受けにくくなる。図7を用いてこの理由を説明する。投射レンズを1枚の薄肉レンズとする。物面であるCRTの蛍光面からレンズまでの距離をa，レンズから像面であるスクリーンまでの距離をb，焦点距離をf，倍率をMとすると以下の関係がある。

$$\frac{1}{a}+\frac{1}{b}=\frac{1}{f} \tag{1}$$

$$b=Ma \tag{2}$$

これらの式を用いて，横方向のスポット径の劣化Δdは

$$\Delta d \approx \Delta b \cdot 2\Theta \approx \frac{(M+1)}{M} \cdot \frac{1}{F} \cdot \Delta f \tag{3}$$

ここでFはレンズの明るさを示すF値である。

第 2 章　CRT プロジェクター

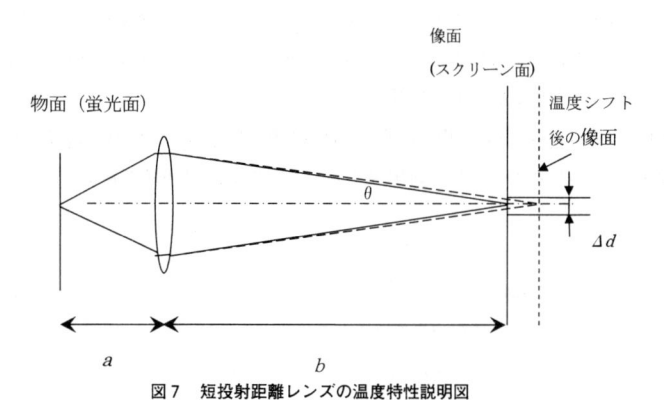

図7　短投射距離レンズの温度特性説明図

また焦点距離 f とレンズ面の曲率半径 r 及び屈折率の間には次の関係がある。

$$\frac{1}{f} \propto \frac{(N-1)}{r} \tag{4}$$

この式を微分すると

$$\Delta f = f \bullet \left(\alpha - \frac{n}{(N-1)} \right) \bullet \Delta T \tag{5}$$

ここで α は線膨張係数 n は屈折率の温度係数である。
(3)式と(5)式から，

$$\Delta d = b \bullet \left(\alpha - \frac{n}{(N-1)} \right) \bullet \frac{1}{M \bullet F} \bullet \Delta T \tag{6}$$

この式から温度変化によるスポット径の増大 Δd は投射距離 b に比例することがわかる。投射距離を2/3にすることによって，スポット径の増大も2/3に低減できる。同様にして湿度による膨張および屈折率変動によるスポット径の増大も投射距離 b に比例することが導ける。

② 形状精度の確保

　ガラスレンズと異なり，CRTプロジェクターに用いられるプラスチックレンズは射出成型によって製作される。樹脂を融かした後に固めるという工程の際不均一な収縮が生じたりして，金型形状が精密に転写されないことがある。図6のプラスチックレンズは薄肉で，中央部と周辺部の肉厚差も小さい。したがって成型時において内部での温度分布が均一となり，しかも温めやすく冷ましやすく，精度の出しやすい形状となっている。

CRTプロジェクターではモノクロームの投射管を用いるため色収差を配慮する必要がないように思われるが，実際の蛍光体の発光スペクトルは完全なラインスペクトルではなくて幅を持っており若干の色収差が発生する。特に非球面を用いたレンズでは球面収差については高次までほぼ完全に補正できるために，画面の中心部では色収差のみが残存する。この色収差も温度特性のところで述べたのと同じ原理により，投射距離を短くするとそれに比例して減少する。

4.3　CRT

プロジェクター用CRTには直視型のブラウン管と比べて格段に大きなパワーの電子ビームが入力される。例えば5～7インチの白黒ブラウン管と比べると100倍近くのパワーが投入される。そのためにCRTにもさまざまな技術が開発された。次にこれらについて述べる。

① 高信頼性

大きなパワーおよび大きなパワー密度の電子ビームが入力されるために，蛍光面が非常に高温となる。特に温度分布のむらが生じると最悪CRTが爆縮することがある。この対策のために事項で述べる液冷直結方式という技術を取り入れている。CRT自体でも周囲をバンドで補強することによって爆縮対策をしている。また通常の白黒CRTと比べるとはるかに大量のX線を発生する。この対策のために蛍光面にはX線を吸収し，かつ十分な厚さのガラスが用いられている。

② 蛍光体

非常に大きなパワーを投入すると蛍光体に対しても過酷な使用となる。そのために次のような問題が生じる。

1 ）焼きつき：CRT上の同一場所に長時間同じ画面を表示しているとそのパターンの跡が焼きついてしまう。

2 ）輝度の飽和特性：入力パワーの増大に伴って輝度が向上しなくなってしまう。

3 ）寿命特性：数千，あるいは数万時間電子ビームを印加しているとしだいに蛍光体の輝度特性が劣化する。

これらの問題点の対策のために様々な蛍光体材料が開発されてきた。

4 ）にじみ特性：十分な解像度特性を得るためにはCRTのビームスポット径を小さくしなければならない。蛍光面層の構造は図8に示すように20ミクロンくらいの蛍光体粒子が数層に堆積しており，電子ビームの照射により発光された光は蛍光体層で拡散し電子ビーム径よりも少し大きくなってしまう。そこでこの層を薄膜でかつ高密度にすることによってこのにじみを低減している。

③ 電子銃

電子銃は電子ビームの発生及びこれを絞る働きをする。電子ビームを絞るために電子レンズが

第2章　CRTプロジェクター

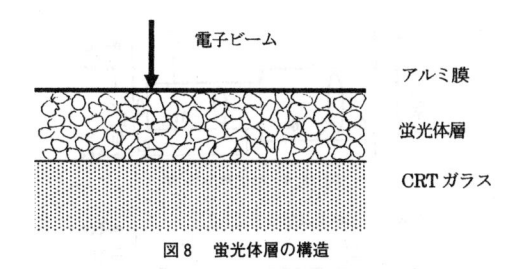

図8　蛍光体層の構造

用いられるが，通常のモノクロームのCRTに比べて非常に大きな電流を流すために，電子レンズに収差が発生し蛍光面上の電子ビーム径が大きくなり解像度性能を劣化させるという問題がある。このためにさまざまな電子銃の開発がなされてきた。プロジェクター用CRTの電子レンズとしては磁界レンズ，静電レンズ，および静電レンズと磁界レンズを併用した複合収束レンズが用いられている。磁界レンズ，複合収束レンズはCRTのネック外周部に磁界発生のための電磁コイルが設けられており，収差が少なく性能面で優れているが，全長が長い，コストが高くなるという短所がある。一方静電レンズは逆に全長を短く出来，低コストであるが，収差の面で劣るという短所がある。静電レンズの性能を改善するためにレンズを2つ以上組み合わせた多段収束レンズも開発された。その例を図9に示す。G_1からG_5は電極を示し，$E_{c1}, E_{c2} \cdots E_n$は印加する電圧を現している。$E_n$は28KV～32KVの陽極電圧，$E_{c1}$はフォーカス電圧で陽極電圧の24～29%の大きさである。またネックの外径を36Φと太くした大口径の静電レンズも開発され，磁界収束並みの特性が得られている。しかし大口径にしたときには電子ビームを偏向するためのパワーが大きくなるという問題がある。

4.4　液冷直結方式

　CRT面の温度低減，レンズ界面での反射による迷光低減のために液冷直結方式が用いられている。その構造を図10に示す。CRTと凹レンズの間に冷却液が封入されている。冷却液は水とエチレングリコールの混合液であり温度が零下になっても凍らない。CRTからの熱は冷却液に伝達され，さらに外周に設けられた金属製の放熱フィンから外部に放出される。また外周には温度上昇による液体の熱膨張を吸収するためのゴムなどの弾性体による液貯め部が設けられている。これにより温度の低減とともに蛍光面ガラス上での場所による温度むらを少なくすることが出来，その結果CRTの信頼性が向上し，蛍光体の発光特性，寿命を改善できる。またこの技術はディスプレイの重要な性能である黒レベルの明るさを低減できる。従来のプロジェクターでは，レンズ界

プロジェクターの最新技術

(a) 29.φ ネック HI-UPF IV

(b) 29.φ ネック LD Hi-UPF

(c) 36φ ネック LD Hi-UPF

図9　CRT静電レンズの構造

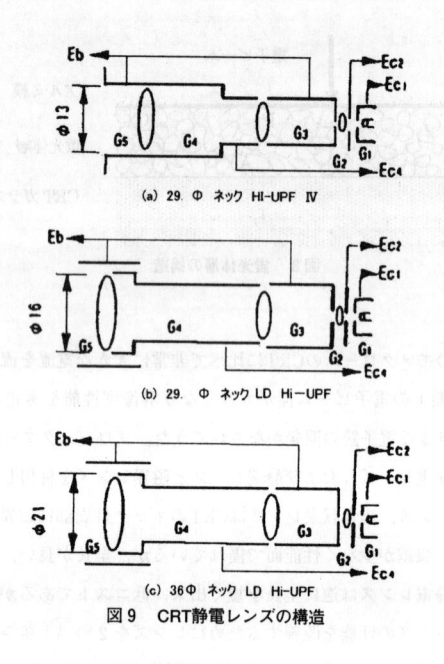

面間の反射による迷光のために本来黒く表示されるべきところが少し浮いてしまいコントラスト性能を劣化させていた。レンズ界面の反射率は減反射コートをしなければ4％，減反射コートによって1％以下となるが，蛍光面の反射率はモノクロームCRTの場合は50％以上であり，また，その外面は減反射コートが難しく最も悪影響が出やすい。そのため，CRTに近いレンズ界面ほど悪影響が大きい。しかしこの液冷直結方式によってCRTと直前のレンズ間がほぼ同じ値の屈折率の媒質で満たされるため，この迷光を格段に低減できる。この技術によってコントラスト比200以上を実現できるようになり実用上ほとんど問題のないレベルに到達できるようになった。

4.5　スクリーン

　スクリーンは図11に示すように投射側にフレネルシート観視側にレンチキュラーシートの2枚から構成されている。フレネルシートは投射レンズからの光を集光し効率よく観視側に向かわせる働きをする。投射レンズの位置が物点，観視側10mのあたりが像点となるように設計されている。投射距離が短い光学系ではフレネルレンズの焦点距離も短くしなければならない。そのためには図12に示すフレネル角を大きくする必要があり，反射損失，あるいは場合によっては全反射

第2章　CRTプロジェクター

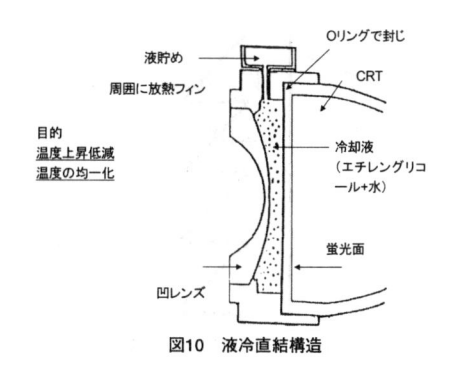

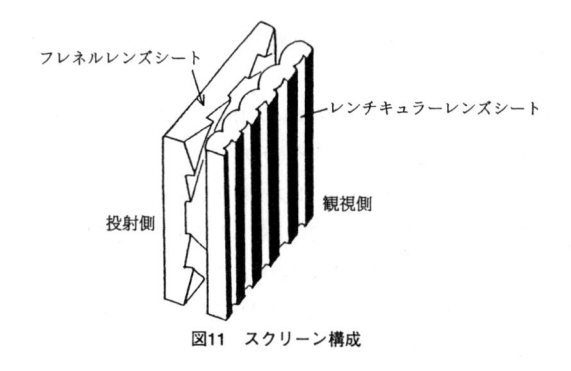

図10　液冷直結構造

図11　スクリーン構成

が生じてしまい，周辺部の光量の減少，あるいは色によって反射損失が異なると色むらが発生する。この問題を解決するために通常のアクリル（屈折率＝1.49）よりも屈折率の大きな材料（屈折率1.55以上）が用いられている。

　レンチキュラーシートは光を拡散する作用をしている。内部に母材の屈折率とは異なるガラスビーズを拡散させることによって垂直方向に光を拡散している。ただこの方法によってはあまり広い範囲に光を拡散することが出来なくて，垂直方向の視野角はせいぜい±10〜20度くらいである。表裏面には図11に示すように垂直方向に伸びているレンチキュラーレンズが配置されている。これは水平方向に光を拡散することと斜めから見たときにも色が変化しないようにする役割をしている。図13を用いてこの仕組みを説明する。レンチキュラーレンズⅠ，Ⅱとも焦点距離はシートの厚さになっている。水平方向に拡散される原理を緑色光で説明する。CRTからの光はほとんど垂直にレンチキュラーシートⅠに入射し，全ての光はレンズキュラーレンズⅡの中央を通過す

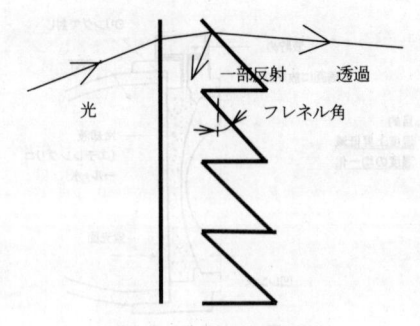

図12 フレネル角と反射損失

るように屈折する。さらに光はこの面で屈折し拡散される。その結果，水平方向には±45〜70度の範囲に拡散される。

青色光，赤色光はスクリーンに対して斜め方向に入射する。そのために左右方向から見たときに実際は白色画面であっても少し色づいてしまう（カラーシフト）。レンチキュラーレンズによってカラーシフトが改善できる原理を説明する。レンチキュラシートⅠに入射する赤色光束の中心光，すなわちレンチキュラーレンズⅠの中心部に入射した光はこの面で屈折しレンチキュラーレンズ面Ⅱに到達する。レンチキュラー面Ⅱの焦点距離はこのシートの厚さとなっているためにこの光線は中心軸に平行に出射する。同様に青色光の中心光もレンチキュラーシートの中心軸に平行に出射し3色とも方向が揃い，カラーシフトが低減される。

またこのレンチキュラーレンズ面Ⅱには光が通過しない領域がありこの部分は黒く塗装され外光を反射しないようになっている。このためスクリーン全体としての反射率は10％以下であり，外光があるときの黒レベルの浮きは直視のカラーテレビよりも格段に良くなっている。

4.6　3色の投射像の合成

スクリーン上で赤，緑，青色の像を精確に重ね合わせる必要がある。そのための方法について述べる。中央に配置された緑色についてはスクリーンに垂直に投射されるので，レンズ系に図形歪が生じていなければCRT上の4：3の長方形の画面がそのままスクリーンに表示される。しかし赤色及び青色光は斜めに投射されるため，スクリーン上に互いに逆方向の台形歪が生じる。これを補正するために前もってCRT上で逆方向の台形歪を発生させる。CRT上に発生させる補正用台形歪を表2のNO 1に示す。この図からわかるように緑色ラスターと比べて青色と赤色ラスターについては蛍光面上で広い領域が必要となる。逆に言えば，あるサイズのCRTを用いたとき

第2章　CRTプロジェクター

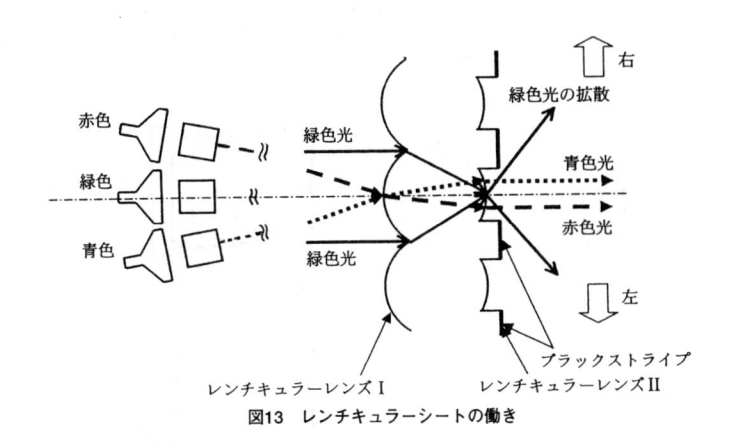

図13　レンチキュラーシートの働き

に，緑色のラスターサイズはそれよりも一回り小さくなる。入力できる電子ビームのパワー密度は限られているので，蛍光面のラスターサイズが大きいほうが大きなパワーを投入でき明るい画像を得ることが出来る。そこで，NO 2, 3の光学系の配置に示すように赤，青色のラスターの中心をCRT管面の中心から少しずらすことによって蛍光面を有効に使っている。このずれを補正するために光学系の配置を，各色の中心軸がスクリーンの中央で交わるのではなくて，スクリーンの反対側で交差するようにしている。さらにCRTの形を一般に用いられる4 : 3ではなく，若干縦方向に伸ばした4 : 3.3とすることによってCRT面を有効に使うようにしている。以上の工夫により蛍光面の有効ラスターサイズを12%広げることが出来，明るさを24%向上できる。

プロジェクターの最新技術

表2 蛍光面利用率の拡大

NO	アスペクト比	光学系の配置	ラスター形状	ラスター利用率
1	4:3			基準
2	4:3			+2%
3	4:3.3			+12%

文　献

1) M.Ogino, et al, "Key Technologies for High-Definition Displays", 16th International Television Symposium-Montreux, 128〜150 (1989)
2) 吉川博樹ほか, "投写型ディスプレイ用短投写光学系", テレビ学技法, EID91-40, 13〜18 (1991)
3) 大沢道孝ほか, "CRT投射型ディスプレイ", 1996年テレビジョン学会年次大会, S3-6, 577〜580 (1996)
4) 福田京平ほか, "超短投射距離光学系を有する薄型投射型テレビ", 映像情報メディア学会誌, **53**, No 4, 673〜682 (1999)

第3章　液晶プロジェクター

菊池　宏*

1　はじめに

　液晶プロジェクターは，光源から放射された光束を小型の液晶表示素子(液晶ライトバルブ)に照明し，この素子上で形成された画像を投写光学系によりスクリーン上に拡大投影する表示原理からなる。この原理により，液晶プロジェクターでは，直視型ディスプレイでは実現できない大画面表示が容易に形成可能である。大画面ディスプレイでは，①大画面映像になると臨場感・没入感が増大する，②多くの情報量を表示可能である，③情報または映像を大勢の人が同時に観視(共有)可能できる，などの特長を備えている。この応用としては，次のものがあげられる。

① 　プレゼンテーションツール：携帯用途から大会議場用途まで
② 　テレビ受像機：ハイビジョンホームシアター向けリアプロジェクター
③ 　大容量高速ネットワーク網応用：デジタルシネマ，テレビ会議，バーチャルスタジアム
④ 　次世代超高精細映像システム：スーパーハイビジョンなど
⑤ 　アートギャラリ：美術館・博物館・印刷物・美術品などの画像アーカイブス
⑥ 　画像シミュレータ：コンピュータによる不可視情報などのビジュアリゼーション(海洋の水温分布，地球上の二酸化炭素分布，流体解析など物理現象・気象現象・天体現象などのビジュアル化)，フライトシミュレータ・ドライビングシミュレータ
⑦ 　医療・診断：手術支援・訓練システム
⑧ 　劇場・イベント用映像システム

　図1は，画素数とスクリーンサイズにおけるプロジェクター応用の関係を示したものである。これまではデータプロジェクターが主体であったが，テレビ，映画などの映像世界への応用がここにきて大きく動き出している。特に，最近の技術開発および研究の流れは，リアプロジェクションTVおよびデジタルシネマをはじめとする超高精細大画面映像システムの研究開発に注力されている。この背景として，我国をはじめとするデジタル放送による本格的なハイビジョン放送普及のスタート，および高速・大容量のデジタル通信網の整備がその市場開拓の牽引役となっている。現状のプロジェクションTVマーケットは，北米中心であるが，大画面ディスプレイと

　＊　Hiroshi Kikuchi　日本放送協会　放送技術研究所　材料基盤技術　主任研究員

プロジェクターの最新技術

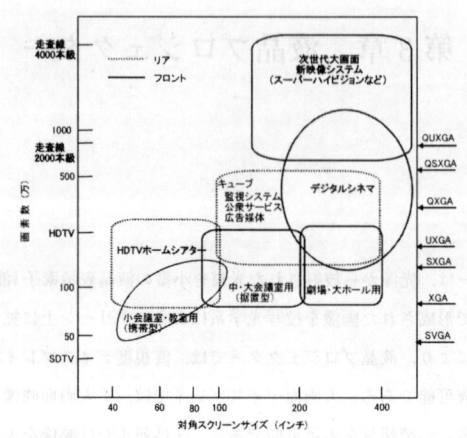

図1 画素数およびスクリーンサイズに対するプロジェクターの応用例

表1 液晶ライトバルブのアドレス方式と主な液晶の動作モード

画像情報のアドレス（書込み）方式			主な液晶の動作モード			
方式	具体的な手段	動作モード	光変調原理			
			励起方法	光学現象	物理現象 LCの配向変化	
電気アドレス方式 (TFTやMOSFETなどの半導体集積回路を用いて画像情報を直接電気的に書込む方式)	2端子素子（ダイオード） ・MIM など 3端子素子（トランジスタ） ・a-Si TFT ・p-Si TFT ・単結晶Si MOSFET	TN (Twisted Nematic)	電界	旋光能	誘電異方性 ツイスト(90°)→垂直	
		STN (Super Twisted Nematic)	電界	複屈折	誘電異方性 ツイスト≧180°→垂直	
		ECB (Electrically Controlled Birefringence)	電界	複屈折	誘電異方性 水平→垂直	
		VA (Vertically Aligned)	電界	複屈折	誘電異方性 垂直→傾斜	
電子ビームアドレス方式 (真空中の電子ビーム走査により画像情報を書込む方式)	CRTのフェースプレート上に液晶ターゲットを設け，電荷の蓄積・消去により画像を書換える．	SSFLC (Surface Stabilized FLC)	電界	複屈折	強誘電分極反転 ゴールドストンモード（双安定）	
		PDLC (Polymer Dispersed LC)	電界	光散乱	誘電異方性 ランダム→垂直	
光アドレス方式 (小型表示素子の光学像やレーザビーム走査などにより画像情報を書込む方式)	光書込み方式：液晶と光導電体との積層構造．小型のCRTや液晶パネルの光学像をレンズで結像し書込む．	DS (Dynamic Scattering)	電流	光散乱	電気流体力学的乱流 垂直（水平）→ランダム	
		PC (Phase Change)	電界	光散乱 (Ch→N相転移)	電場誘起相転移 フォーカルコニック→垂直	
	レーザ熱書込み方式：光吸収層と液晶層の積層構造．光吸収層で光-熱エネルギー変換し，光を透過/散乱させる．	熱書込み (Sm液晶，N+Ch混合液晶)	熱・電界	光散乱	熱誘起相転移 一様配列→ランダム	

32

第3章　液晶プロジェクター

してフルHDTV仕様，低消費電力，コストパフォーマンスなどの特長を生かすことで，急速にシェアを伸ばし2004年180万台，2007年には600万台まで達すると期待されている[1]。一方，新映像システムでは，反射型液晶ライトバルブLCOSの技術的進展が著しく走査線2000本級のデジタルシネマあるいは4000本級の超高精細映像システム（スーパーハイビジョン）の研究開発がなされている[2〜5]。

　液晶プロジェクターには，液晶ライトバルブの種類，書込み方式や表示原理によって種々の方式がある（表1）。本節では，多種多様の液晶プロジェクターの中から電気書込み方式および光書込み方式に絞って概説する。その他のプロジェクターおよびプロジェクター用各種コンポーネントの詳細については，他章および他の文献[6〜8]を参照されたい。

2　基本構成

　液晶プロジェクターは，「光学像発生装置（光源，液晶ライトバルブ）・投写光学系・投写空間・スクリーン」を組合わせたシステム型ディスプレイ（図2）であり，他のフラットパネルディスプレイとは異なり，その要素技術も多岐にわたる。一般的なプロジェクター用光源としては，超高圧水銀ランプ，メタルハライドランプ，キセノンランプなどの高輝度放電（HID: High Intensity Discharge）ランプが反射鏡と一体化されて用いられる。最近では，高指向性光源であるコンパクトな固体レーザー[9]，マイクロ波励起の無電極HIDランプ[10]，カーボンナノチューブ電子源と蛍光体で構成されたランプ[11]，およびLEDがプロジェクター用光源として研究開発されている。特に，高効率（30〜50lm/W）LEDの開発によりLED搭載のミニチュアプロジェクターの開発が目ざましい[12]。照明光学系はインテグレータ，偏光変換光学系，ダイクロイックミラーなどの色分離光学系，およびコンデンサレンズなどの各種レンズ系などで構成される。一方，投写光学系は色合成光学系および投写レンズの組合せよりなる。

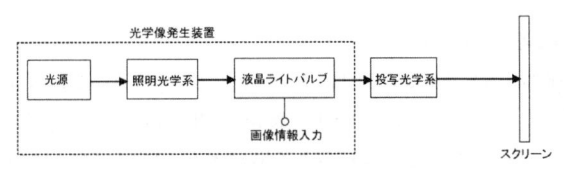

図2　液晶プロジェクターの基本構成

3 液晶ライトバルブ

プロジェクターのキーコンポーネントである液晶ライトバルブは，2次元面内の各空間位置における光学特性（透過，反射，位相，散乱，回折，屈折，吸収など）を制御できる素子であり，様々なものが開発されている。一般に，ライトバルブ(light valve)は光をオン／オフ，あるいは変調する素子（光の弁）を意味し，空間光変調器(spatial light modulator)ともよばれる。ライトバルブへの入力信号（画像情報）の書込み（アドレス）方法（表1）は，①高温ポリシリコン(HTPS: High Temperature Polycrystalline Silicon)TFTや単結晶シリコン(c-Si: crystalline Silicon)MOS-FET(Metal Oxide Semiconductor Field Effect Transistor)などの半導体集積回路を用いた電気アドレス方式，②小型表示素子の光学像やレーザビームなどを書込む光アドレス方式，③真空中の電子ビーム走査により情報を書込む電子ビームアドレス方式，などがある。これらの方式は，独立した光源からの光束を制御してスクリーン上に拡大表示するため，自発光型CRTプロジェクターに比べて使用する光源により表示画面のサイズと明るさを増加できる特長をもち，大画面表示に好適である。なお，電気アドレス方式で用いられるライトバルブは，狭画素ピッチで小型化できることからマイクロディスプレイともよばれる。

3.1 電気アドレス型液晶ライトバルブ

電気書込み方式液晶プロジェクターに搭載されるライトバルブは，テレビ映像やコンピュータ画像のような大容量の表示を行う必要から，小型サイズ，高精細（高密度），高開口率などの条件を同時に満足する方式が必須となる。現在，この条件を満たすライトバルブとして，アクティブマトリクス駆動であるHTPS-TFT駆動の透過型液晶ライトバルブとc-SiからなるMOSFET駆動の反射型液晶ライトバルブLCOS(Liquid Crystal On Silicon)の2方式が広く用いられている。このため各ライトバルブ搭載のプロジェクターは，それぞれ透過型液晶プロジェクターおよび反射型液晶プロジェクターとよばれる。アクティブマトリクス駆動の液晶プロジェクターは，①小型，軽量，②低価格，③投写レンズが1ヶ，④コンバーゼンス調整不要，⑤操作性が良い，などの優れた特色を備えている。

3.1.1 透過型液晶ライトバルブ

HTPS-TFT技術は，電界効果電子移動度が高い($100〜300cm^2/Vs$)ことから，高開口率で画素密度を高くできることやドライバー回路を画像表示部の周辺部に作りこめるという特長を有する。HTPS-TFTは，プロセス温度が1000℃以上と高いため石英基板を用いなければならず大面積の直視型液晶ディスプレイには不向きではあるが，高密度が要求されるライトバルブ応用に適している。

第3章 液晶プロジェクター

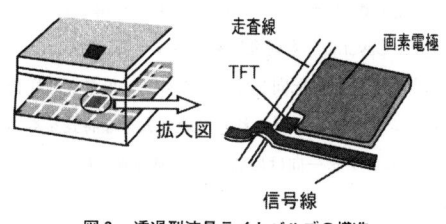

図3 透過型液晶ライトバルブの構造

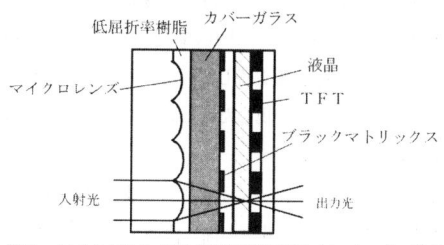

図4 マイクロレンズ付き透過型液晶ライトバルブの構造

　ライトバルブ(図3)は,基本的に直視型液晶ディスプレイとほぼ同じ構造であり,アクティブ素子であるTFTアレイを形成した石英基板とITO透明電極付のガラス基板の間に液晶が挿入された構造からなる。対向ガラス基板には,TFTへの光リークを遮断するためのブラックマトリックス(BM)がコーティングされる。さらにBMは,画素部の素子段差や画素間の横電界によるディスクリネーション発生でコントラストが低下する部分を覆い隠す働きをもつ。このように透過型液晶ライトバルブでは,TFTやバスラインが表示に寄与しないデッドスペースを有する。デザインルールの制約やTFTの耐光性の制約などによりブラックマトリックス部分の面積比率を下げることが困難であるため,小型高精細のライトバルブでは,開口率が低下する傾向にある。この対策として,透過型液晶ライトバルブではマイクロレンズアレイを搭載する(図4)。マイクロレンズアレイは,ライトバルブの各画素の境界にあるブラックマトリックスで遮光される光束を集光して,実効的な開口率を向上する技術である[13]。レンズアレイは,画素毎に1対1に対抗して配置され,ライトバルブの対向基板に内蔵されるように作製される。マイクロレンズを搭載する場合,液晶層に入射する光束やライトバルブから出力される光束の角度分布が広がるため,液晶動作特性の劣化,投写光学系とのマッチングの低下が生ずる。この対策として,液晶に関しては視野角特性の改善,投写光学系に関しては小Fナンバーのレンズを使用する。

　使用される液晶モードは,直視型同様に90°TN(Twisted Nematic)モードが主流であるが垂直

プロジェクターの最新技術

配向（VA: Vertically Aligned）モード[14]や光散乱効果を利用した高分子分散型液晶（PDLC: Polymer Dispersed Liquid Crystal）[15]も研究開発されている。特に，VAモードを用いたデバイスでは，オフ状態での液晶分子は垂直配向しているために，液晶の複屈折による波長依存性の影響がほとんどなく，高いコントラストが得られるという大きな特長をもつ。この理由により，リアプロジェクションやホームシアター向けの高画質の映像表示においては，VAモードを採用する流れになりつつある[16]。

ホームシアター向けとしてフルHDTV対応（1080P 1920×1080）の対角1.3インチ液晶パネルが開発され，画素ピッチ15μmの高密度で開口率56%を達成している[17]。最近では，0.7型720p（1284×784）パネルは開口率60%，コントラスト比750：1を示し，0.9型1080P（1920×1080）パネルは透過型LCDの最小画素ピッチ10μmを実現している。液晶の水平電界によるディスクリネーションを防ぐことで高コントラスト化を実現した新しいプロセスの導入が図られている。

3.1.2 反射型液晶ライトバルブ

反射型液晶ライトバルブの基本構造を図5に示す。この素子は，MOSFETアレイをc-Siウェハ上に形成した基板と，他方を透明なガラス基板の間に液晶を挿入した構造からなる。基板上には，MOSFETアレイ回路，配線，アルミニウム（Al）の反射ミラー電極などが形成される。反射電極の裏側にMOSFET駆動回路が形成されているため，素子入射全面積にわたり光変調が可能である。このため，画素を狭ピッチ化し画素数を増大させても開口率の低下がなく，高精細化と高輝度化を同時に両立できる特長をもつ。平坦な反射電極面を得るために、下層の絶縁層はCMP（Chemical Mechanical Polishing）工程を用いた平坦化技術により研磨処理される。この技術は，高密度の多層配線構造からなるLCOS基板の平坦化に非常に有効であり，高い反射特性が得られる。反射電極表面も必要に応じて研磨処理される。その他，反射型素子では次のような特長があげられる。

① シリコン材料系で最速の電界効果移動度特性（300～1500cm^2/V・s）
② さらに，FETのチャンネル長もサブミクロンであるため，高速動作が可能
③ 液晶駆動回路，制御回路の一体化形成によるモノリシック化が容易
④ プロセス上ウェハ内多面とりによる製造コストの削減が可能
⑤ 構造上，シリコン基板側からの冷却が可能であり，高出力の光束を用いるプロジェクターに最適

現在の画素ピッチは，10～7.6μmと微細化されており，その画素数はフルHDTVやQXGA（2048×1536）の素子まで開発されている[18～21]。デジタルシネマ用途には，2Kパネル（2048×1080），および4Kパネル（4096×2160）が製品化されている[22,23]。反射型液晶ライトバルブに用いられる液晶としては，45°TNモード[24]，MTN（Mixed Twisted Nematic）モード[25,26]，VAモード[18～23]，

第3章 液晶プロジェクター

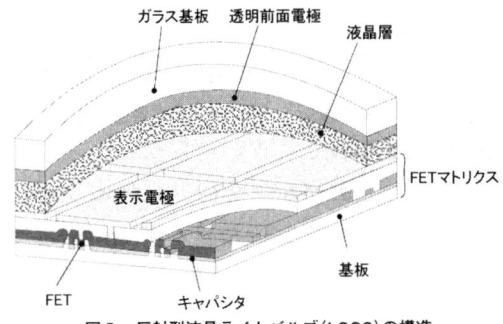

図5 反射型液晶ライトバルブ(LCOS)の構造

強誘電性液晶(FLC: ferroelectric liquid crystal)[27,28]、およびPDLC(polymer dispersed liquid crystal)[29,30]など様々なものが報告されている。透過型液晶ライトバルブ同様に、この方式もリアプロジェクションTVやデジタルシネマなどの映像表示システムにおいては、黒レベルの浮きの少ないVAモードが採用されている。

3.2 光アドレス型液晶ライトバルブ

この方式のライトバルブは、光導電材料と液晶材料を積層して構成、当初から液晶ライトバルブ(LCLV: Liquid Crystal Light Valve)の名称で研究開発されてきた[31,32]。このライトバルブは、

① 電気書込み型ライトバルブのような微細化加工による画素構造が不要であり、素子の歩留まりが本質的に高い
② 画素分割がないため実効的開口率は100%である
③ 液晶を光変調層に用いているために低電圧駆動である
④ 光導電層および液晶層がいずれも薄膜であり高い解像度をもつ
⑤ 有効面積が大きくétendueを考慮した高効率の光学システムが設計できる

など大画面高精細ディスプレイに適した特長をもつ。また、光書込み型ライトバルブは、プロジェクター応用の他に画像処理、パターン認識および光コンピューティングなどその応用分野は多岐にわたっている[33,34]。一方、課題としては、①別途書込み用の画像源および光学系が必要であり、②システムが複雑・大型装置となる、③レジストレーション調整に時間を要する、④光導電層の経時変化がある、などがあげられる。

典型的な光書込み型ライトバルブの基本構造を図6に示す。この素子は、光導電層、誘電体ミラー、液晶層、透明電極の積層構造からなる。光導電層としては、暗抵抗率が高く、光照射によ

37

り抵抗率(インピーダンス)が大幅に変化する材料が用いられる。誘電体ミラーは、書込み光と読出し光を空間的・光学的に分離する役割を担い、その光アイソレーション特性がライトバルブの増幅率を決定することになる。光アイソレーション特性は、高出力の光束を変調するプロジェクター用ライトバルブでは非常に重要であり、一般には光導電層と誘電体ミラーの間に絶縁性の高い光吸収層を設けて性能向上が図られる。

　このデバイスの動作原理は、次の通りである。ライトバルブへは、透明電極を通して交流電圧V_0が印加され、この電圧は、光導電層、液晶層および中間層である誘電体ミラーにそれぞれのインピーダンスに応じて配分される。書込み光を光導電層に照射しない場合には、印加電圧はほとんど光導電層に集中し液晶層へはかからない。一方、書込み光が照射されると、光導電効果により書込み光強度に応じて光導電層のインピーダンスが減少し、光導電層に集中していた電界の一部が液晶層に印加される。書込み光として画像パターンを光導電層上に照射すれば、その明暗に応じて光導電層の電気抵抗が場所ごとに変化し、液晶層は入力パターンに対応した電気光学効果を示すことになる。この結果、読出し光の位相や強度などが2次元的に変化し出力される。つまり光書込み型ライトバルブは、書込み光のもつ空間的な画像情報をそのまま読出し光に移し替えることができる。高出力の光束を液晶層に入射すれば画像の光強度増幅器の役割を果たすことが可能であり、ライトバルブで反射された読み出し光を投写レンズにより大型スクリーンに投影できる。

　これまでにプロジェクター用として、光導電層には硫化カドミウム膜、水素化アモルファスシリコン(a-Si:H)膜やカルコゲナイド系のAs_2Se_3膜を、一方の液晶層には45°TN、VAおよびSTN (Super Twisted Nematic)モードや強誘電性液晶など複屈折効果を用いたもの[35～38]、あるいは光散乱効果のPDLCを用いたライトバルブが報告されている[29～41]。

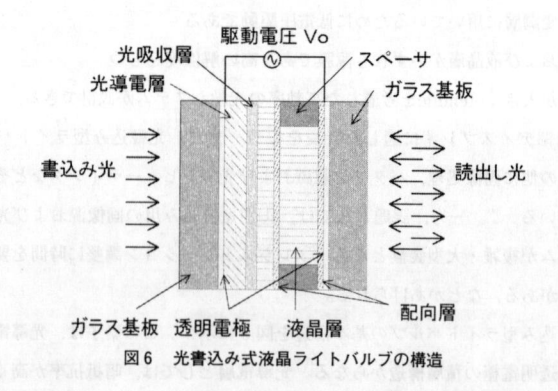

図6　光書込み式液晶ライトバルブの構造

第3章　液晶プロジェクター

4　投影システム

4.1　透過型液晶プロジェクター

当初VGAからスタートしたアモルファスシリコン(a-Si: amorphous Si)TFT駆動の透過型ライトバルブを用いた液晶プロジェクター[12]は，小型のパネルでも高精細・高開口率が可能なHTPS-TFT駆動のライトバルブへと置き換わりUXGAクラスおよびフルHDTVまで商品化されている。光出力は，当初の250lmが10000lmを越える値まで向上した。フロント方式のプロジェクターは，プレゼンテーション用ツールとしてコンパクトなB5/A4ファイルサイズの超軽量(1.7～2.9kg)のモバイル型(光出力：1000～2500lm)，3.6～10kgのポータブル型(1500～3000lm)，および大会議室用の据置型(3000～10000lm)まで幅広い製品が，各社より開発されている。

透過型液晶プロジェクターの光学系の一例を図7に示す。光源からの白色光束をインテグレータと偏光変換光学系からなる照明光学系により均質化および偏光方向を揃えた後，ダイクロイックミラー(DM: Dichroic Mirror)でR，G，Bの3原色の光束に分離し，それぞれの色に対応した3枚の液晶ライトバルブに照射する。各液晶ライトバルブにはそれぞれの色に対応した画像が形成されており，各液晶ライトバルブで変調された光束を，ダイクロイックプリズム(DP: Dichroic Prism)で合成して1本の投写レンズでスクリーン上に投影する。このDP方式では，4つの直角プリズムを貼り合わせて作製されるために，プリズム中央部分が不連続面となり画像に二重像や暗線を形成する原因となり，作製には高い加工精度と接着精度を要する。また，ライトバルブと同等以上のサイズのものが必要などの課題をもつが，パネルの小型化，加工精度の向上などにより，この方式が一般的に用いられる。なお，投写レンズは光利用効率を向上するために，1.6～2.9の小Fナンバーが主流となっている。その他の3板方式として，ダイクロイックミラー方式およびクロスダイクロイックミラー方式などがあるが，これらの方式では，板状のミラー面または透過面を通して画像が形成されるために非点収差によるフォーカスぼけ，コンバーゼンスずれが生ずる問題をもつ。一方，安価な単板方式として，マイクロカラーフィルタ方式[13]，ダイクロイックミラー方式[14]，およびグレーティング方式[15]も開発されている。しかし，単板方式では光出力の点で問題があり，また3板方式が小型化され高画質であることから，通常3板方式が一般的に用いられている。

図7から分るように，透過型システムは，①反射型に比べ構造が簡単，②Fナンバーの小さい投写レンズの採用可能，このため③光利用効率の高い光学系が設計できる，などの光学システム上の特長を有する。現在，この利点を生かしたマイクロレンズ搭載プロジェクターでは，10～15lm/Wの高いエネルギー変換効率(プロジェクターの出力光束量／光源の入力電力)が得られている。照明光学系は2枚のインテグレータレンズアレイとPBSを組み合わせ80％以上の平均照度比と1.5～

39

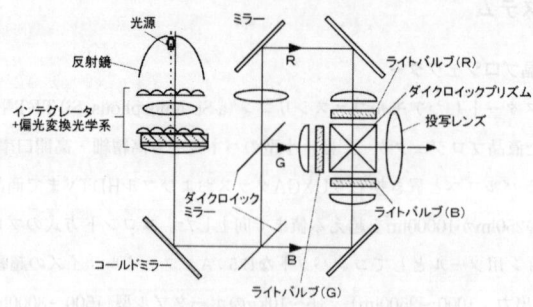

図7　透過型液晶プロジェクターの構成例

1.8倍の偏光変換による高輝度化を得ている[46]。

最近，長楕円リフレクターのランプを用いて，光線を集光した後凹レンズで平行化する照明光学系を採用する機種が増えている。レンズアレイの小型化と，平行光による性能改善が目的である。また，液晶ライトバルブに視野角補償フィルムを適用することでライトバルブ単体のコントラスト特性が1.5～2倍に改善される[46]。

4.2　反射型液晶プロジェクター

反射型は，前述のようにデバイスとして優れた性能をもつが，光学システムが複雑であり，またライトバルブサイズ相当のPBSが必要となり，重量増加，投写レンズのバックフォーカスが長くなるなどの問題をもつ。このため，使用する投写レンズのFナンバーが大きくなり，そのエネルギー変換効率は透過型より小さいのが現状である。このため，この方式はc-Si基板である反射型デバイスの特長を生かす高精細・高光出力・高画質など機能性を高めた用途に応用される。実際のフルカラー対応のプロジェクターでは，1枚または3枚のライトバルブで構成され，各プロジェクターは，それぞれ単板式および3板式とよばれる。単板式は，装置サイズの小型化，低コスト化が図れる利点を有し安価な民生用として開発されている。3板式は，画質と光出力の点で優れており，業務用・民生用を含め現在のプロジェクターの主流となっている。

4.2.1　3板式

3板式のプロジェクターの一般的な光学系を図8に示す。従来の色分離合成光学系は透過型とほぼ同じであるが，入出力光の偏光分離用PBS（3個）がRGBそれぞれのライトバルブ前段に配置される。ダイクロイックミラーで色分離されたRGBの各光束は，s偏光成分のみがPBSで反射されそれぞれの色に対応したライトバルブに照射される。各ライトバルブにはそれぞれの色に対応

第3章 液晶プロジェクター

した画像が形成されており，各ライトバルブで変調された反射光束のp偏光成分のみが，再びPBSを通して分離された後ダイクロイックプリズム(DP)で色合成され1本の投写レンズでスクリーン上に投影される。前述の光学系では，RGBのライトバルブ用にそれぞれPBSが3個必要となり装置重量が大きくなる，投写レンズのバックフォーカスが長くなりFナンバーが小さくなる，このため光利用効率が低下する，などの問題をもつ。これらの課題を解決する方法として，3色分解合成プリズム(Color Separation Prism)方式が開発されている[24,47]。光学システム(図9)は，1個のPBSと色分解プリズムから構成される。色分解プリズムは，業務用放送カメラに用いられる色分解プリズムと同じものであり，フィリップス型プリズムともよばれる(図9(a))。この方式は，1個のPBSと3個の組合わせプリズムで色分離・合成および偏光分離が同時にできる性能をもち，反射型プロジェクター光学系のシンプル化・軽量化・低コスト化が期待される。類似の方式のOCLIプリズム(図9(a))[18]や，3板式の色分離光学系として液晶カラー偏光板方式(図10)[49]

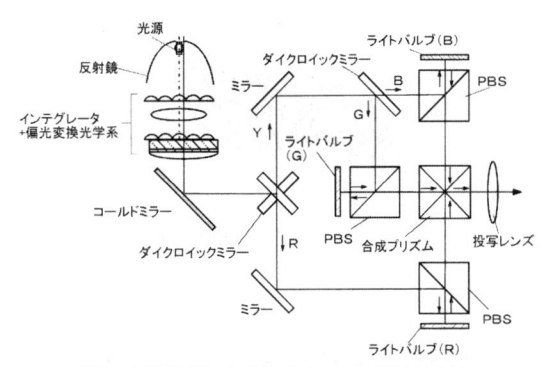

図8　反射型液晶プロジェクターの構成例(3板式)

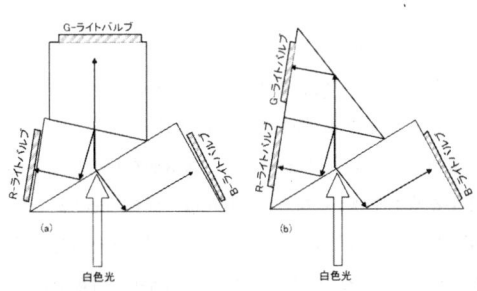

図9　色分解合成プリズム方式，(a)フィリップス型プリズム，(b)OCLIプリズム

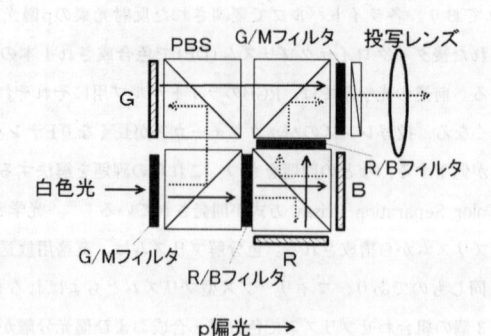

図10 液晶カラー偏光フィルター方式

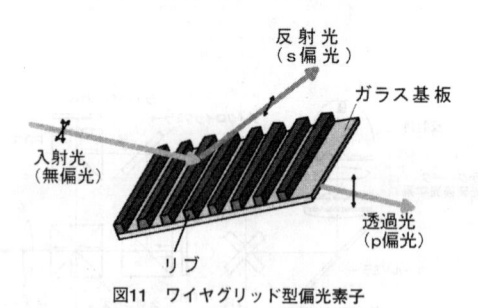

図11 ワイヤグリッド型偏光素子

が提案されている。反射型光学系は偏光分離するためのPBSの特性が従来足かせとなっていたが，最近はワイヤグリッド等の角度依存性や熱歪みの少ない光学部品(図11)が開発され，高画質化が進展している[50]。

4.2.2 単板式

ホームシアター用途を目指した安価な単板式プロジェクターは，高精細パネルを用いたホログラフィックフィルタ方式とフィールド色順次(FSC: Field Sequential Color)方式が開発されている。ホログラフィックフィルタ方式(図12)は，偏光性ホログラフィック光学素子(HOE: Holographic Optical Element)の波長分散機能とレンズ機能を利用し，光吸収なしに白色光を3原色に分離および集光する基本原理からなる[51]。HOEは，回折効率の高いフォトポリマー材料に計算機ホログラムを用いて設計されたマスターホログラムをレーザ露光することで作製される。HOEにはs偏光の光束が入射され，その1次回折光はRGB各色に分離されるとともにそれぞれに対応する画素に集光される。その後，ミラー電極で反射された光は液晶層で変調を受けたp偏光

第3章 液晶プロジェクター

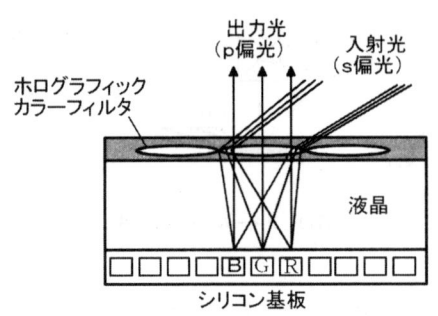

図12 ホログラフィックフィルター方式

成分のみが0次光としてHOEを通り抜けて出力される。残りのs偏光成分は，HOEで再び回折される。メタルハライド光源を用いた場合の反射率は，40%が得られている。この方式では，ライトバルブとHOEの貼り合せ一体化および偏光板の使用ができるためプロジェクターの軽量化が可能となる[32]。

一方，FSC方式はRGB 3原色を各々1フィールドの1/3の期間だけ順次に表示し，視覚系の時間積分作用による混色を利用してカラー画像を表示する色順次方式である。この方式は，前述の単板式に比べ高精細パネルが不要である特徴をもつが，3倍以上の高速動作で応答する液晶モードと高速駆動回路が必要となる。簡易的な方法としては，ライトバルブに入射する光束をカラーホイールで3原色を順次切替える方法が提案されている（図13(a)）[33]。この方式は，カラーホイール特性により色純度の制御が可能であるが，光利用効率が低くなる課題をもつ。その他，カラーホイールの代わりに3原色を時系列に切替える方法として，ホログラフィックPDLCを用いたグレーティング方式（図13(b)）[34]や液晶カラーシャッター方式[35]が提案されている。これらの白色光源を用いるプロジェクターの通常方式では，RGBの画像を時系列に切替えるために光損失が2/3以上生ずる。この対策として，帯状のRGB各光束をスキャン照明光学系により素子面の1/3の面積づつに同時に照射し上下にスクロールするFSC方式が開発されている（図13(c)）[36]。各光束のスクロールはプリズムの回転により光線位置を連続的に変えるチルト偏心光学系からなり，FSC方式における光利用効率の低下を防いでいる。新しいスクロールスキャンFSC用光学系として，スパイラルレンズを用いる方式もある[37]。

なお，FSC方式には特有の色割れ（color breakup）現象とよばれる画質妨害が静止画・動画ともに生じる。この改善方法として，表示のフィールド周波数を高くする方法や，1フィールド内

43

図13 フィールド色順次方式

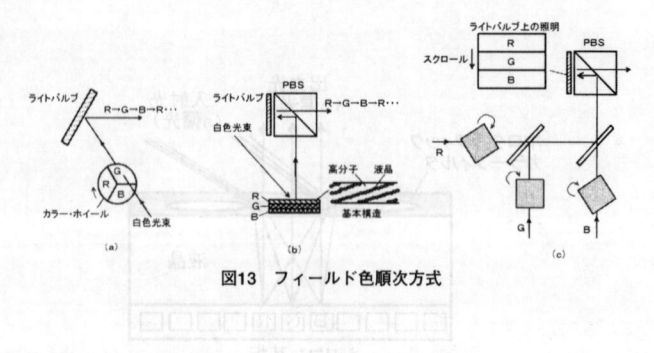

の短い時間内にRGB表示画像を集中して表示する方法などが提案されている[58]。

4.3 光書込み型液晶プロジェクター

図14にHughes/JVC社が開発した光書込み型液晶ライトバルブを用いたプロジェクターの光学系の一例を示す。液晶ライトバルブの液晶動作モードおよび光導電膜は，それぞれVAモードおよびアモルファスシリコン(a-Si:H)膜が使われている。書込み画像源としてCRTを用いその光画像をリレーレンズを通してライトバルブに画像が書込まれる。CRTは画素分割がなく偏向回路によってバリアブルスキャンが容易（最大ビデオ帯域100MHz)で，また低輝度での使用のため電子ビームが細く高解像度が確保される。なお，書込み用CRT用蛍光体には，a-Si:H厚膜のピーク光感度波長710nmに適合する発光スペクトルをもつYAG:Cr材料を採用している。フルカラー表示には3板式となり，CRT，リレーレンズ，液晶ライトバルブ，PBSおよび投写レンズを，R，GおよびB用に3組配置して構成される。また，軽量化を図るために色合成プリズムを用いた単一投写レンズ方式も開発されている[20]。

図を用いてこのデバイスの動作原理を説明する。読出し光は，偏光ビームスプリッタ(PBS)によってp偏光成分とs偏光成分に分離され，s偏光のみが液晶ライトバルブに入射される。ライトバルブへ書込み光が照射されない場合（オフ状態)，a-Si:H膜のインピーダンスが大きいため液晶層にはほとんど電界が印加されず，ネマティック液晶分子は垂直方向に一列に配向するため複屈折効果を示さない。この結果，読出し光はそのままリタデーション変化を受けることなくミラーで反射され出力し，PBSによって反射される。次に，書込み光が照射されたオン状態では，a-Si:H膜のインピーダンスが大幅に低下し液晶層に電界が加えられる。そのため，負の誘電率異方性をもつネマティック液晶分子は傾斜し液晶層を通過する光は複屈折効果により楕円偏光となり，そのp偏光成分のみがPBSを透過し出力される。さらに，この方式ではコントラスト改善のためライトバルブとPBSとの間に位相差板が挿入される[60]。VAモードの配向膜には，斜方蒸着に

第3章 液晶プロジェクター

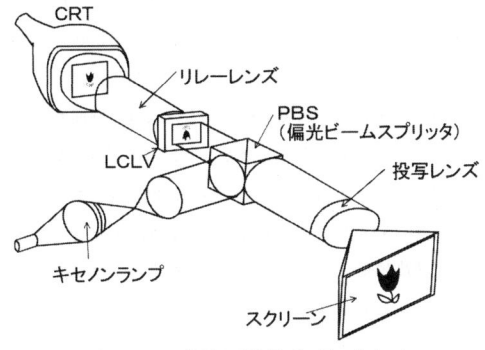

図14 CRT書込み式液晶プロジェクター

よるSiO$_x$膜と長鎖アルコールn-C$_{18}$H$_{37}$OHを気相反応させる方法により，チルト角の制御を行い安定な配向特性を得ている[61]。液晶層およびa-Si:H膜のそれぞれの厚さが3.4μmおよび20μmで構成された液晶ライトバルブでは，限界解像度35〜50lp/mm（50%MTFで17lp/mm），応答速度16ms/フレームが得られている。

4.4 超高精細映像表示システム

ハイビジョンを超える高い臨場感，感動表現を実現するよりリアルなヒューマンインターフェースとしての映像システムとしては，大画面での広視野映像表現と同時に表示画像の高精細化・高密度化が不可欠となる。これは，高臨場感ディスプレイすべてに必要とされる基本的な性能であり，大画面・広視野表示が実現されても精細度が低いと臨場感は得られない。大画面・広視野映像では，①画像の広がりや奥行き感が得られ画面の存在感を増す，②表示空間と観視者空間とが融合し人間の感覚が画像内容に誘導され・引き込まれる誘導効果を生ずる，などの効果が現れることが知られている[62, 63]。この広視野映像に人間が支配される状態にするためには，表示映像を約20°以上の視野に映し出す必要がある。ハイビジョン（解像度：1080×1920）の場合，画面高さの3倍（3H）の距離（視距離）から見るように設計されており，そのときの画面を見込む視野角は水平で約30°である。さらに，画面を見て引き起こされる臨場感は，視野角とともに増加し，水平約100°で飽和することが報告されている。この広視野角を実現する映像システムが高臨場感ディスプレイのひとつの目標とも言える。さらに，広視野角では視距離が相対的に短くなりその視距離で画素構造が見えないような超高精細映像を満足しなければならない。現在，この高臨場感放送システムとしてハイビジョンの4倍の走査線数（4320本）を有するスーパーハイビジョ

ンの研究が進められている[4,5]。スーパーハイビジョンでは，視野角100°を実現するために水平方向の画素数を約8000画素としている。この条件では，走査線4,000本に対する標準視距離は，0.75Hとなる。

この大画面・広視野・超高精細映像を実現する唯一の方式は，画面サイズを光学系により自在に拡大表示できるプロジェクションシステムとなる。直視型ディスプレイでは，QUXGAワイド(3840×2400)の液晶ディスプレイ[6]が発売されているが，画角が22.2インチと小さく印刷並の高精細映像独自の質感を与えてはいるが，実物大以上の大画面で高い臨場感を与える効果はない。この基本技術としては，①超高精細ライトバルブを用いた単体プロジェクターによる方式，②複数のプロジェクターをスクリーン上で画素ずらしを行い超高精細映像を形成する方式，③複数台並べたプロジェクターをスクリーン上で合成して映像を形成する方式(マルチ画像システム)，の3種類が考えられる。現在，単体プロジェクターの最高解像度は，4Kデジタルシネマフォーマット(画素数4096×2160)であり，それ以上の精細度を要する映像表示用途には，複数台のプロジェクターを用いることとなる。以下では，大画面・広視野ディスプレイとしてスーパーハイビジョンに用いられている画素ずらし方式と簡便な手法であるマルチ画像システムについて概説する。

4.4.1　スーパーハイビジョンにおける画素ずらし法

この方式では，複数のプロジェクターからスクリーン上に投写される画像において，1画素分の面積の中に表示素子の画素をずらして重ね合わせて超高精細化を図る[3,4]。撮像系および表示系に用いた素子は，CCDおよびLCOSの800万画素(2048×3840)である。4000本級の超高精細化を図るため，カメラおよび表示装置ともにG-chのみ2枚素子による斜め画素ずらし法をもちいてハイビジョンの4×4倍相当(等価的に4320×7680画素)の画素としている(図15)。カメラの色分解光学系ではR，B各1系統，G2系統の4板式であり，G用2枚のCCDは水平・垂直とも0.5画素ずれて構成される。一方，表示系となるプロジェクターはRB用とG用の2台構成からなり，Gプロジェクターはカメラ同様に2枚のLCOS素子が0.5画素分ずらして配置される。試作プロジェクターでは，光出力5000lmで約320インチ湾曲スクリーン(縦4m×横7m，曲率半径16m)上に4000本相当の超高精細映像表示を投影している。このシステムでは，大画面・超高精細表示に加え水平110°(視距離3m)の広視野映像表示であり，従来にない高臨場感表示を可能としている。試作開発したスーパーハイビジョンシステムの全体構成を図16に示す。テレビシステムは，撮像，記録，伝送，表示の各サブシステムからなる。伝送，記録系は，ハイビジョン信号16チャンネルを並列に使用する構成となっている。

一方，複数のプロジェクターからスクリーン上に投写される画像において，1画素分の面積の中に各プロジェクター画素をずらして重ね合わせて超高精細化を図る方法も報告されている。こ

第3章　液晶プロジェクター

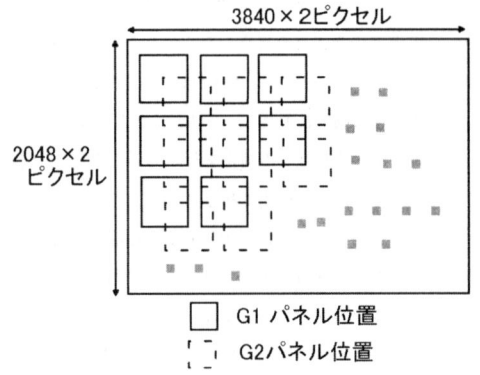

図15　スーパーハイビジョンにおける斜め画素ずらし法

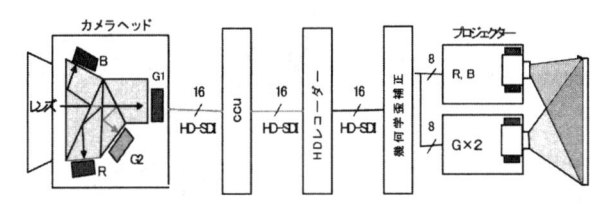

図16　スーパーハイビジョンの試作システム

の画素ずらし法では，透過型ライトバルブの開口部と遮蔽部を交互に利用して画素単位でスクリーン上に合成する。150万画素のHDTVプロジェクター（開口率：約30%）を4台用いて，約600万画素（2880×2048）の画像表示システムが試作されている[65]。

4.4.2　マルチ画像システム

この方式では，①複数台のプロジェクターによるマルチ画面であるため，安価なプロジェクターでも十分な輝度と解像度を得ることが容易，②1枚のスクリーン上へ投影するため，マルチスクリーンで生ずる目地（映像が表示されない接合部分）の問題がなく，シームレスな高精細画像を表示可能，③分割投影のため平面だけでなく曲面スクリーン表示も可能，④1台のプロジェクターの投影画面が小さいために投写距離が短くリア型では奥行きが短くできる，などの特長をもつ。一方，課題としては，①画面の継ぎ目が目立ちやすい，②プロジェクターの位置調整・色調整に時間がかかる，③光源の経時変化に弱く，かつプロジェクター単体の劣化特性が異なる，などがあげられる。

これまでSVGAプロジェクター9台（3×3マルチ）の映像を100インチスクリーン上で合成して約400万画素を表示できるプロジェクターが報告されている[66]。さらに，SXGAプロジェクター

プロジェクターの最新技術

を最大68台まで組合せ可能な超高精細システムも開発されている[67]。この方式では，それぞれのプロジェクターからの投写映像間の継ぎ目を目立たなくするために，継ぎ目の領域でそれぞれの映像をオーバーラップし，キャリブレーションカメラによってスクリーン上での各プロジェクターの位置・輝度および色情報を自動的に取得し，プロジェクター間の画像位置の幾何学的補正，および色むらやオーバーラップ部分の輝度等の補正を行っている（図17）。同様の補正技術により，曲面およびドーム型スクリーンへの投写も可能である。

複数のプロジェクターを用いる場合には，使用する光源の色温度・輝度・経時変化などの特性が各プロジェクター間で異なるために画質を劣化させる。この画質劣化は，プロジェクター単体での表示では目立たないが，マルチ画面の場合には非常に見苦しくなる。この課題を克服するために，単一光源からの光束を光ファイバで分割・配分する技術も開発されている[68]。

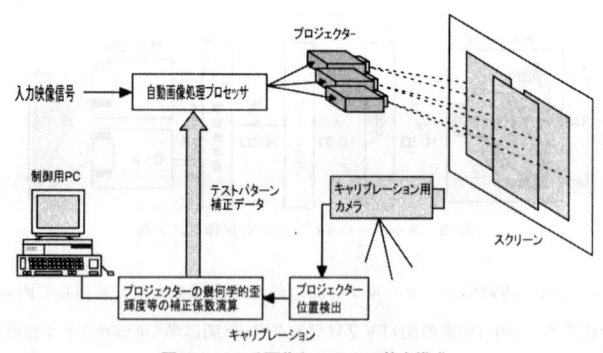

図17 マルチ画像システムの基本構成

超高精細映像システムは，高臨場感ディスプレイとして様々な方式が提案・開発されている。現在，研究開発の主流となっているのは，LCOSを中心にした反射型液晶プロジェクターの応用システムである。高臨場感に求められる諸特性として，大画面・広視野・超高精細のほかに動画特性・コントラスト（ラチチュード）・階調・原色数・フィールド周波数などの向上も映像の忠実な質感を再現するには不可欠な要素と考えられる。液晶プロジェクターでどこまでこれらの特性を実現できるかが今後の鍵であろう。

第3章 液晶プロジェクター

文　献

1) 高相緑, テクノ・システム・リサーチ, "PTV forecast by technology 2003-2008"(2004)
2) *Digital Cinema System Specification v.4.3*, Digital Cinema Initiatives LLC Technology, December 25 (2004)
3) T. Fujii, K. Shirakawa, N. Nomura, and T. Yamaguchi, "Recent progress on digital cinema systems," *Proc. IDW '04*, 1651-1654 (2004)
4) K. Hamada, M. Kanazawa, I. Kondoh, F. Okano, Y. Haino, M. Sato, and K. Doi, "A widescreen projector of 4 k × 8 k pixels," *SID '02 Digest*, 1254-1257 (2002)
5) M. Kanazawa, K. Hamada, I. Kondoh, F. Okano, Y. Haino, M. Sato, and, K. Doi, "An ultrahigh-definition display using the pixel offset method," *J. SID*, **12**, 1, 93-103 (2004)
6) 菊池宏, 電子情報ディスプレイハンドブック, 映像情報メディア学会編, 283-293, 435-488, 培風館(2001)
7) 菊池宏, 液晶プロジェクタ, シリーズ先端ディスプレイ技術 7 大画面ディスプイレイ, 2章 2節, 29-62, 共立出版(2002)
8) E. H. Stupp and M. S. Brennesholtz, Projection Displays, John Wiley & Sons (1999)
9) D. E. Hargis, *et al.*, *SID '99 Digest*, 986-989 (1999)
10) 石神敏彦, *O plus E*, **22**, 8, 1023-1027 (2000)
11) J. Yotani, S. Umemura, T. Nagasako, H. Kurachi, H. Yamada, Y. Saito, Y. Ando, X. Zhao, and M. Yumura, "Super-high luminance light-source tube with carbon nanotube emitter," *Proc. IDW '00*, 1015-1018 (2000)
12) M. H. Keuper, G. Harbers, and S. Paolini, "RGB LED Illuminator for Pocket-Sized Projectors," *SID '04 Digest*, 943-945 (2004)
13) 浜中賢二郎, *O plus E*, **22**, 313-318 (1999)
14) N. Koma, K. Noritake, M. Kawabe, and K. Yoneda, "Development of a high-quality TFTLCD using a new vertical alignment technology for projection display," *Proc. IDW '97*, 789-792 (1997)
15) S. Shikama, H. Kida, A. Daijogo, S. Okamori, H. Ishitani, Y. Maemura, M. Kondo, H. Murai, and M. Yuki, "High-luminance LCD projector unsing a-Si TFT-PDLC light valves," *SID '95 Digest*, 231-234 (1995)
16) 下斗米信行, セイコーエプソン, FPD Internatiionalセミナー2004, 日経BP社, 10/22 (2004), http://techon.nikkeibp.co.jp/article/NEWS/20050109/100350/
17) T. Toyooka, S. Yoshida, and H. Iisaka, "Illumination control system for adaptive dynamic range control," *SID '04 Digest*, 174-177 (2004)
18) A. Nakano, A. Honma, S. Nakagaki, and K. Doi, *Proc. SPIE*, 3296, 100-104 (1998)
19) T. Katayama, H. Natsuhori, T. Moroboshi, M. Yoshimura, and M. Hayakawa, *SID '01 Digest*, 976 (2001)
20) S. Shimizu, Y. Ochi, A. Nakano, and M. Bone, "Fully Digital D-ILA™ Device for consumer Applications," *SID '04 Digest*, 72-75 (2004), http://www.jvc-victor.co.jp/press/2003/d-ila.html.
21) H. Ishino and S. Inoue, *Proc. IDW '04*, 1687-1688 (2004), http://arena.nikkeibp.co.jp/

news/20050210/111001/
22) http://www.jvc-victor.co.jp/press/2004/4k2k_d-ila.html.
23) http://www.sony.jp/CorporateCruise/Press/200411/11-1104/.
24) R. L. Melcher, P. M. Alt, D. B. Dove, T. M. Cipolla, E. G. Colgan, F. E. Doany, K. Enami, K. C. Ho, I. Lovas, C. Narayan, R. S. Olyha, C. G. Powell, A. E. Rosenbluth, J. L. Sanford, E. S. Schlig, R. N. Singh, T. Tomooka, M. Uda, and K. H. Yang, "Design and fabrication of a prototype projection data monitor with high information content," *IBM J. Res. & Dev.*, **42**, 3/4, 321-338 (1998)
25) S. Hirota et al., *J. SID*, **8**, 4, 305-311 (2000)
26) Z. Tajima, I. Takemoto, K. Shibata, and H. Nakagawa, "LCOS technology for home projector," *Proc. IDW '02*, 457-459 (2002)
27) 望月昭宏, 液晶, **4**, 1, 32-42 (2000)
28) O. Akimoto, et al., *Proc. Euro Display '99*, 45-48 (1999)
29) A. Tomita, K. Sato, N. Konuma, I. Takemoto, A. Asano, P. Jones, J. Havens, A. Lau, and J. Ishioka, "Compact NCAP-CMOS high-lumen projector," *Proc. IDW '96*, 443-446 (1996)
30) Y. Ooi, M. Sekine, M. Kunigita, S. Niiyama, K. Masumoto, S. Tahara, N. Kato, and H. Kumai, "Reflective-type LCPC projection display system with improved performance," *Proc. IDW '98*, 749-752 (1998)
31) J. D. Margerum, J. Nimoy, and S. -Y. Wong, "Reversible ultraviolet imaging with liquid crystals," *Appl. Phys. Lett.*, **17**, 2, 51-53 (1970)
32) W. P. Bleha, "Image light amplifier (ILA) technology for large-screen projection," *SMPTE J.*, **106**, 710-717 (1997)
33) 滝沢國治, *O plus E*, **125**, 109-115 (1990)
34) 福島誠治, 液晶, **2**, 1, 3-11 (1998)
35) R. D. Stering, R. D. Kolste, J. M. Haggerty, T. C. Borah, and W. P. Bleha, "Video-rate liquid-crystal light-valve using an amorphous silicon photoconductor," *SID '90 Digest*, 327-329 (1990)
36) M. Bone, D. Haven, and D. Slobodin, "Video-rate photoaddressed Ferroelectric LC light valve with gray scale," *SID '91 Digest*, 254-256 (1991)
37) K. Hirabayashi, S. Fukushima, T. Kurokawa, and M. Ohno, "Spatial light modulators with super twisted nematic liquid crystals," *Opt. Lett.*, **16**, No. 10, 764-766 (1991)
38) M.D. Cowan, J. Baker, T. Schmidt, and W. E. Haas, "A 1000-lm real-time video light-valve projector," *SID '92 Digest*, 443-446 (1992)
39) K. Takizawa, H. Kikuchi, and H. Fujikake, "Polymer-dispersed liquid-crystal light valves for projection displays," *SID '91 Digest*, 250-253 (1991)
40) H. Kikuchi, T. Fujii, M. Kawakita, H. Fujikake, K. Takizawa, "Design and fabrication of a projection display using optically addressed polymer-dispersed liquid crystal light valves," *Opt. Eng.*, **39**, No. 3, 656-669 (2000)
41) H. Kikuchi, T. Fujii, M. Kawakita, Y. Hirano, H. Fujikake, F. Sato and K. Takizawa, "High-definition imaging system based on optically addressed polymer-dispersed liquid

crystal light valves," *Appl. Opt.*, **43**, No. 1, 132-142 (2004)
42) S. Morozumi, T. Sonehara, H. Kamakura, T. Ono, and S. Aruga, "LCD full-color video projector," *SID '86 Digest*, 375-378 (1986)
43) T. Takamatsu, S. Ogawa, H. Hamada, F. Funada, M. Ishii, M. Hijikigawa, and L. Awane, "Single-panel LC projector with a planar microlens array," *Proc. Japan Display '92*, 875 (1992)
44) H. Hamada, H. Nakanishi, F. Funada, and K. Awane, "A new bright single panel LC-projection system without a mosaic color filter," *Proc. IDRC*, 422-423 (1994)
45) H. Kanayama, D. Takemori, Y. Furuta, T. Hachiya, T. Miwa, K. Yamauchi, L. Terada, Y. Funazou, S. Kishimoto, "Anew LC rear-projection display based on the color-grating method," *SID '98 Digest*, 199-202 (1998)
46) 小川恭範, 液晶プロジェクタの光学系, パーソナルIT機器を支える光学技術, 31巻9号 (2002)
47) S. Uchiyama, Y. Itoh, and H. Kamakura, "A UXGA projection display unsing reflective liquid crystl light valve," *Proc. IDW '00*, 1183-1184 (2000)
48) C. Chinnock, Microdisplays and manufacturing infrastructure mature at SID 2000, *Information display*, **16**, 18 (2000)
49) M. G. Robinson, J. Korah, G. Sharp, and J. Birge, "High contrast color splitting architecture using color polarization filters," *SID '00 Digest*, 92-95 (2000)
50) C. Y. M. Cheng, R. Perkins, D. Hansen, and S. Pritchett, "Optical efficiency improvements in wire grid polarizing beamsplitter in LC projection display," *Proc. IDW 04*, 1671-1674 (2004)
51) T. Yamazaki, M. Tokumi, T. Suzuki, S. Nakagaki, and S. Shimizu, "The single-panel D-ILA hologram device for ILA™ projection TV," *Proc. IDW '00*, 1077-1080 (2000)
52) I. Negishi, S. Nakagaki, F. Tatsumi, R. Takahashi, T. Mukoyama, T. Yamazaki, and S. Shimizu, "The ILA projector TV using single D-ILA™ hologram device," *Proc. IDW '00*, 1085-1088 (2000)
53) M. Dobler, E. Lueder, H.-U. Lauer, and T. Kallfass, "An improved frame-sequential color projector with modified CdSe-TFTs," *SID '91 Digest*, 427-429 (1991)
54) R. Smith and M. Popovich, "Electrically switchable Bragg grating technology for projection displays," *Proc. IDW '00*, 1065-1068 (2000)
55) G. D. Sharp, J. R. Birge, J. Chen, and Michael G , "High throughput color switch for sequential color projection," *SID '00 Digest*, 96-99 (2000)
56) J. Shimizu, *et al.*, *Proc. IDW '99*, 989-992 (1999)
57) J. Shimizu, *et al.*, *SID '01 Digest*, 1072-1075 (2001)
58) T. Kurita and T. Kondo, "Evaluation and Improvement of picture quality for moving images on field-sequential color displays," *Proc. IDW '00*, 69-72 (2000)
59) J. Hagerman, M. Yoshimura, Y. Oikawa, and H. Ohmae, "Single lens color ILA projector," *Proc. Asia Display '95*, 923-924 (1995)
60) W. P. Bleha, *et al.*: *Proc. IDW '99*, 1009-1012 (1999)

61) A. M. Lackner, J. D. Margerum, Leroy Miller, Willis H. Smith, Jr, "Photostable tilted-perpendicular alignment of liquid crystals for light valves," *SID '90 Digest*, 98-101 (1990)
62) 畑田豊彦, 坂田春夫, 日下秀夫, 「画面サイズによる方向感覚誘導効果-大画面による臨場感の基礎実験」, テレビ誌, **33**, No. 5, 407-413 (1979)
63) 成田長人, 金澤勝, 岡野文男, 「超高精細・大画面映像の鑑賞に適した画面サイズと観視距離に関する考察」, 映情学誌, **55**, No. 5, 773-780 (2001)
64) Y. Hosoya and S. L. Wright, "High-resolution LCD technologies for the IBM T220/T221 monitor," *SID '02 Digest*, 83-85 (2002)
65) K. Nakazawa, S. Iwatsu, K. Uehira, T. Nomura, Y. Tanaka, and S. Sakai, "A 110-in. 2000-TV-line projection display using four interleaved projectors," *SID '96 Digest*, 407-410 (1996)
66) 小宮山康弘, "600万画素超高精細プロジェクションシステム", 信学技報, EID2001-62, **101**, No. 438, 41-46 (2001)
67) http://www.olympus.co.jp/Special/Info/n020522b.html
68) B. A. Pailthorpe, N. Bordes, W. P. Bleha, S. J. Reinsch, and J. Moreland, "High resolution display with uniform illumination," *Proc. Asia Display/ IDW '01*, 1295-1298 (2001)

第4章 ライトスイッチ式プロジェクター

西田信夫[*]

1 はじめに

ライトスイッチ式プロジェクターは，ディジタルマイクロミラーデバイス(DMD)と呼ばれる，微小ミラーをマトリックス状に配置した光デバイスの微小ミラーの角度を変える(スイッチングする)ことにより画像を表示し，その画像を投射レンズで拡大投影する装置であり，DMDを用いる表示技術はDLP(ディジタルライトプロセッシング)と呼ばれ，DLPによるプロジェクターはDLPプロジェクターと呼ばれている。DMDはアメリカのテキサス・インスツルメンツ(TI)で研究開発され，TIでのみ製作されている。わが国でも多くのメーカーからDLPプロジェクターが発売されているが，その心臓部であるDMDはTI製である。

このため，DMDおよびDLPに関する解説は，従来日本TIにお願いしており，多くの解説記事を書いていただいている。本書の刊行に際しても，日本TIに本章の執筆をお願いしていた。ところが刊行直前になって，同社の都合により今回は寄稿いただけないこととなった。

だからといって，本章を割愛することはできない。DLPプロジェクターは，今やプロジェクターの1つの方式として確固たる地位を築いており，本書においてもDLPを応用した最新の装置・システムが第6章で述べられている。

そこで，基礎的なところ，すなわちDMDの構造，動作原理，製作方法およびディスプレイへの応用を，筆者が「O plus E」誌に書いた「ディジタルマイクロミラーデバイス(DMD)とそのディスプレイへの応用」(No.179，1994年10月，pp.90〜94)を転載するという形で述べさせていただくことにする。最新の技術については，第6章を参照していただきたい。

2 ディジタルマイクロミラーデバイスの構造と動作原理

テキサス・インスツルメンツがDMDの研究を始めたのは20年以上も前のことである。その頃のデバイスは，図1に示すように，シリコン基板上に形成したメモリーマトリックスの上に，ポリマー薄膜(メンブレン)に金属を蒸着したミラーを付けたハイブリッド構造のものであった[1]。

---

[*] Nobuo Nishida 徳島大学 工学部 光応用工学科 教授

プロジェクターの最新技術

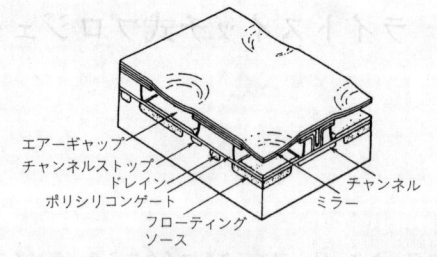

図1 初期のハイブリッド型可とう性薄膜ディスプレイ(DMD)の構造[1]

メモリーマトリックス上には各メモリー回路に直結されたアルミニウムの板があり、メモリー回路に電気信号が入ると、アルミニウム板と薄膜ミラーの間に静電気力が働いてその位置の薄膜ミラーを変形し、入射光を変調する。したがって、このデバイスに画像信号が入力されれば、画像信号に応じて薄膜ミラー全体が変形する。薄膜ミラーの変形量はそれほど大きくないので、薄膜ミラーからの反射光を、シュリーレン光学系を使ってスクリーンに投射すると、スクリーン上に濃淡画像が形成される。

このような動作と用途のため、このデバイスは"Deformable Membrane Display"と呼ばれ、"DMD"と略称された。

このDMDは、観念的には簡単な構造であるが、メモリーチップと薄膜ミラーを別々に作って組み合わせる際に、少しの汚れも発生させないように細心の注意を払う必要があったため、量産が困難であった[1]。

そこで、シリコンデバイスの製作と同じ技術を用いて、ミラーをシリコンウエハー上に堆積(デポジット)させたアルミニウムから直接形成する方法、すなわち一体的(モノリシック)にデバイスを作る方法が研究された[1]。この方法を実現するために、ミラーとして連続した薄膜ミラーを用いるのではなく、1メモリー当たり複数の微小ミラーを使い、それらをカンチレバー(片持ち梁)により、薄くてフレキシブルなビーム(梁)の上に形成したポスト(柱)に繋ぐという構造が用いられた。この構造のデバイスは"Deformable Mirror Device"と呼ばれたが、略称としてはやはり"DMD"が使われた。

これらのデバイスは、いずれもアナログ変調デバイスであり、高い駆動電圧を必要としたにもかかわらず、ミラーの変形量や移動量は多くなかった。そこで、新概念のもとに、低電圧ディジタルCMOS(相補性金属酸化膜半導体)回路でバイナリー(2値的)に動作するデバイスの開発が行なわれた[1]。

第4章 ライトスイッチ式プロジェクター

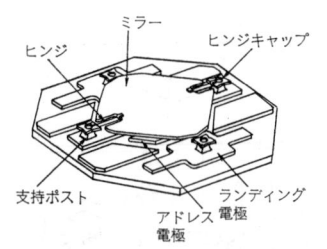

図2 試作されたディジタルマイクロミラーデバイス（DMD）の1画素分の素子の構造[2]

このデバイスも，画素となる微小アルミニウム合金ミラーが，通常のフォトリソグラフィー技術を用いて，SRAM（記憶保持動作が不用な随時書き込み読み出しメモリー）アレイの各セルの上に作られる。1画素分の素子は，図2に示すように，ミラー，ミラーを傾斜・復元させるためにねじれることができるヒンジ（薄い梁），ヒンジを支えるポスト（柱），アドレス電極および傾いたミラーの端を受け止める台（ランディングパッド）などで構成されている[2]。ミラーは四角形で，ヒンジを回転軸にして+10°，0°，-10°傾くことができる。すなわち，デバイスを動作させていない時ミラーは水平で，信号がオンの時はある方向に10°傾き，オフの時は反対方向に10°傾く。この動作のゆえに，このデバイスは"Digital Micromirror Device"と呼ばれているが，略称はやはり"DMD"である。

このタイプのDMDとしては，隣接するミラーの中心から中心までの距離が17μmで，768×576画素のものが試作され，これを用いた投写型ディスプレイ装置の画質はほぼ満足できるものであったが，コントラストは約50：1と少し低かった[2]。この原因が，ミラーの端，ヒンジ，ポスト，回路構造などにより生じる回折光が迷光となることにあったため，デバイス構造に改良が加えられた[3]。

改良型ディジタルマイクロミラーデバイスの1画素分の素子の構成を図3に示す[3]。基本的な構造および動作は，図2に示したデバイスと同じである。この素子を図4のように集積した768×576画素のデバイスを製作し，投写型ディスプレイ装置に用いて100：1以上のコントラストを達成している。

現在この構造を用いて，画素数が2048×1152画素で，アスペクト比が16：9のHDTV用デバイスが製作されている[3]。

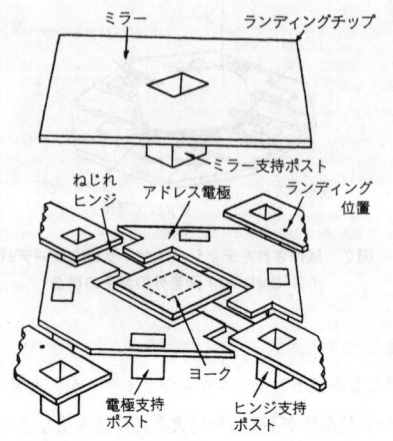

図3 改良型ディジタルマイクロミラーデバイス(DMD)の
　　1画素分の素子の構造[3]

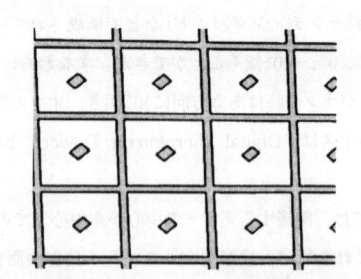

図4 図3に示した素子を2次元的に配列したディジタル
　　マイクロミラーデバイス(DMD)の部分拡大図[3]

3 ディジタルマイクロミラーデバイスの製作方法

ディジタルマイクロミラーデバイスの製作方法を，図2に示したデバイスに関する文献[1]の記述にのっとって述べる。図3に示したデバイスの製作方法も大差はないと思われる。

まず，シリコンウエハー上に，通常の半導体メモリー製作技術を用いて，各画素の位置に蓄積セルを持つSRAMアレイを作る。SRAMアレイが完成すると，シリコンウエハーをポリマー層でコートし，ポリマー層に，後にその上に作られるミラーとSRAMのアドレス回路との間の電気的コンタクトを可能にするためのバイアスと，ミラーを支持するポストを形成するためのバイアス

第4章　ライトスイッチ式プロジェクター

をエッチングにより開ける。

　その後，ポリマー層の上にアルミニウムの薄い層を堆積し，その上に薄いアルミニウム層に対してエッチングマスクとして働く酸化層を堆積し，それにパターンを切る。

　次に，酸化マスク層の上に，アルミニウムの厚い層を堆積し，アルミニウムの2つの層を同時にパターニングするためのパターニングプロセスを施す。2つのアルミニウム層の間に挟まって残った酸化マスク層は，2種類の厚さのアルミニウム層が後に残されるように，必要な部分の薄いアルミニウム層がエッチングされるのを防ぐ役目をする。

　最後に，ミラーの形状をパターニングした後，プラズマエッチングによりすべてのポリマー層を除去すると，図2に示した素子構造のデバイスが形成される。

4　ディスプレイへの応用

　ディジタルマイクロミラーデバイスをディスプレイに応用するためには，ミラーがその傾きによって形成する画像を濃淡画像に変換する技術と，ミラーのバイナリー的な動きにもかかわらず階調のある画像を表示する技術が重要である。これらの技術について以下に述べる。

4.1　暗視野投写光学系

　可とう性薄膜ディスプレイや可とう性ミラーデバイスの場合には，ミラーの変形量や移動量が少ないため，濃淡画像を得るためにシュリーレン光学系が必要であったが，ディジタルマイクロミラーデバイスの場合は，ミラーが±10°傾くので，投写光学系として暗視野光学系が使われている[1,2]。

　暗視野投写光学系を図5に示す。投映レンズの光軸に対して右側に20°の方向からデバイスを照明すると，ミラーが右側に10°傾いている場合には，反射光は投映レンズの方向に反射され，スクリーン上にミラーの像を形成するが，ミラーが水平の場合には，反射光は光軸に対して左側に20°の方向に，またミラーが左側に10°傾いている場合には，左側に40°の方向にそれぞれ反射されるため，反射光は投映レンズに入射しない。したがって，各ミラーの傾き状況で現わされる画像がスクリーン上に濃淡画像として投写される。

4.2　パルス幅変調による階調表示

　ディジタルマイクロミラーデバイスの場合，バイナリー的動作のミラーによる階調画像の表示を，左側傾斜から右側傾斜への遷移時間が10μsのオーダーというミラーの高速応答性を利用し，各ミラーのオン・オフ時間のパルス幅変調（PWM）によって達成している[1,3]。

プロジェクターの最新技術

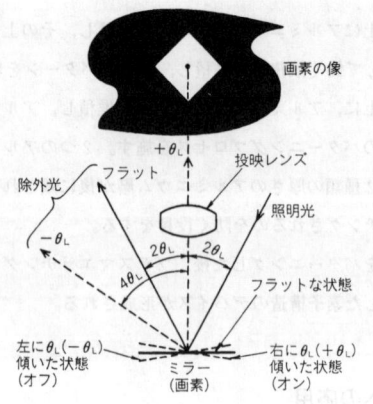

図5　ディジタルマイクロミラーデバイス(DMD)をディスプレイに応用する場合の暗視野投写光学系[1, 2]

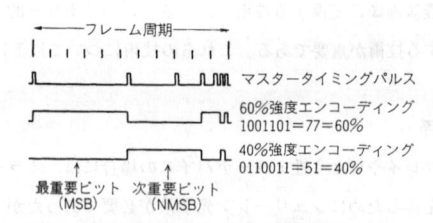

図6　パルス幅変調(PWM)による階調表示の原理[3]

　パルス幅変調による階調表示の原理を図6に示す。各ビデオフレームで，まずもっとも重要なビット（MSB）が各ミラーのSRAMセルにロードされ，すべてのミラーはフレーム時間の半分の間MSB状態に保持される。続いて，次に重要なビット（NMSB）がロードされ，全ミラーはフレーム時間の4分の1の間NMSB状態に保持される。次のビットはさらにその半分の時間保持される。このように，ミラー保持時間の組み合せによって256階調が得られる。

4.3　投写型ディスプレイ装置

　ディジタルマイクロミラーデバイスを用いる投写型カラーディスプレイ装置には，赤色，緑色，青色それぞれに1個（合計3個）のDMDを用いるものと，DMDの応答速度が速いことを利用し，1個のDMDと回転カラーフィルター円板を用いて赤色，緑色，青色のフィールドを順次に表示する順次フィールド式のものとがある[1~4]。

第4章 ライトスイッチ式プロジェクター

テキサス・インスツルメンツで開発された順次フィールド式カラービデオプロジェクターの光学系を図7に示す[2]。このプロジェクターには768×576画素のDMDが用いられており，解像度は640×480（NTSC規格準拠）である。光源は1kWのキセノンアークランプ，投映レンズは焦点距離が28〜70mm，F数が4のズームレンズで，ゲインが1のスクリーンを用いて，60inの大きさで25ft・L（フィートランバート）の明るさが得られている。画像のコントラストは100：1以上である[3]。

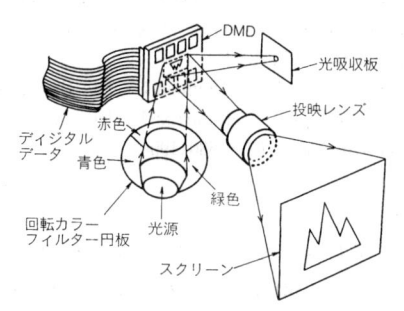

図7　1個のディジタルマイクロミラーデバイス（DMD）と回転カラーフィルター円板を用いた順次フィールド式カラービデオプロジェクターの光学系[2]

また，画素数が2048×1152画素で，アスペクト比が16：9の高解像度DMDを3個用いた投写型カラーディスプレイ装置が，ダビッド・サーノフ研究センターで開発されている[1]。この装置の解像度は1920×1080である。

5　おわりに

「はじめに」で述べたように，過去に書いた解説を転載するという形で，ディジタルマイクロミラーデバイスの構造，動作原理，製作方法およびディスプレイへの応用について述べた。したがって，本稿には新しいところはないが，本稿が，第6章で述べられる最新技術の理解に少しでも役立つならば幸いである。

文　献

1) J. B. Sampsell："An Overview of the Digital Micromirror Device (DMD) and Its Application to Projection Displays", Digest of Technical Papers of 1993 SID International Symposium, 1012～1015 (1993)
2) J. M. Younse and D. W. Monk："The Digital Micromirror Device (DMD) and Its Transition to HDTV", Digest of Technical Papers of the 13th International Display Research Conference (Euro-Display'93), 613～616 (1993)
3) J. B. Sampsell："An Overview of the Performance Envelop of Digital-Micromirror-Device-Based Projection Display Systems", Digest of Technical Papers of 1994 SID International Symposium, 669～672 (1994)
4) H. C. Burstyn, D. Meyerhofer, and P. M. Heyman："The Design of High-Efficiency High-Resolution Projectors with Digital Micromirror Device", Digest of Technical Papers of 1994 SID International Symposium, 677～680 (1994)

＊注：本章は，「はじめに」と「おわりに」を除き，「O Plus E」誌1994年10月号，pp.90～94掲載の『ディジタルマイクロミラーデバイス (DMD) とそのディスプレイへの応用』(西田信夫著) を転載したものです。

第5章　コンポーネント・要素技術

1　ランプ

東　忠利[*]

1.1　はじめに

　液晶またはDMDを使ったプロジェクターに使用されている光源にはハロゲンランプ，メタルハライドランプ，超高圧水銀ランプ，キセノンランプがある。ハロゲンランプは熱発光型のランプであるが，後の3種類のランプは放電発光を利用したランプで，プロジェクター用には短アーク(ショートアーク)型ランプが使用される。

　これらのランプの中で，ハロゲンランプとメタルハライドランプは1989年に液晶プロジェクターが開発された当初から利用された光源であるが，1998年に超高圧水銀ランプが実用化されてからは，現在では超高圧水銀ランプがプロジェクターの標準的な光源になっている。またキセノンランプは反射型液晶やDMDの素子が実用化されてから本格的に使われ始めたランプであり，現在も主として，これらの画像素子と組み合わせて使用されている高出力ランプである。

1.2　ハロゲンランプ

　ハロゲンランプの発光原理は白熱電球と同じで，タングステンフィラメントの熱発光によるランプであるが，ハロゲンを封入することによりハロゲンサイクルにより管壁へのタングステンの付着が防止され，その結果，電球よりも小型化，高効率化されたランプである。ハロゲンサイクルを効果的に働かせるためには管壁を高温度に保つ必要があり，そのためにランプ容器には石英ガラスが使用される。プロジェクター用には特にフィラメント部を小型にした光学機器用ハロゲンランプが使用される。図1に光学機器用ハロゲンランプの外観の例を示す。光学機器用ハロゲンランプは寿命を犠牲にして輝度と効率が高くなるように，フィラメント温度を高く設計し，色温度が3200Kや3300Kになるように作られる。色温度3200Kと3300Kの300Wランプの分光分布の例を図2に示す。

　プロジェクター用として実績のあるハロゲンランプは，光学機器用ランプとして設計された12V-100W，24V-150W，100V-300W，100V-400Wなどのランプである。

　光学機器用ハロゲンランプは比較的安価で，手軽な特長があるが，効率が25〜33lm/Wと低く，

---

[*]　Tadatoshi Higashi　ウシオ電機㈱　顧問(非常勤)

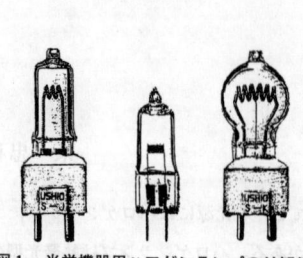

図1　光学機器用ハロゲンランプの外観例

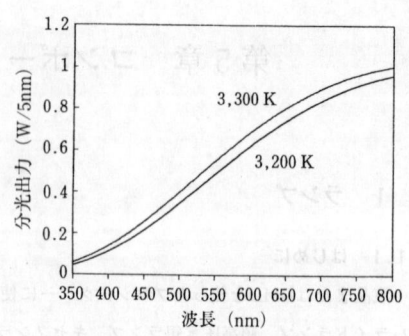

図2　色温度3,200Kおよび3,300Kの300W ハロゲンランプの分光エネルギー分布

また寿命も150～50時間と短い欠点がある。分光分布の色温度が低いためカラー画面にするためには色補正の必要があり，さらに効率が悪くなる。1998年頃まではハロゲンランプにも安価という特長があり，液晶プロジェクター用ランプとして利用される場合もあったが，画素素子の小型化と，超高圧水銀ランプが一般化した現在では性能上の差が大きく，新規に使われる可能性は低くなっている。今後，放電ランプ以外で使われる可能性のある光源は発光ダイオード(LED)であろう(5章2節参照)。

1.3　メタルハライドランプ

メタルハライドランプは，多様な金属を蒸気圧の高いハロゲン化物(メタルハライド)の形で封入したランプである。プロジェクター用のメタルハライドランプは定常点灯時に数十気圧になる水銀蒸気放電中にディスプロシウムを中心とした金属ハロゲン化物を添加したランプで，封入した金属ハロゲン化物(沃化物，臭化物)の原子スペクトルや分子スペクトルと水銀原子スペクトルを組み合わせた発光がえられる。しかしメタルハライドランプでは，水銀の役割はランプ電圧の調整とその断熱性による効率の向上が主目的になっており，発光への寄与は重要ではない。

1989年に液晶プロジェクターが製品化された当初より約10年間はメタルハライドランプが液晶プロジェクターの中心的な光源として採用された。この間，1995年頃まではアーク長5mm程度の矩形波交流点灯型のメタルハライドランプが使用されたが，1994年末アーク長を3mm以下に短縮しても長寿命が得られる直流点灯型のメタルハライドランプが開発されてから[1]，直流点灯型のメタルハライドランプが主流となり，画像素子の小型化や低価格化に貢献し，液晶プロジェクターの発展に寄与した。しかし1998年後半にはアーク長1.5mm以下が得られるプロジェクター用超高圧水銀ランプの生産が本格化したことにより，超高圧水銀ランプにプロジェクターの

第5章　コンポーネント・要素技術

中心的な光源の座を譲った[2,3]。その後の数年間，メタルハライドランプは安価なランプあるいは高出力ランプとして採用される場合もあったが，最近では主に保守用ランプとして生産されている。(OHP用光源や大型スライド投影用光源には現在もメタルハライドランプが使用されている。)

1.3.1　製作方法

メタルハライドランプの電極導入部の封じ方法には，ピンチシール法とシュリンク(収縮)シール法と呼ばれる方法の二つがある。ピンチシール法は石英管に電極を接続したモリブデン箔を挿入し，石英管を加熱し軟化させた後，石英管を圧縮してモリブデン箔に機械的に押し付け，密着する方法である(ハロゲンランプの場合も同様の方法が用いられる)。一方，シュリンクシール法は石英管中を十分に低い圧力に排気しておいて，大気圧による圧縮により石英管とモリブデン箔を密着させる方法である。小型ランプではピンチシールが主流であるが数kW以上の大出力ランプではシュリンクシール法が一般的な方法である。このようにして両電極を設置した発光管(放電管)は，あらかじめ接続していた排気管により真空に排気し，始動用アルゴンガスと適量の水銀と，一般にはハロゲン化ディスプロシウム(DyI_3, $DyBr_3$)を主成分とした希土類金属ハロゲン化物を含む所定の金属ハロゲン化物を封入した後[4]，排気管を切り離して，完成する。特殊な作り方として，片方電極のシュリンクシール前に所定の封入物を入れておき，電極をシュリンクシールすることによりランプを完成して，排気管を使わない製作方法(チップレス排気法)もある。これは自動車のヘッドライト用35Wメタルハライドランプの生産で採用されている方法であり，また次項の超高圧水銀ランプの生産に採用されている方法である。

排気方法や電極シール方法により耐圧特性が異なる。ピンチシールの耐圧は一般にシュリンクシールの耐圧より低い。耐圧特性は発光管の大きさやシール条件にも大幅に依存する。

1.3.2　封入物

メタルハライドランプは，一般に金属単体では蒸気圧が低い各種の金属を蒸気圧の高いハロゲン化物の形で封入し，金属原子の線スペクトルやハロゲン化物の分子スペクトルを得るものである。プロジェクター用光源としては赤，緑，青の各成分が適当に発光されている必要があり，演色性の良いランプである必要がある。ショートアーク型メタルハライドランプ用の演色性の良いハロゲン化物としてはハロゲン化ディスプロシウムやハロゲン化ホルミウム(HoI_3, $HoBr_3$)が知られている[4]。発光管には他に始動用希ガス(一般にはアルゴン)が数十kPa，ランプ電圧調整用の水銀が発光管の容積1ml当り数十mg，寿命延長および放電安定のためにハロゲン化セシウムやハロゲン化インジウムが封入される。その他の封入物としては色補正や効率向上のために希土類金属のランタン(La)，ネオジウム(Nd)，ツリウム(Tm)，ルテシウム(Lu)などや，希土類金属以外ではタリウム(Tl)，カドミウム(Cd)，亜鉛(Zn)などが添加される。

1.3.3 点灯方式

プロジェクター用メタルハライドランプの点灯には点灯装置を小型,軽量にするために電子点灯回路が採用されている。電子点灯回路で高圧放電ランプを点灯するためには音響的共鳴現象を避けるため,矩形波交流または直流で点灯される。このうち矩形波交流点灯は初期の1989～1995年頃に採用されていた方式であり,直流点灯は1995年以後に主流になった点灯方式である。希土類金属ハロゲン化物を封入した交流点灯型メタルハライドランプでは,アーク長の短縮や大出力化とともに石英管の白濁(クリストバライトの形成による)の進行が加速し,寿命が著しく短くなる。この寿命特性を改良するために開発されたランプが直流点灯のメタルハライドランプである。例えばアーク長2.5mmの250～400W矩形波交流点灯ランプの寿命は300時間くらいに低下するが,同仕様の直流点灯ランプの寿命は1,500～2,000時間くらいにできる。

しかし発光特性に関しては,直流点灯では発光物質の偏りのため初期効率が約10%低下する欠点がある。また直流点灯では発光物質の偏りのために色むらが大きくなるため,色むらを消すための光学的手段が必要となる(交流点灯でもスクリーン上の輝度むらを減らすために同じ光学的手段が必要になり,高品質のプロジェクターでは同じ条件になる)。

一方,直流点灯の利点として点灯回路が簡単になり,安価になることがある。また直流点灯では電極のアークスポットの移動による光のちらつきが小さくなる利点もある。直流点灯の利点はアーク長が短いときに顕著になるもので,アーク長が長い(例えば5mm以上)ランプでは直流点灯の欠点が大きくなる。

直流点灯ランプと交流点灯ランプの構成上の違いは電極の設計にあり,直流点灯のランプは陽極を大きく,陰極を小さくする必要があるが,交流点灯では両電極は同じになる。発光管の形状はほとんど同じであるが,直流点灯のメタルハライドランプは陰極側に白濁が発生するために,反射鏡への取り付けは図3に示すように陽極側を反射鏡側になるように取り付けられる。

1.3.4 入力電力とアーク長

製品化されたメタルハライドランプの定格電力は直流点灯タイプでは125～440W,交流点灯タイプでは130～600Wのランプが少なくとも一度は製品化された。アーク長は初期の交流点灯ランプでは150Wで5mm,250Wで6mmが標準的な長さであったが,後に150Wで3mm,250W 4mmのランプも開発された。直流点灯ランプでは初期にはアーク長2.5～3.5mmが標準的な長さであったが1998年頃には150～330Wのランプに対してアーク長1.5～2.0mm程度のランプも開発された。

1.3.5 分光エネルギー分布

アーク長3.5mmの直流点灯型350Wメタルハライドランプの分光エネルギー分布を図4に示す。メタルハライドランプはアーク長を短縮すると,単位アーク長あたりの入力電力が大きくなるためにアーク温度が上昇し水銀原子のスペクトル線の強度比が増大する。またアーク長を短縮す

第5章　コンポーネント・要素技術

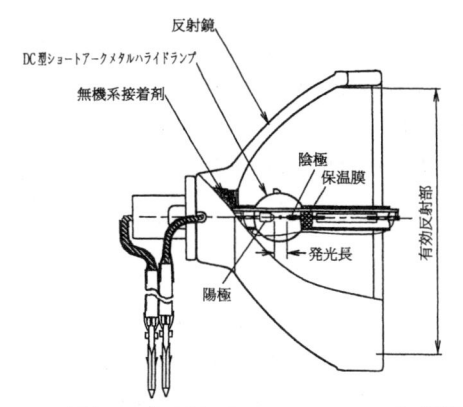

図3　反射鏡組込み直流点灯型メタルハライドランプの構造例

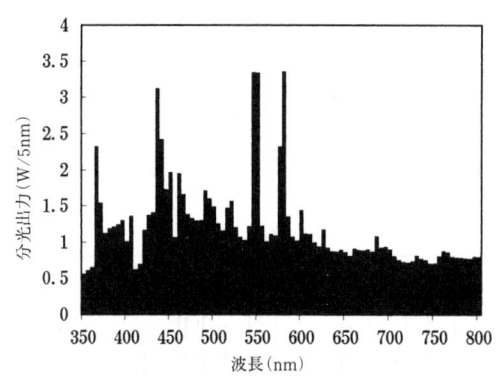

図4　350W直流点灯メタルハライドランプの分光エネルギー分布の例（アーク長3.5mm）

るとランプ電圧が低下し，効率が低下する。これらは共に好ましくないことであり，プロジェクターの集光効率との兼ね合いが必要である。また，メタルハライドランプのこれらの特性ゆえにアーク長がごく短いことが好ましい用途には次項の超高圧水銀ランプが優位になる。

1.3.6　効率と寿命

　メタルハライドランプの効率と寿命は逆相関の関係になっており，設計寿命によって効率が変化する。またアーク長を短くすると効率が低下するし，寿命も短くなる。寿命の低下は特に交流点灯のランプで著しい。標準的にはアーク長5mmのランプの効率は約80lm/Wであるが，アーク長3mmで約70lm/Wになり，2mmでは65lm/W程度になる。交流点灯ランプに比較して直流

点灯のランプの効率は若干低くなる。

　寿命特性も設計によって変化するが前面投射型プロジェクターでは効率を優先し，寿命は1,500～2,000時間程度に設計される。特に長寿命が必要なときには効率を犠牲にすれば5,000時間程度の寿命を得ることも可能である。

　メタルハライドランプも点灯中は数十気圧の蒸気圧になるため，点灯中はランプ破損に対する注意が必要である。

1.4　超高圧水銀ランプ

　高蒸気圧の水銀放電において水銀の蒸気圧を100気圧からさらに高めていくと連続スペクトルの発光が急速に増加する。これは水銀の主要な原子スペクトル線の自己吸収による減少と，各種粒子（水銀原子，陽イオン，電子，水銀分子）の密度増加による連続スペクトルの増加によるものである。図5に点灯時の水銀蒸気圧と分光エネルギー分布の関係を測定した例を示す[5]。プロジェクター用超高圧水銀ランプはこの関係を利用したもので，点灯中の水銀蒸気圧を150～200気圧程度にしたランプである。

　水銀の蒸気圧を超高圧にしたときの，その他の利点はランプ電圧が増大することと，効率が向上することである。その結果，アーク長を1～1.5mm程度に短縮しても50V以上のランプ電圧を確保でき，効率もほぼ60lm/W以上が得られるようになる。水銀原子は原子スペクトルの励起エ

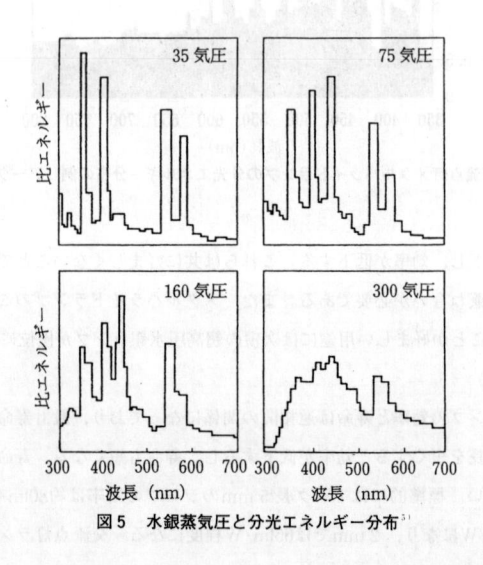

図5　水銀蒸気圧と分光エネルギー分布[5]

第5章 コンポーネント・要素技術

ネルギーも，赤色部の連続スペクトルの原因となる励起エネルギーも金属の中ではいちばん高いためアークの半径方向の発光の広がりが小さく，点光源型発光を得るにはもっとも適した金属である。

プロジェクター用超高圧水銀ランプは，1995年末に電力100Wのランプが始めて背面投射型の液晶プロジェクターに搭載された[2]。その後，1997年に120Wランプが開発され，さらに1998年はじめには150Wランプが日本国内で開発されたため，前面投射型プロジェクターに広く採用されるようになった[2]。1999年には200Wランプが，2000年には250Wランプが製品化された。

1.4.1 製作方法

プロジェクター用超高圧水銀ランプのように，点灯中の圧力が150気圧以上にもなるランプの電極導入線の封じにはメタルハライドランプの項でも述べたシュリンクシールと呼ばれる方法が用いられる。発光管(放電管)中には始動用希ガスと水銀と適当なハロゲンとを封入するが，片側の電極をシュリンクシールした後，これら封入物を入れ，もう片側の電極をやはりシュリンクシールで封じする(このように特別な排気管を使わない排気，封入方法をチップレス排気という)。

封入物としては発光管容積の $1\,mm^3$ あたり $0.15\sim 0.25\,mg$ 程度の水銀と，一般にはアルゴンガスを常温で数十kPaと $1\sim 1000\,Pa$ 程度の臭素ガスが封入される。臭素はハロゲンサイクルにより管壁の黒化を防止するため(クリーンアップ)封入されるものであるが，臭素を封入しない場合もある。また立ち上がり特性の改善のためアルゴンの代わりにキセノンを封入することも提案されている。

超高圧水銀ランプにも矩形波交流点灯用のランプと直流点灯用のランプが生産されている。交流点灯型ランプと直流点灯型ランプの発光管の構造図を図6に示す。交流点灯では両電極は同じであるが，直流点灯のランプは陰極を小さく，陽極を大きくする必要がある。

水銀の飽和蒸気圧と温度の関係を図7に示す[6](図において102気圧までのデータは理科年表によるものであるが，150気圧と200気圧の温度は102気圧以下の曲線をクラウジウス・クラペイロンの式によって延長したものである)。図7から水銀の蒸気圧を150気圧にするためには，発光管の内面を約866℃以上にする必要があり，200気圧にするためには内面の温度を約921℃以上にする必要がある。したがって管壁付加は入力電力にもよるが $80\sim 100\,W/cm^2$ 程度には設計する必要がある。

ハロゲンランプやメタルハライドランプには，一般照明用の高圧水銀ランプに使用される石英ガラスよりも高級な石英ガラスが使用されるが，プロジェクター用超高圧水銀ランプにはさらに高級な石英ガラスが使用される。

1.4.2 点灯方式

プロジェクター用超高圧水銀ランプの点灯にも小型，軽量化を要求されるため，交流点灯，直

図6　超高圧水銀ランプの構造図

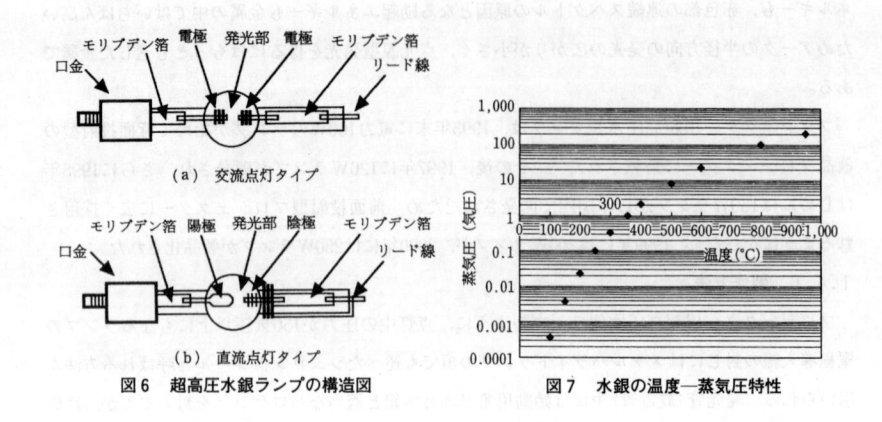

図7　水銀の温度—蒸気圧特性

流点灯とも電子点灯回路が利用される。超高圧水銀ランプの場合の直流点灯は光のちらつきの減少と点灯回路の簡素化を目的としたものである。極短アークのランプほど電極上のアークスポット(輝点)の移動によるスクリーン上のちらつきが目立つようになるため，これを抑制する直流点灯のランプが開発された。その後，交流点灯のランプでも点灯波形の工夫などでアークスポットの移動の抑制がはかられている。交流点灯は直流点灯より少し効率が高い傾向がある。

以前にはランプの始動時には17kV以上の高圧パルスを加えるのが一般的な方法であったが，最近では紫外線照射による始動補助により3〜7kV程度の高圧パルスで点灯できるようになっている。

1.4.3　反射鏡

プロジェクター用ランプは一般に回転放物面鏡または回転楕円面鏡の反射鏡(リフレクタ)に組み込んで使用される。反射鏡は硬質ガラス製と耐熱性の高い結晶化ガラス製とがある。反射鏡の大きさは150W以下のランプでは50mm角が標準的大きさであるが，45mm角のものもある。200Wランプでは60mm角，300Wランプで80mm角が標準的な大きさである。

超高圧水銀ランプは動作蒸気圧が高いため，破損したときに光学部品を傷つける恐れがある。したがって発光管と光学ガラス部品を完全に遮蔽することが望ましい。それには反射鏡の前面を厚さ5mm程度のガラスで密閉する方法と，前面をガラスでふさいだ箱に反射鏡を設置する方法とがある。100Wランプのような小出力ランプでは完全密閉構造にして反射鏡の上部を空気冷却したもので対応できる。しかし高出力ランプでは発光管の管壁内面を約900℃以上に保ちながら，発光管の外部温度を約1,100℃以下に保つためには，発光管上側の空気冷却が必要になる。反射鏡の前面をふさぎながら発光管を冷却するために，図8に示すように空気の流れ道を形成した反射

第5章 コンポーネント・要素技術

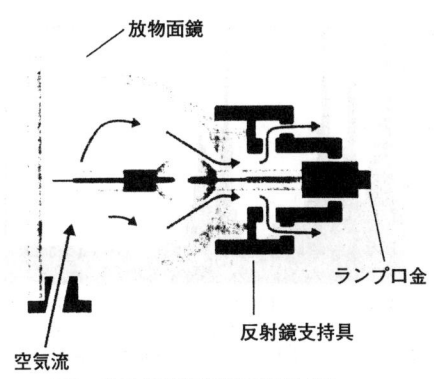

図8 前面密閉型反射鏡の強制冷却法

鏡が開発されている。

1.4.4 定格電力およびアーク長

矩形波交流点灯タイプのランプでは100～300Wのランプがあり，直流点灯タイプのランプでも120～300Wのランプが製品化されている。一般にはアーク軸を水平にして点灯されるが，垂直点灯のランプも開発されている。20%程度の調光が可能なランプも開発されている。

アーク長（電極間長）は100～200Wのランプで1.0～1.3mm，230～300Wで1.3～1.5mm程度である。

1.4.5 分光エネルギー分布および輝度分布

200W超高圧水銀ランプの分光エネルギー分布（相対値）の例を図9に示す。連続スペクトルは，水銀の蒸気圧および単位アーク長当りの入力電力の増大とともに増大するのに対し，水銀原子の可視域のスペクトル線は入力電力の増大による増え方が少なく，かつ水銀蒸気圧の増大により自己吸収のため低下するため，水銀蒸気圧の増加により線スペクトルに対する連続スペクトルの比率が増大する。

連続スペクトルは，紫外部から赤外部におよぶ自由電子起源（再結合放射，制動放射など）の連続スペクトルと波長500nm以下にピークをもつ幾つかの水銀分子のバンドスペクトルからなっている。なお，連続スペクトルの発光機構については500nm以上の連続スペクトルも水銀分子のスペクトルが主要因とする説もある[7]。

発光スペクトルの色温度は水銀蒸気圧，発光管内径，電流値などに依存するが，7,500～9,000Kである。高色温度が好ましいプロジェクター用光源として最適な光源といえる。

図10に直流点灯型200W超高圧水銀ランプの相対輝度分布を示す。直流点灯ランプでは陰極前

69

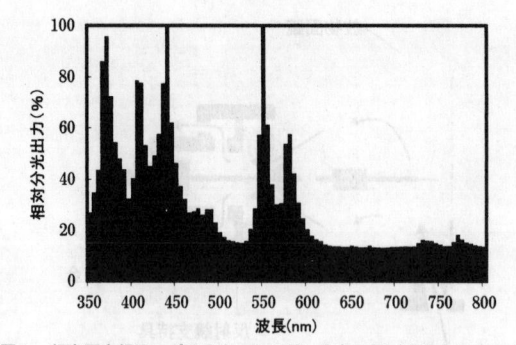

図9 超高圧水銀ランプの分光エネルギー分布の例（直流点灯200W）

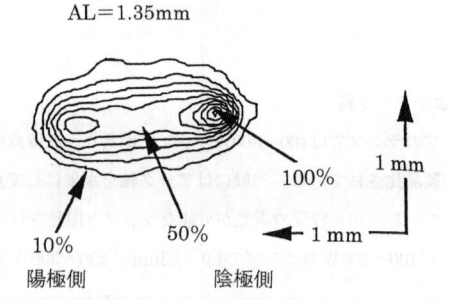

図10 直流点灯型超高圧水銀ランプの輝度分布の例（200W，相対値）

面の輝度が陽極前面の輝度より高輝度になるが，交流点灯ランプでは両電極前面の輝度は当然にほぼ同じになる。水銀原子は可視域スペクトル線の励起エネルギーと連続スペクトルの原因となる電離エネルギーが共に高いため，一部の分子スペクトル以外は高温になるアークの中心付近でのみ発光している。

超高圧水銀ランプは電極の大きさに対してアーク長が短いため，配光（光度の角度分布）はアーク軸に直角な方向を最大とする比較的狭い範囲に限定され，反射鏡がランプからの発光を比較的効率よく拾うことができる。

1.4.6 効率と寿命

効率は60〜70lm/Wである。直流点灯ランプは交流点灯ランプに比較して効率が若干低い傾向がある。超高圧水銀ランプはアーク中の電界強度が高く，アーク長を短くしても比較的高効率が得られる。

第5章 コンポーネント・要素技術

100〜120W超高圧水銀ランプでは5,000時間以上の寿命が得られている。電力200W以上のランプの寿命は一般には1,500〜2,000時間であるが，アーク軸を鉛直にして点灯するランプは管壁温度が均一になりやすいため管壁の白濁が起きにくく，良好な寿命特性が得られ，200Wランプでも5,000時間以上の寿命が得られている。

1.5 キセノンランプ

高圧力のキセノンを封入したキセノンランプは色温度約6,000Kの連続スペクトルを発光し，演色性の良い光源として知られている。さらにショートアーク型キセノンランプは高輝度光源としても知られており，その高演色性と高輝度の発光特性を利用して，映画映写用や劇場のスポットライト用ランプとしても使用されている。

キセノンランプは連続スペクトル発光の特徴のほかに，分光分布の再現性がよく，かつ分光分布が寿命中もほとんど変化しない，点灯直後からほぼ安定した出力が得られる，消灯直後に再始動できる，入力を変化してもほとんど分光分布の形が変わらないなど，多くの長所がある。また連続スペクトルのほかには可視域には大きい線スペクトルを発光しないことも，高度の光学系を使うプロジェクターには適した特徴である。数kWの大出力ランプを比較的容易に生産できることも長所である。

一方，短所としては効率が比較的低いことと（数kWランプの効率30〜40lm/W。小出力ランプはさらに低効率である），ランプ電圧が低くランプ電流が大きいため，ランプ・点灯回路とも高価になることである。したがって据え置き型の大出力プロジェクターの光源に適している。

キセノンランプの連続スペクトルの主要な発光機構は，自由電子とキセノン原子イオンの再結合と，電子の制動放射とされている[8]。キセノン原子の主要な原子スペクトル線は波長800nm以上の近赤外部に発光しており，プロジェクターへの応用においては熱線として除去する必要がある。

ショートアーク型キセノンランプには古くから利用されている石英ガラス製キセノンランプと，比較的新しく開発された反射鏡内臓型のセラミックス製キセノンランプとがある。

1.5.1 石英ガラス製キセノンランプ

一般には定格電力75Wの小型ランプから，定格電力30kWの電極水冷式の大型ランプまで開発されているが，最近，反射型液晶（LCOS）やDMD画像素子を使ったプロジェクター用として利用されているのは電力1〜7kW程度の大出力ランプである。これら大出力のランプでは，グレイデッドシールと呼ばれる方法によりタングステン電極の封じが行われる。これは発光管部を形成する石英ガラスに段々に熱膨張率が大きいガラスを接続し，最終的にはタングステンとほぼ等しい熱膨張率をもったガラスで気密に接着する方法である。

プロジェクターの最新技術

最近，プロジェクター用として小型化された1〜2.5kWのキセノンランプが開発されている。これらのランプの点灯時のアーク長は3.0〜3.5mmで，従来のフィルム映写機用キセノンランプに比較してアーク長が大幅に短縮されており，集光効率の向上に貢献している。またランプの全長も短縮されており，プロジェクター装置の小型化に寄与している。定格電力4〜7kWのランプはフィルム映写用キセノンランプをプロジェクター用に流用することができる。映画館の特大装置用として12〜15kWの電極水冷型キセノンランプ（アーク長8mm）も開発されている。

図11に1.6kWキセノンランプの外観例を示し，図12に同ランプの分光エネルギー分布を示す。図13に同ランプの輝度分布を示す。陰極直前に非常に高輝度のところがあるが，光束の利用効率を高くするためにはアーク全体の光を利用する設計が必要である。高出力キセノンランプは寸法が大きく，一枚の反射鏡で集光効率を高くしようとすると大きくなり過ぎるため，図14に示すように2枚の反射鏡を向かい合わせで使い，比較的小型で集光効率を高めることが行われている。

キセノンランプの寿命は管壁黒化による光束の低下または光のちらつきによって決まり，1,000〜2,000時間である。

ショートアーク型キセノンランプには室温で5〜15気圧程度のキセノンガスが封入されており，点灯中の圧力は20〜60気圧程度になる。したがってショートアーク型のキセノンランプは点

図11　1.6kWキセノンランプの外観例

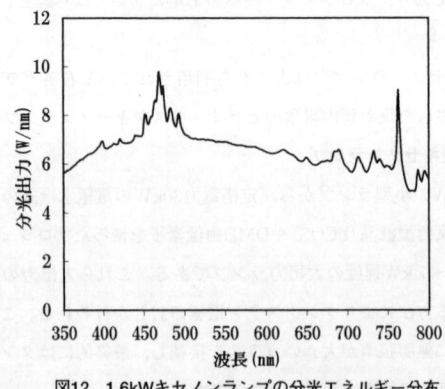

図12　1.6kWキセノンランプの分光エネルギー分布

第 5 章 コンポーネント・要素技術

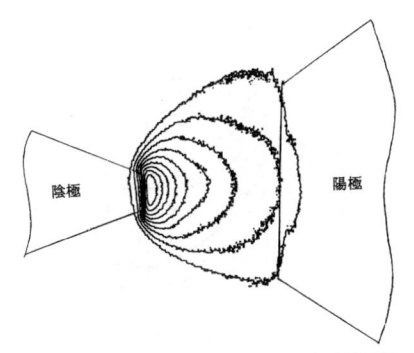

図13 1.6kWキセノンランプの輝度分布（相対値）

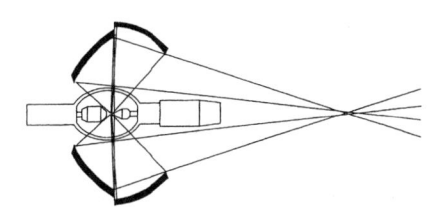

図14 合わせ鏡方式による反射鏡の構成例

灯していないときも含めて，破損には十分注意する必要がある。

1.5.2 セラミックス製キセノンランプ

　小型化と安全性を高めたキセノンランプとしてセラミックスを発光管容器として用い，反射鏡を内蔵した電力125〜1,000Wのランプが開発されている。このランプの断面構造図の例を図15に示す。反射鏡の前面はサファイアでふさがれている。実際にはこのランプの周りに放熱板を取り付ける必要があるが，放熱板を入れても石英ガラス製キセノンランプに反射鏡を取り付けたものより小型になる特徴がある。破裂の可能性がほとんどない長所もあるが，短所は高価であることと，ランプを小さくするためアーク長を特に短くしてあり効率が低いことである。

　セラミックス製キセノンランプは当初，ファイバー照明用として開発されたもので，胃カメラには電力300Wのランプが標準的に利用されている。プロジェクター用として400〜1,000Wのランプが開発されており，一時は反射型画像素子用としてしばしば利用されたが，最近は超高圧水銀ランプの発達で，新規に採用されることは少なくなっている。

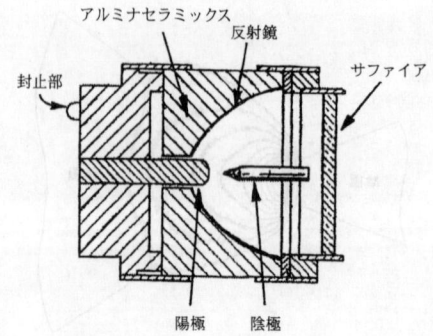

図15 反射鏡内臓セラミックス製キセノンランプの構造例

文　　献

1) T. Higashi and T. Arimoto, Long life d.c. Metal Halide Lamps for LCD Projectors, SID'95 Digest, 11.2 (1995)
2) E. Schnedler and H. V. Wijnggaarde, Ultrahigh Intensity Short-arc Long Life Lamp System, SID'95 Digest, 11.1 (1995)
3) 東忠利, プロジェクター用ランプの種類と変遷, オプトニューズ, 巻110, p.35 (1999,no2)
4) 東忠利, 希土類ハロゲン化物入りメタルハライドランプの発光特性, 照明学会誌, 巻65, p.487-492 (1981, no.10)
5) W.Elenbaas, the High Pressure Mercury Vapour Discharge, p.128, North-Holland Publishing Co. (1951)
6) 理科年表1994年版, 東京天文台
7) E. Fischer, Ultra High Performance Discharge Lamps for Projection TV Systems, Proc. of 8th Intern. Symposium on the Science & Technology of Light Sources, IL05, pp.36-42 (1998)
8) 平本立躬, 村山精一編「光源の特性と使い方」1.2章キセノンランプ, 学会出版センター (1985)

2 プロジェクター用LED光源

八木隆明[*]

2.1 はじめに

近年液晶テレビや各種照明光源のような様々な用途にLED光源が利用されはじめている。LEDが明るくなることによりその応用用途が広がり始めている。ここでは，LED光源をプロジェクターの光源として用いた場合どのような物が出来るか。プロジェクターとしての明るさはどうなるのかについて述べる。明るいLED光源をプロジェクター光源として用いれば，明るいプロジェクターが出来る。ここで，明るいLED光源とは，2つの要素から成り立つ。第一に光束が大きいこと。第二に輝度が高いこと。両者とも大きく高い方が良いのであるが，プロジェクターの照明光学系として用いる場合，光源輝度が高いことが重要である。高い輝度を実現するのは2つの方法がある。第一に，発光効率を上げる事。第2に，駆動する電流密度を上げる事である。ルミレッズでは発光効率の向上と共に，LEDの高出力化にも取り組んできた。LEDの高出力化は高光束を実現するためであるが，電流密度も高く設定でき，高輝度にも寄与する。ここでは，高出力LEDをプロジェクターの光源として用いた場合，どの程度の明るさが得られるかを述べる[1-3]。

2.2 プロジェクターの明るさ

プロジェクターの明るさは式（1）により計算される[4]。

$$\phi = \eta LE \tag{1}$$

左辺はプロジェクターの出力光束ϕである。右辺第一項ηはプロジェクターの光学効率である。光源の光束と投射された光束の比である。右辺第2項Lは，光源の輝度である。この場合LED光源の白色輝度になる。右辺第3項Eは，光源のÉtendueである[5]。右辺第3項Eに映像を作り出す，ライトバルブデバイスの値を用いると，そのライトバルブ使用時のプロジェクターとしての最大明るさが求められる。したがって，第2項と第3項の積は，最大明るさが選ばれるように最適化された時の，光源の光束に相当する。第一項の光学系の効率は，光源からライトバルブまでの照明光学系，ライトバルブの透過率，ライトバルブからスクリーンまでの投射光学系の3つを含んだ値である。このようにして最大の光源の明るさと，光学系の効率の積で投射される最大光束が求められる。以下に，現在のLEDを用い，一般的に用いられているライトバルブデバイスを用いるとその光束がどれくらいになるか示す。

---

[*] Takaaki Yagi ルミレッズ ライティング ジャパン セールスグループ テクニカルサポートマネジャー

2.3 LED光源の白色面輝度

現在LEDは電力が1Wから5Wが市販されている。図1にルミレッズの高出力LEDの構造を示す。中心にLED素子が，金属製のヒートシンクスラグ上に取り付けられている。LED素子の大きさはおよそ1ミリ角である。素子の周辺はシリコーンが充填されている。その外側にプラスチックレンズが取り付けられている。このような構造がプラスチックパッケージに組み込まれている。下部プラスチック構造部に2つの電極が取り付けられている。この電極は，パッケージ内部で素子の電極へ接続されている。このLEDパッケージはメタルコアPCボード上に，熱伝導性接着剤で実装される。素子で発生した熱は，下部のヒートシンクスラグを通って，メタルコアPCボードに速やかに流れる。パッケージの熱抵抗が小さいため，大電力を加えても温度上昇が少なくてすみ，結果として大電力で駆動できる。駆動電力はおよそ従来のパッケージに比べて10倍以上が可能になった。LEDの素子材料は色によって異なる。赤はAlInGaP化合物で，緑や青はAlInGaNである。光源の輝度は3つの要素で決まる。第1に発光効率。第2に，駆動する電流密度。第3にジャンクション温度である。図2に，発光効率と電流密度。図3に光束とジャンクション温度の関係を示す。電流密度は高いほど輝度は高くなる。発光効率の電流密度依存性は，赤色ではほとんど無いが，緑，青では電流密度が高くなるほど発光効率が下がる。ジャンクション温度は低いほど発光効率が高く，輝度が高くなる。現在ルミレッズの高出力LEDの中では3W製品が，もっとも輝度が高い。白色光を得るために，赤，緑，青の直接励起LED光を合成する。この方式は，蛍光体を用いた白色LEDと比べると，発光効率が高く，色再現性も広がるため，プロジェクターの光源としては3原色光源合成方式が適している。表1に，プロジェクター用に適した最大輝度が得られる3原色LEDのパッケージ当たりの光束を示す。使用する波長や目的の色温度にも

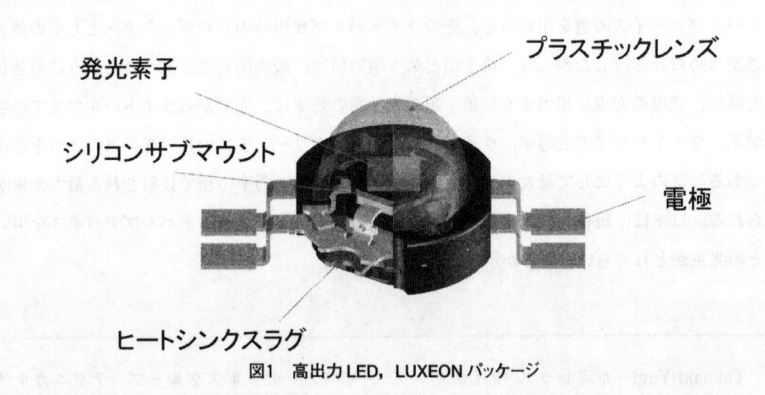

図1　高出力LED，LUXEONパッケージ

第5章　コンポーネント・要素技術

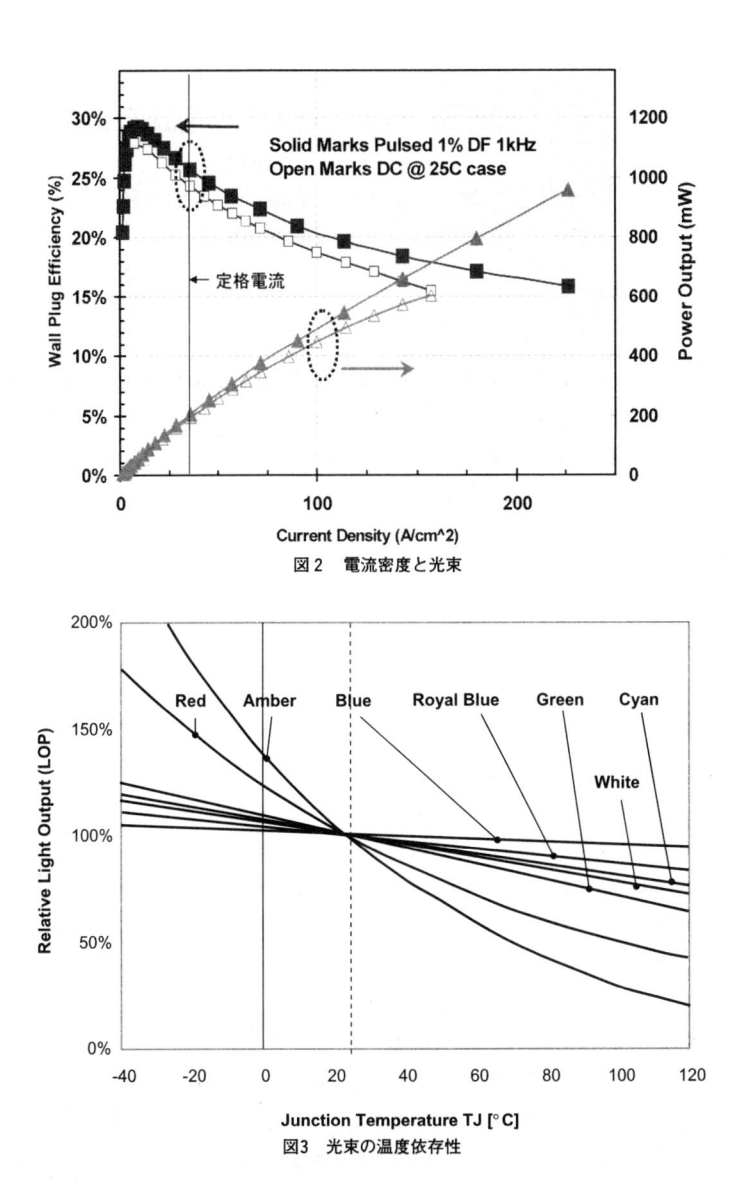

図2　電流密度と光束

図3　光束の温度依存性

依存するが，表1に示した色度の3原色のLED光源[7]を使った場合，その光束比が赤：緑：青＝21：76：4で9,000Kの白色が得られる。白色の光束比とパッケージ当たりの光束と比較すると，

表1　白色光源輝度

色	lm/package	Power (W)	光束比	色度(x,y)	面輝度(cd/mm²)
赤	44	1.1	21	0.700 0.299	
緑	80	3.9	76	0.206 0.709	25
青	20	3.9	4	0.152 0.026	
白					33

それぞれの色が最大定格に対し，どの程度で駆動する必要があるか見積もれる。色別には緑色のLEDが最大定格で駆動し，他の色は最大定格より低い値で駆動すれば良い。3原色LEDの現在の発光効率を考えた場合，緑の効率が全体の明るさを決めている。緑の素子面の輝度が全体の明るさを決めていることになる。ルクシオン3W品でジャンクション温度が25℃の時，緑の光束が80ルーメンである。LED素子は，発光面が均等拡散光として近似して扱える。この条件の時，面輝度は式(2)により計算される[8]。

$$L = \frac{\phi}{\pi A} \tag{2}$$

ここで，ϕは光束，Aは素子面積，Lが輝度である。緑の輝度は25(cd/mm²)となる。図4に赤緑青のLEDによる照明光学系の構造例を示す。3つの光源がダイクロイックプリズムにより合成されて白色照明光源となっている。図4から分かるように照明光学系の白色の輝度は，赤，緑，青の輝度を加えた値を持ちいればよい。これは，波長の異なる光が，ダイクロイックプリズム等で合成されるためである。幾何学的に照明光源として，3色は同一の位置にみえるので光源面積は変化しないとして扱える。白色の輝度は，白色の光束比より計算される。緑色の光束の1.3倍が白色の光束である。したがって，33(cd/mm²)となる。輝度の単位は，以下に述べるÉtendueとの取り扱いが便利なように設定した。

2.4　ライトバルブのÉtendueと光源のLED数

プロジェクター用の光源は光束が大きいだけでは，明るいプロジェクターを作れない。明るいと共に，発光部が小さい必要がある。すなわち輝度が高いと良い。これは，プロジェクターで使用している映像を作る素子であるライトバルブの光学的特性による。通常ライトバルブには，最大取り込み角がある。液晶のライトバルブの場合12度程度である[5]。その角度より外側に進む光は，ライトバルブには取り込まれずに吸収され光の損失になる。では，どれくらいまで光源が大きくても効率を落とさないで光学系を設計できるか検討しなくてはならない。その指標として

第5章 コンポーネント・要素技術

図4 RGB方式による照明光学系

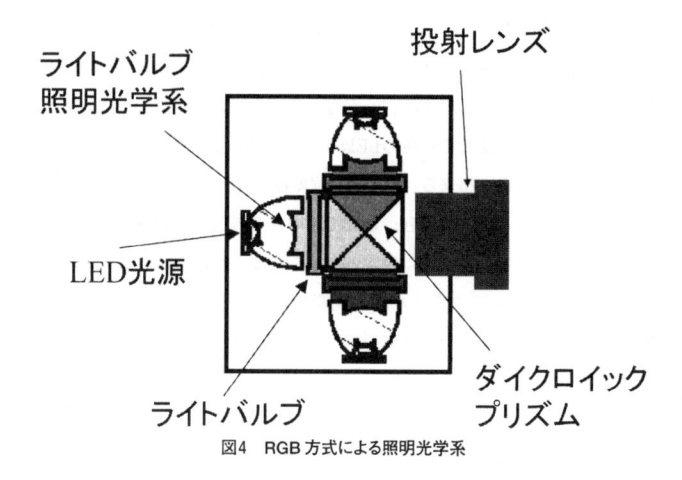

Étendueが用いられる。これは光線の幾何学的特徴のみを表す指標である。式(3)に平面光源のÉtendueの式を示す[5]。

$$E = \pi A \sin^2(\theta) \qquad (3)$$

ここでEがÉtendue、Aが素子面積、θは発光面鉛直線と光線方向のなす角度を表す。その単位は、mm^2 steradianで面積と立体角の積である。LED光源も、ライトバルブも平面として扱えるのでこの式により、光源とライトバルブのÉtendueが計算できる。単位から分かるように、立体角が大きくなるとÉtendueが増え、立体角が小さくなると減る。また、光学要素の面積が増えると、Étendueが増え、面積が減ると減る。理想的なレンズを用いて配光を変化させた時、Étendueの値は保存される。すなわち、レンズを使って配光を絞った時、光源の立体角は減るが実効的な光源面積が増える事になり、Étendueで見ると変化していない事になる。プロジェクターの内部にある光学要素で最もÉtendueが小さいのが通常ライトバルブである。この値に対して、いかに効率よいライトバルブ照明光学系を作るかがLEDプロジェクターの効率設計の上で重要になる。0.7インチの液晶パネルで取り込み角が12度のライトバルブのÉtendue値は21(mm^2 steradian)になる。光源のÉtendueとライトバルブのÉtendueが同じ時、効率が良く出力も大きくなる条件である。また、ライトバルブにDLPを用いても、取り込み角は同等なので、サイズが変わらなければ値は同等である。

プロジェクターを効率よく明るく作れるのは、光源のÉtendueがライトバルブの値と同じ時である。したがって、現在のLED一個当たりのÉtendueを計算して、LED何個でライトバルブのÉtendueと同じかで使用出来るLEDの数が決まる。はじめに、光源のÉtendueを計算する。緑の

LED光源1個は，発光部分が1 mm^{2}で，その面積部分から均等拡散で発光していると仮定する。したがって，式（3）より光源一個当たりおよそ3.14（mm^2 steradian）ある。したがって，LED光源6.7個分が0.7インチのライトバルブとÉtendueが等しい。実際には緑LEDを7つ使用して多少の損失があるような構造をとる。また他の色のLEDは7つ使用しても良く，輝度に対して多少の余裕が在るので数を若干減らす事も出来る。減らせる程度は，白色に必要な光束比によって決まる。ライトバルブの大きさを始めに決めた場合，最大でどの程度のLED数が使用できるかはこのようにして決まる。ここで求められるLED数は理想的な値である。実際には，LEDパッケージには大きさがあり，発光面の上にレンズがあるため，実際のパッケージとしてのÉtendueは，素子が持っている値より大きな値をもつ。LEDプロジェクターで大きな出力を得るためには照明光学系のÉtendueを適切に設計する工夫が必要である。

2.5 LEDプロジェクター光束

式（1）よりプロジェクターの光学効率を得れば，光束が得られる。液晶3枚式の偏光光学素子を使用しない時の光学効率を13％と仮定する。この値は，利用できない偏光成分はライトバルブを透過しないとして効率に反映させている。0.7インチの3枚式液晶で光学効率13％を仮定すると，出力は90ルーメンが得られる。液晶3枚式の場合，入射光が偏光を持っていなくてはならない。LEDは特定の偏光を持つ光でないので，偏光変換素子が必要である。偏光変換素子を用いると光効率は約2倍になるが，光源面積が2倍になり輝度が半分になる。プロジェクターからの光出力を計算すると，偏光変換素子の有無に関わらず同等になる。偏光光学素子を使用するとLEDの数が半分になり，消費電力が半分になる。偏光変換素子の有無は，光源の消費電力の差となって現れる。次にライトバルブにDLPを用いた場合を考える。液晶の照明光学系は偏光が必要であるが，DLPは偏光が必要が無い。そのため光源輝度が液晶にくらべて2倍になったように扱える。したがって，光出力もおよそ2倍の180ルーメンが期待される。DLPの場合時分割で赤緑青と点灯させる。実際にはLEDパッケージに凸レンズが付いているため，素子が拡大して見える。したがってÉtendueが増加する。現状のLEDパッケージで，利用できるÉtendueが10（mm^2 steradian）と仮定した場合[1]，光出力は液晶3枚式の場合，30ルーメン，DLPの場合55ルーメンとなる。DLPの場合，赤緑青を時分割で点灯させる。LEDは応答速度が数十ナノ秒なので，応答速度は十分速い。また，点灯していない時間があるため，点灯時のピーク電流を増加させることが出来る。1/3の時分割の場合，3倍電流を流さないと同じ明るさにならないが，3倍は流せない。しかし多少電流を増やすことが出来る。実際の出力及び電流値を計算する上では，電流密度の発光効率依存性と，電流密度との寿命の関係から製品を設計して求める。

LED光源のプロジェクターは現在市販されているプロジェクターの光出力と比較すると小さい

第5章 コンポーネント・要素技術

値である。そのため用途は限られる。しかしLEDの光源は超高圧水銀ランプとは違う特性を持つ。LEDは色域が広く出来る。NTSC規格比で140%を達成できる。瞬時に点灯できる。寿命が長い。水銀や，高圧，高電圧を使用していないので取り扱いが楽である。現状の明るさでは，このような特徴を生かして，携帯型の小型ポケットプロジェクターや，車のフロントスクリーンに投影する車載用が考えられる。将来的に，発光効率が改善し，素子の特性を十分利用できる光学設計を用いれば，リアプロジェクションテレビに利用される事を期待している。

文　　献

1) Gerard Harbers, Steve Paolini and Matthijs Keuper, Performance of High Power LED Illuminators in Projection Displays, SID Micro Display 2002 Digest of Papers, Westminster Colorado, 22 (2002)
2) Gerard Harbers, Steve Paolini and Matthijs Keuper, High Power LED Illuminators for Data and Video Projection, Proc IDW 02, 501-504 (2002)
3) Gerard Harbers, Steve Paolini and Matthijs Keuper, Performance of High Power LED Illuminators in Color Sequential Projection Displays, Proc IDW 03, 1585-1588 (2003)
4) Handbook of Optics, Michael Bass, Editor in Chief, McGraw-Hill, p.125 (1995)
5) Edward H.Stupp, Matthew S. Brennesholtz, Projection Displays, Wiley (1999)
6) Lumileds Lighting, Technical Data Sheet DS 45, Luxeon III Emitter, www.lumileds.com
7) Lumileds Lighting, Technical Data Sheet DS 48, Luxeon DCC, www.lumileds.com
8) 照明学会編，照明工学，オーム社 (1997)

3 照明光学系

永瀬 修[*]

3.1 はじめに

10数年前なら，プロジェクターと聞くと，ほとんどの人が「スライドプロジェクター」や「オーバーヘッドプロジェクター（OHP）」を思い浮かべたであろう。その当時ビデオ映像投影用として登場してきたフロントプロジェクターは，その後のIT化の波にのり，パソコンの出力機器として，またプレゼンテーションツールとして，すっかりオフィスに定着したようである。そして，最近では低価格化とDVDの普及に伴い，再度ホームシアター用として注目を集めている。更にリアプロジェクションTVが，デジタル放送の開始に伴いデジタルTVのひとつとして，その手ごろな価格と薄型のデザインがあいまって，急激な伸びを見せている。このプロジェクター市場の進展は，外部環境によるところも大きいが，この10年間でプロジェクターの画質や明るさが飛躍的に改善されてきたことにより実現できたということができる。プロジェクターが投影する原稿は，アナログのフィルムからデジタルの液晶パネルやDMDなどのデバイスに変わってきた。いわば，アナログプロジェクターからデジタルプロジェクターへの転換である。

本稿ではプロジェクター照明の基本構成をおさらいしながら，デジタルとしての特徴を踏まえて，主に現在の液晶プロジェクターの照明系がどのように構成されているか述べることとする。

3.2 プロジェクターの照明系

3.2.1 基本構成[1〜3]

プロジェクターとは，「物体を投射・投影するもの」である。そこには物体を投影するために必要な以下の要素が存在する。①光源，②照明系，③原板（投影される物体），④投射光学系，⑤スクリーン，である。光源から発した光は，照明系のレンズやミラーを介して，投影される物体ー原板ーを照らしている。その原板を透過あるいは反射して変調された光が投射光学系を介してスクリーン上に原板の投影像を形成するのである。このとき照明にとって大事なことは，スクリーンに映し出される投影像が，鑑賞しうるに充分な明るさと照度の均一性を有していることである。

それでは，最初に基本となるスライドプロジェクターがどのようにそれを得ているか見てみることにしよう。図1にその基本的な構成を示す。

光源Sを発した光は，集光レンズCにより投射レンズLの入射瞳EP上に光源像を作っている。光源上の任意の1点から出た光は，集光レンズCの近傍にあるフィルム上の各点を通って，入射瞳

---

[*] Osamu Nagase　リコー光学㈱　第二事業本部　U-TF　課長技師

第5章 コンポーネント・要素技術

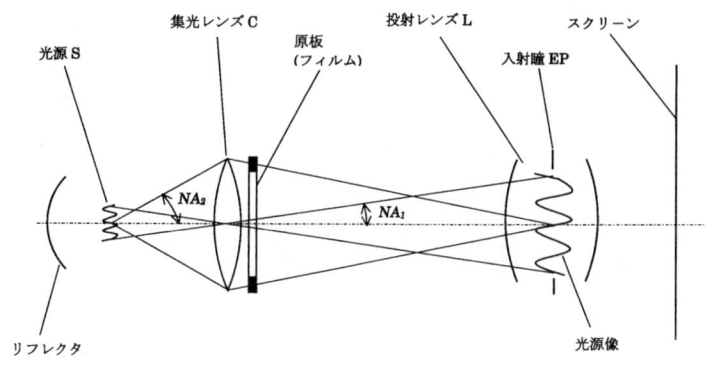

図1 スライドプロジェクター光学系の基本構成

上に集められているため，フィルム上の照度はほぼ同じとなり，光源にムラがあっても，フィルム上に照度ムラは生じない。また，光源像を投射レンズの入射瞳とほぼ同じ大きさにすることにより，光を無駄なく用い明るさを確保している。

この構成により，照明に求められている
① 明るいこと。
② 照度が均一であること。

という二つの重要な要件を達成しているのである。この構成は簡単でありながら，上記二つの要件を実用レベルで満たすことから，スライドプロジェクターのみならず様々な投影光学系の照明として用いられている。

但し，明るさや照度の均一性は，その応用分野により要求が異なるため，それぞれの要求に応じて更に種々の工夫がなされているのが，実際である。プロジェクターも，その例に漏れず，より明るく，より均一な照明のために，工夫が重ねられてきたのである。

上記二つの要件の他に，照明として留意することとして以下の点を付け加えたい。
③ 照明領域が，原板の表示領域をカバーしていること。―当たり前のことではあるが，カバーしていなければ画面周辺が暗くなり，照明領域が大きすぎれば原板外部の光は遮断され熱となり，明るさが低下する。
④ 原板周辺を通る光による光源像も入射瞳上に作られていること。―投射レンズの口径食も加味して原板の周辺を通る光が投射レンズの瞳に有効な光束として届いていることが必要である。そうでなければ，投射レンズで決まる周辺光量より実画面の周辺光量が大きく不足することとなる（図2参照）。

プロジェクターの最新技術

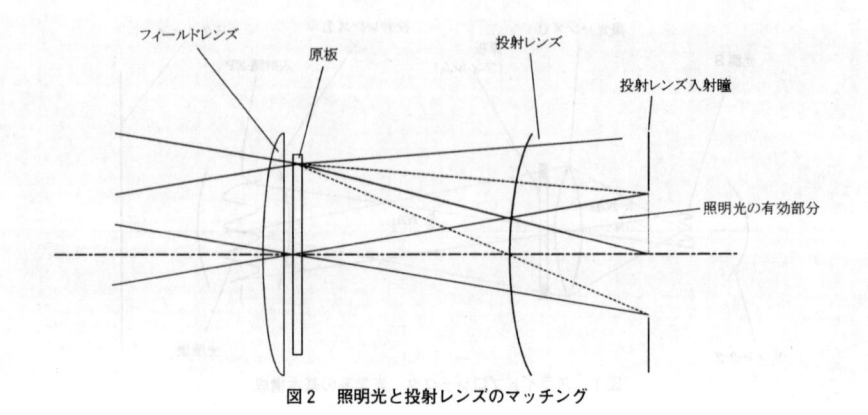

図2 照明光と投射レンズのマッチング

⑤ 集光レンズに著しい色収差がないこと。―上述の内容は，RGB各色について言える事であり，どれか一色でも大きく異なっていると，色の偏り，ムラとなって現れてくる。

また，図1の構成を眺めてみると，以下のことも判ってくる。

① 光源の大きさと照明のNA（図中のNA_1）が比例するということ。―すなわち，原板上の1点を照明する光束の最大入射角度は，光源の大きさに比例し，更にその光束を取り込む投射レンズのNA（F値）も光源の大きさにより決定されるということである。光源が大きければ，照明のNAが大きくなり，明るい大口径の投射レンズが必要となるわけである。逆に光源が小さければ，照明のNAも小さくなり，暗くて小さい投射レンズでも充分だということになる。

② 照明領域（原板）の大きさと光源のNA（図中のNA_2）が比例するということ。―原板が大きければ，光源から発する光を取り込む角度が大きくなり，明るくする上で有利なことがわかる。小さな原板を明るく照明するには有効光を小さな発散角で射出する―指向性の高い―光源が必要になってくる。

3.2.2 フィルムから液晶パネルへの転換

初期の単板式プロジェクターは，上述のスライドプロジェクターのフィルムをRGBのカラーフィルター付液晶パネルに置き換えたものと言うことができる。

フィルムを液晶パネルに置き換える際に，液晶の角度特性が問題となる。液晶は，透過光の入射角度が大きくなると画質が劣化してしまう。その代表的な例として，図3にコントラストの角度特性を示す。このようにコントラストが透過光の入射角度に依存する特性を持っているため，コントラストを高めるためには液晶パネルへ入射する照明光の主光線を光軸に対し略平行とする

第5章 コンポーネント・要素技術

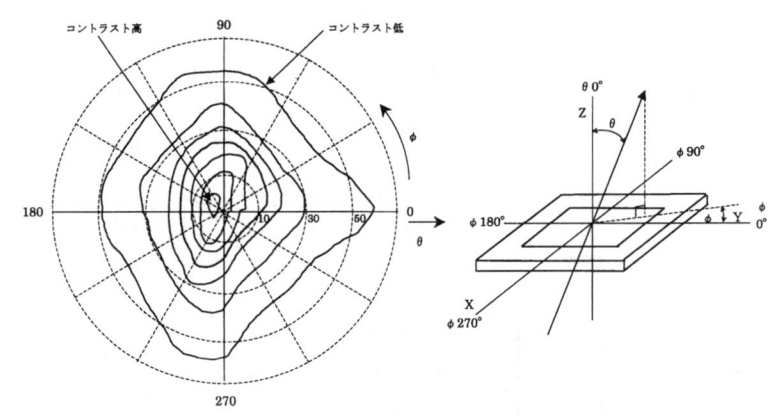

図3 LCDの角度特性：コントラスト

必要がある（この場合，フィールドレンズによる射出光の主光線を平行とすれば，基本的な構成は図1と同様に考えてよい）。今，必要とされるコントラストが決められると，パネルに対する照明のNAが制限されることとなり，これにより投射レンズのNAも決定されることとなる。たとえば，パネルに対する最大入射角度を12度以内に抑えようとすると，この角度はNA0.21，F2.4に相当し，投射レンズにもF2.4という明るさのレンズが求められることとなる。コントラストを高めることを優先し照明のNAを小さくすれば，投射レンズもF値の大きい暗い小型のレンズにできる訳であるが，明るさを低下させることになってしまう。ここで明るさを低下させない為には，光源を小さくすることが必要となるのである。

また，液晶パネルには高輝度化の為にMLA（マイクロレンズアレイ）が用いられることも多いが，この場合は，MLAによりパネルから射出される光束が更に広げられることとなるため，照明のNAより明るい投射レンズが用いられることとなる。

このようにプロジェクターは，各要素が密接に絡みあっていて，一つの仕様を決めると他の要素がある程度は一義的に決められるような系になっている。そのような中で，システムとしての最適解を見出すこと，種々の工夫により更に明るく，小さく，安くすることが求められてきたのである。

3.2.3 液晶プロジェクターの光学系[1]

それでは次に今日の一般的なプロジェクターの光学系の構成について見てみよう。

図4は，3板式の透過型液晶プロジェクターの構成である。光源から発せられた白色光は放物面のリフレクターで反射され，略平行光として2枚のレンズアレイよりなるフライアイインテグ

プロジェクターの最新技術

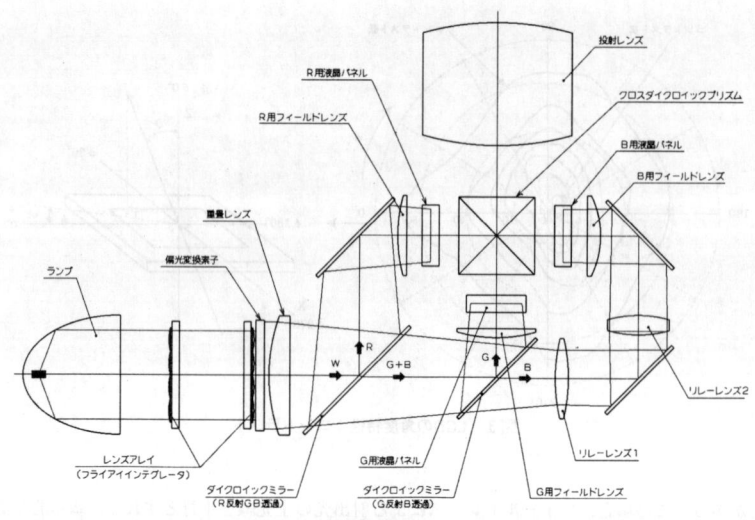

図4　3板式の透過型液晶プロジェクターの構成

レータ光学系に入射し，偏光性を揃えるアレイ状PBSを用いた偏光変換素子を経て，重畳レンズにより液晶パネルへと向かう．途中，この白色光は色分離系の2枚のダイクロイックミラーによりR（赤）G（緑）B（青）の3原色に分離され，各々の色光を変調する液晶パネルへと導かれる．パネル前のフィールドレンズにより，照明光はパネルに対して略平行光となって入射する．液晶パネルで変調された光は，色合成系のダイクロイッククロスプリズムを通り，投射レンズによりスクリーン上にRGB各色の像を形成している．

このとき，RGB3色のうち1色（図4ではB）は，他の2色と異なった光路となるが，リレー光学系により他の2色と同様の照明領域が確保されるように構成される．しかし，本構成のようなリレー光学系では他の2色とは照明像が反転するため，照明領域の照度分布に非対称性があると，合成後に色ムラを生じさせることとなる．この問題を回避するためにRGB3色を等長光路とした光学系も提案されている[5]が，後述するインテグレータ光学系による照度の均一化は，この色ムラを緩和する作用を持っている．

色合成系としてダイクロイッククロスプリズムを使うことは，ダイクロイックミラーによるミラー順次方式に比し，バックフォーカスの短い投射レンズにすることが可能となり，薄型のリアプロジェクションTVを実現するための投射レンズの広角化に一役かっている．

但し，ダイクロイック膜の角度依存性によってスクリーン上の左右の色ムラ―いわゆる，カ

第5章 コンポーネント・要素技術

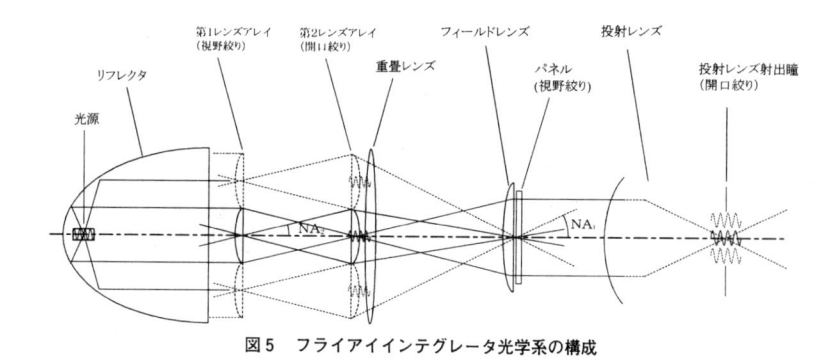

図5 フライアイインテグレータ光学系の構成

ラーシェーディング―が生じるため，プリズムに対する入射光の主光線を平行光，すなわちテレセントリックにする必要性があった。当然ながら投射レンズも同様にテレセントリック性が必要となり，投射レンズのプリズム側のレンズ径は大きくなるわけである。

3.3 インテグレータ光学系
3.3.1 フライアイインテグレータ[1]

　では，この液晶プロジェクターの照明系だけを抽出して見てみよう。図5にその基本構成を示す。理解しやすいように光軸上のレンズセルにだけ注目して考えてみよう。光源から発せられた光は，放物面のリフレクターにより反射され略平行光として第１レンズアレイのレンズセルに入射し，第２レンズアレイのレンズセル上に２次光源像を形成している。更にその２次光源像から発した光はフィールドレンズにより略平行光となり，液晶パネルを透過，投射レンズに入射し，その射出瞳上に光源像を作っている。―投射レンズはパネル側でテレセントリックなレンズとなるため，光源像は後焦点（射出瞳）位置に作られることとなる―第１レンズアレイのレンズセルは，液晶パネルと共役な関係にあり，レンズセルの大きさは液晶パネル上の照明領域を決めている。第１レンズアレイのレンズセルと液晶パネルが視野絞りとなっている。

　光源像は，第２レンズアレイのレンズセル上，更に投射レンズ射出瞳上に形成され，第２レンズアレイのレンズセルと投射レンズの射出瞳が開口絞りとなっている。

　リレー系も同様にリレーレンズ１が視野絞り，リレーレンズ２が開口絞りとなっており，リレーレンズ２近傍に光源像が作られるように構成されている。

　このことからレンズアレイの各レンズセルによる照明系は，いわゆるケーラー照明系の構成となっていて，視野絞りと開口絞りを各々独立に機能させることができる。そして，このケーラー

プロジェクターの最新技術

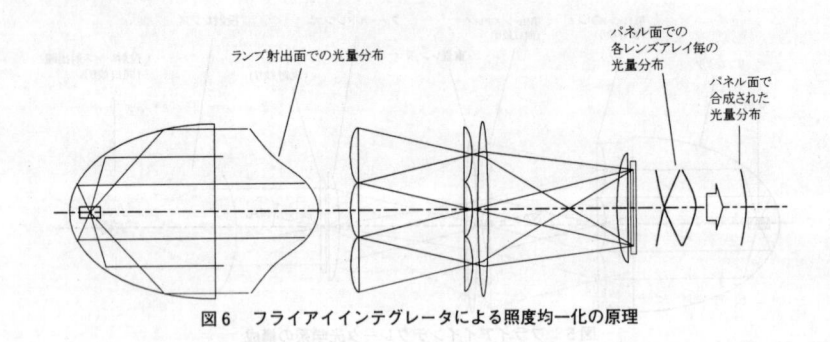

図6 フライアイインテグレータによる照度均一化の原理

照明系の構成がレンズアレイの分割数だけ存在していることにより、更に色々の工夫をこらすことが可能となっているのである。

上述の照明系の基本構成で述べたように、照明領域（液晶パネル）の大きさを決めると、フィールドレンズの焦点距離と第1、第2レンズアレイの間隔から第1レンズアレイのレンズセルの大きさが決められ、光源のNAも同時に決定されることとなる。

また、一つのレンズセルによる照明光のNAは、基本構成と同様に光源の大きさに比例しているが、フライアイインテグレータの場合、投射レンズの瞳上に作られる光源像は第2レンズアレイ全体の光源像となる。

このことからフライアイインテグレータ全体としての照明のNAはフィールドレンズの焦点距離と第2レンズアレイ全体の大きさで決定されることとなる。

第2レンズアレイの大きさは、第1レンズアレイの大きさ、あるいは放物リフレクターの開口面の大きさとも考えることができる。そう考えると、照明のNAを小さくするには、放物リフレクターの開口を小さくすることが必要になることが判る。

フライアイインテグレータの照度均一化の原理を図6に示す。光源から発せられ、放物面のリフレクターで反射され、第1レンズアレイに入射する光は、中心が明るく周辺が暗い山形の照度分布を持っている。第1レンズアレイは、入射光束をレンズセルの数に分割するが、その際個々のレンズセルは山形の照度分布の一部を受け取ることとなる。上述のように第1レンズアレイの各レンズセルの像は、重畳レンズにより液晶パネル上で重なり合い、先に受け取った個々の照度分布も重なり合うこととなる。これにより照度の均一化が実現されている。また、第1レンズアレイの各レンズセルと照明領域が共役であることから、各レンズセルを照明領域（液晶パネル）とほぼ相似形とすることにより、円形のランプ光束を矩形の照明領域に変換・整形するという機

第5章 コンポーネント・要素技術

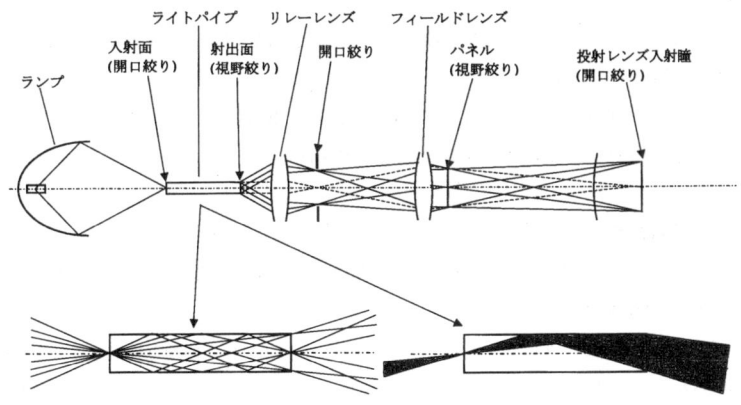

図7 ロッドインテグレータ光学系の基本構成と照度均一化の原理

能を果たしている。

　第1レンズアレイ上のキズやごみなどの欠陥は，共役なパネル画面上に現れるはずであるが，上記照度の均一化と同様に，分割・重畳により，個々の欠陥の影響が弱められ，現れにくくなっている。

3.3.2　ロッドインテグレータ[31]

　それでは次に単板式の液晶プロジェクターやDLPプロジェクターの照明系としてよく使われるロッドインテグレータを見てみよう。その基本構成と照度均一化の原理を図7に示す。光源から発せられた光は，楕円面のリフレクターにより集光し，ライトパイプよりなるロッドインテグレータに入射する。ライトパイプ内で全反射を繰り返し，その射出面から射出され，その後ろに配置されたリレーレンズによって，射出面の像がパネル面に照明領域として形成される。また，パネル前のフィールドレンズによって，リレーレンズの後焦点位置に作られる2次光源像を投射レンズの瞳上に形成している。このフィールドレンズからの射出光は，液晶パネル，DMDなどの素子の種類やシステム構成に応じて平行光や収束光へ変えられることとなる。

　この構成の場合，ライトパイプの入射面，リレーレンズの後焦点面，そして投射レンズの瞳が開口絞りとなり，ライトパイプの射出面とパネル面が視野絞りとなる。リレーレンズの後焦点に形成される2次光源像の数は，ライトパイプ内の反射回数，すなわち，ライトパイプに対する入射光の最大角度，ライトパイプの太さと長さによって決められる。この部分はまさに万華鏡と同じである。

　ロッドインテグレータにおける照度の均一化は次の通りである。ライトパイプの入射面上の1

点から出た光は，その入射角度に応じた回数だけライトパイプ内面で反射を繰り返し，異なった反射回数の光―言い換えると異なった入射角度の光―が，射出面上の各点を通ることにより，射出面の照度を均一化している。

この射出面は，照明領域（パネル）と共役であり，面上の欠陥はそのままスクリーン上で画像の欠陥として映し出されることになるので，注意が必要である。

3.4 偏光変換光学系[6]

さきにインテグレータ光学系による照度の均一化について述べたが，ここでは高輝度化―明るくすること―について述べてみる。

液晶プロジェクターは，液晶パネルを光シャッターとして用いて，画像を投影している。一般的に用いられるTN液晶パネルは，液晶への印加電圧のオン，オフにより透過光の偏光角を制御することができ，液晶パネルの前後に直交する偏光板を配置して，暗及び明視野を得ている。すなわち，入射光として利用しているのは，一方向の直線偏光成分のみとなる。初期の液晶プロジェクターでは，光源から射出される自然光のうち，パネル前の偏光板で一方向の偏光成分のみを透過させ利用していたが，利用していない直交する偏光成分は偏光板で吸収され熱となっていた。この利用していない偏光成分を利用する偏光成分へと変換すれば，明るさは略2倍となり高輝度化を達成することができる。

図8に偏光変換光学系の構成例を示す。光源から射出された自然光は，ランプリフレクタで反射され，略平行光としてPBSプリズムに入射する。該プリズムは，三角柱上のプリズムを接合したものであるが，その斜面にはPBS(Polarized Beam Splitter)膜が蒸着されており，PBS膜に対して45°で入射したランダム偏光の光束をP偏光成分とS偏光成分に分離している。

P偏光成分の光束はPBS膜をそのまま透過し，S偏光成分の光束はPBS膜で反射する。S偏光成分はさらに外側の反射部によりP偏光成分の光束とほぼ同一の方向に射出されるが，この際PBSプリズムの射出部に設けられた1/2波長板を通過して，偏光角が90度回転し，P偏光成分の光束へと変換される。

同様にS偏光成分を利用する偏光変換としたければ，P偏光成分の射出部に1/2波長板を設ければよい。

この偏光変換光学系と前述のフライアイインテグレータを用いれば，高輝度化と均一化が図られることになるが，図8を見て明らかなように偏光変換光学系からの射出光束は，ランプリフレクタからの射出光束の約2倍へと拡大されることになる。このことは前述したように照明系のNAが大きくなることであり，投射レンズも大きなNAが必要となる。これは照明系，投射レンズ共に大型化することを意味している。また，PBSプリズム自体も大きく，重量，コスト共にアッ

第 5 章　コンポーネント・要素技術

図8　偏光変換光学系の構成例[6]

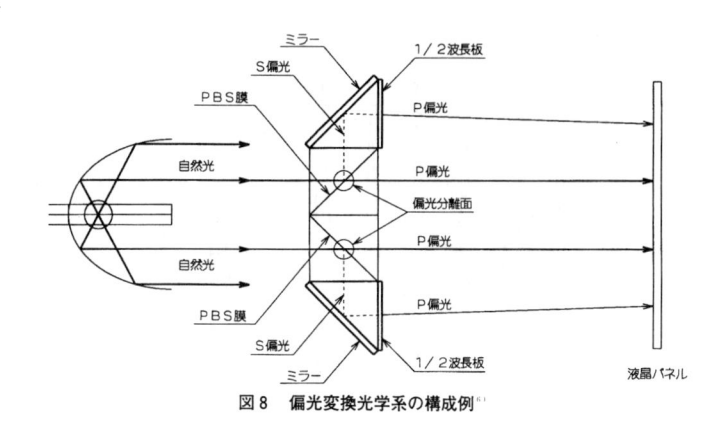

プする要因となっている。

3.5　偏光変換インテグレータ光学系[4,6]

この問題を解決する策として提案されたのが偏光変換インテグレータ光学系である。前述のような偏光変換光学系とインテグレータ光学系を並べて配置しただけではなく，システムとして融合したものになっている。

図9と図10にその構成例を示す。

まず図9の例について説明する。この構成では第1レンズアレイと第2レンズアレイの中間にPBSプリズムを配置し，第2レンズアレイに向かう光束をP偏光成分とS偏光成分に分離し，第2レンズアレイ上の一部に設けた1/2波長板で偏光変換を行っている。

PBSプリズムは，三角柱プリズムの斜面に平行平面ガラスを接合したものであり，接合面にPBS膜が設けられている。

第1レンズアレイの各レンズセルを通過した光束は，PBSプリズムのPBS膜でP偏光成分とS偏光成分に分離され，S偏光成分は90°光路を曲げられて反射され，P偏光成分はそのまま透過する。

透過したP偏光成分は更に平行平面ガラスのもう一方の面で反射され，S偏光成分と同一方向へ射出される。この際，S偏光成分とP偏光成分の各光束は，PBSプリズムの射出面上で以下の式で表されるずれSを生じることになる。

$$S = T_g / \sin \alpha$$

ここで，T_gは平行平面ガラスの板厚，αはプリズム斜面と光束の主光線のなす角度である。角度αを45°とすると，ずれSは板厚T_gの約1.4倍となり，このずれ分だけP偏光成分とS偏光成分の

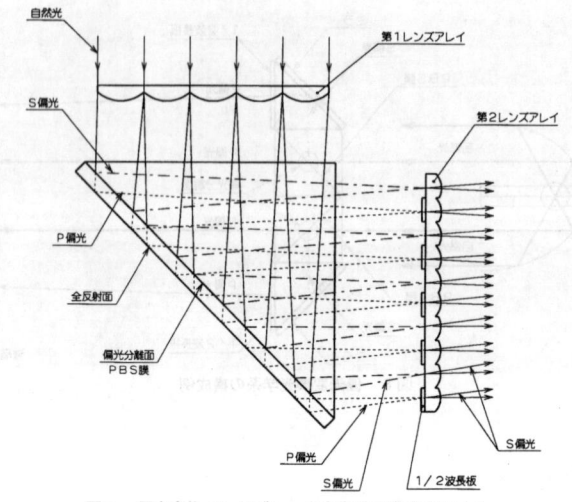

図9　偏光変換インテグレータ光学系の構成例（1）[6]

光束が空間的に分離されることになる。

　第2レンズアレイ上にこのずれSと等価なピッチで設けられた各レンズセルを通過してパネルを照明することになる。

　第2レンズアレイのPまたはS偏光成分のどちらかが通過するレンズセル上に1/2波長板を設けることで偏光成分を揃えることができるのは、偏光変換光学系で述べた通りである。

　この場合、第2レンズアレイ全体の大きさは、偏光変換の有無でほとんど変わらないため照明系のNAは、さほど大きくならず、光学系の肥大化を防いでいる。

　但し、ここで注意しなければならないことは、第2レンズアレイ上のレンズセルの数は、第1レンズアレイのそれの倍になっており、第1レンズアレイと第2レンズアレイの全体光束が同じ大きさとすると、第2レンズアレイのレンズセルの開口面積は第1レンズアレイのレンズセルに比し半分になるということである。

　先に述べたように第2レンズアレイの各レンズセルは開口絞りであり、その開口面積が半分になるということは、光量のロスが生じやすくなるということである。これを防ぐには第2レンズアレイ上の2次光源像を小さくして所定のレンズセル内に収まるようにすることが必要となる。この偏光変換インテグレータ光学系が有効に働く為には、短アーク長の超高圧水銀ランプの登場が不可欠であったことが伺える。

　次に図10の例について説明する。この構成では第2レンズアレイの射出部に、平行四辺形の

第5章 コンポーネント・要素技術

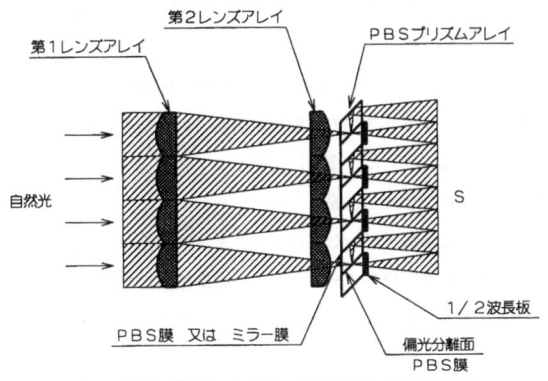

図10 偏光変換インテグレータ光学系の構成例（2）

　PBSプリズムがアレイ状に複数個接合されており，各々の接合面にはPBS膜が設けられている。各PBSプリズムは，第2レンズアレイの各レンズセルの1/2ピッチで並べられている。

　第1レンズアレイにより集光され第2アレイの各レンズセルを射出した光束は，各PBSプリズムのPBS膜でP偏光成分とS偏光成分に分離される。S偏光成分の光束はPBSプリズムの他方のPBS膜またはミラー膜で反射され，P偏光成分と同一方向に射出される。射出部に1/2波長板を設けることで偏光成分を揃える方法は前述の場合と同様である。この構成でもPBSプリズム全体は第2レンズアレイとほぼ同等の大きさとなり，光学系の肥大化を防いでいる。

　偏光変換で有効に使われる光束は，PBSプリズム1個－すなわち第2レンズアレイのレンズセルの半分－の開口を通過する光束であり，2次光源像をPBSプリズムアレイのピッチ以下に収めないと光量のロスが生じることになる。

　このような偏光変換インテグレータ光学系を用いることで，用いない場合に比し1.7倍前後の輝度向上が図られているが，ここでも光利用率の向上は短アーク長の超高圧水銀ランプの登場によるところが大きいことは明らかである。

3.6　プロジェクターにおける投射レンズと照明系のマッチング

　上述してきたことから，プロジェクターというものが，光源，照明系，原板（表示デバイス），投射レンズと各要素が密接に関わりあっていることがわかるが，ここでは特に投射レンズの設計評価と照明系との関係に触れてみたい。

　写真レンズを検査する投影検査機がある。フィルム位置に解像チャートを印刷したガラス基板を設置し，その拡大投影像を見てレンズの像性能を評価するのである。随分前の話になるが，こ

の投影検査機で評価したレンズを実際のプロジェクター照明系で再度投影して，その像性能の違いに驚いたことがある。

写真レンズ用の投影検査器は，スライドプロジェクターと同じ照明系の構成であるが，解像チャートのランプ側にオパールガラス等の拡散板が設置され，完全拡散面光源に近いものとなっており，検査するレンズ－この場合は，まさに投射レンズに相当する－の瞳上をできるだけ均一に光が通過するように工夫がなされている。

しかし，インテグレータ光学系を用いたプロジェクター照明系では，投射レンズの瞳上の光源像が離散的，かつ偏りのある強度分布であったため，完全拡散面光源のように瞳全体を均一に通る光により作られた像と大きく異なったわけである。このことは評価のみならず設計でも同じことが言える。

投射レンズの設計では，収差の取り扱いが楽であるとの理由からスクリーン面を物体，パネル面を像として縮小系として設計することが多い。この場合，写真用レンズと同様に瞳を均一な光が透過するものとして設計評価を行っており，実際のプロジェクターの照明系とのアンマッチが生じ，設計性能が再現されないことがある。

設計初期はともかくとして，ある程度まとまってきたら，拡大系として照明系も含めた形で像性能の評価を行うことが肝要であろう。像性能だけでなく，迷光など縮小系では気付かないことが見えてくるようである。

似たようなことではあるが，一つの事例として，パネル上のマイクロレンズを利用して色分離を行うカラーフィルタレスの単板式プロジェクターの投射レンズについて見てみよう（図11）[7]。

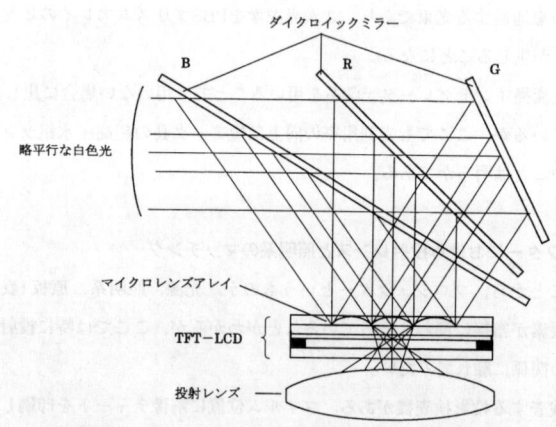

図11 カラーフィルタレス単板式プロジェクターの原理図

第5章　コンポーネント・要素技術

　この場合，ダイクロイックミラーで色分離されたRGB各色光は，それぞれ異なる角度でパネルに入射し，マイクロレンズによってRGBに対応するパネル開口部へと導かれ，投射レンズを介して，スクリーン上にRGB各色の像を投影することとなる。

　このとき，パネルを透過したRGB各色光はそれぞれ投射レンズの瞳上の異なった領域を通過して像を結ぶこととなる。たとえば，Rは瞳の中央部を，Gは瞳の半分の領域を，Bはもう一方の半分の領域を通過するといった具合である。このため結像に寄与する光束がRGB毎に異なり，色の横収差を検討するときなどは，それぞれが通過する瞳の部分に着目して考えなければならない（図12）。

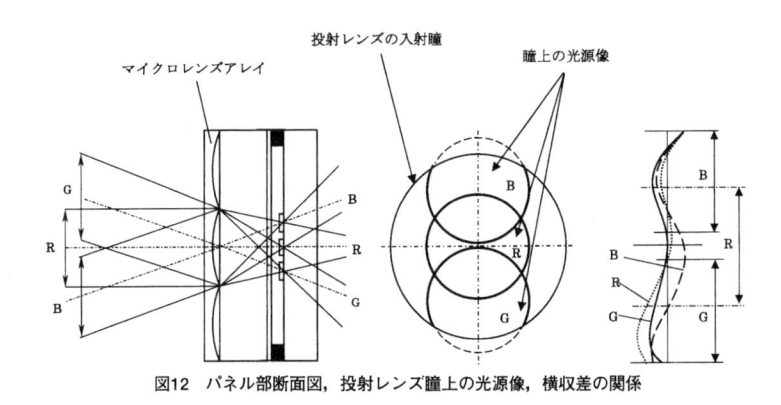

図12　パネル部断面図，投射レンズ瞳上の光源像，横収差の関係

　プロジェクターは原板の像を拡大投影する機器である。その画像がしっかりしていることは基本条件である。今後も高精細化するデバイスや様々な照明システムに対応することを考えれば，投射レンズと照明系を一体で設計・評価することの重要度が更に高まることになろう。

3.7　おわりに

　今までの述べてきたようにプロジェクターの光学系は，光源，照明系，原板（表示デバイス），投射光学系，スクリーンからなるシステムであり，全体の最適化を行うことが重要である。個々の要素の改良もシステム全体の中で捉えることが肝要であり，それを忘れると独りよがりの結果となってしまう。

　光源，スクリーンとの関係については，ほとんど触れなかったが，上述の内容から小型で高輝度の光源が求められてきたことは明らかであり，超高圧水銀ランプがその一つの解であったと言える[8]。

プロジェクターの最新技術

最近では，高輝度化が進んできたLEDを光源として用いたシステムの提案もなされてきた[9,10]。新しい光源の登場により，光学系がどのように進歩していくのか注目したい。

また，プロジェクターの場合，観察者に対して，最後に画像を届けるのはスクリーンである。特にリアプロジェクションTVにおいては，スクリーンと投射・照明光学系，更には観察者の眼とのマッチングは，薄型TVを開発していくなかで最重要な課題と言える。

プロジェクターは，IT化の波やデジタル放送の始まりにより，飛躍的な市場の広がりを見せているが，その一方で民生用への進展に伴い一層の低価格化と小型化が求められている。プロジェクターの用途そのものも多岐になり，使用目的にあった光学系の開発が一層求められていくことになるであろう。

文　　献

1) 早水良定，『光機器の光学』，光学技術コンタクト，**22**，No. 11，54～60（1984）
2) 高野栄一，『レンズデザインガイド』，写真工業出版社，133～142（1993）
3) 伊藤徳久，『照明系の光学』，光技術コンタクト，**32**，No. 11，29～33（1994）；**33**，No. 2，41～43（1995）
4) 小川恭範，『液晶プロジェクターの光学系』，光学（日本光学会），**31**，660～667（2002）
5) 小川昌宏，『投影型液晶表示装置』，特開平5 - 66505（1993）
6) 安達巌，『偏光変換光インテグレーター』，O plus E，**22**，No. 3，306～312（2000）
7) 中西浩，山谷拓司，増田岳志，柴谷岳，田中尚幸，大槻憲司，浜田浩，『カラーフィルタレス単板液晶プロジェクション技術』，シャープ技報，第65号，37～40（1996）
8) 東忠利，『高輝度光源』，O plus E，**22**，No. 3，301～305（2000）
9) 白倉資大，大久保聡，『白色LEDがあちらにも，こちらにも』，日経エレクトロニクス，no.844，115（2003）
10) 八木隆明，『プロジェクター用LED光源』，O plus E，**26**，No. 3，282～285（2004）

4　色分離・色合成光学系

小川恭範[*]

4.1　はじめに

プロジェクターでのカラー画像表示は，表示デバイスが画像入力信号に応じて，光の3原色である赤(R)，緑(G)，青(B)の光量を1画面の中でそれぞれコントロールし，それをスクリーン上に投影することによって得られる。現在のプロジェクターは，白色光源ランプで小型の光変調素子(表示デバイス)を照明し，その素子で変調された光を拡大投影する方式(マイクロディスプレイ型プロジェクター)がほとんどである。この方式のプロジェクターの場合には，ランプから射出された白色光をR，G，Bの3色光に色分離する機能が必須となる。また，表示デバイスから射出されたR，G，Bの各色光を色合成する機能も同様に必須となるが，この色合成の機能を人間の視覚機能の中に求めているものもある。

本節では，表示デバイスに透過型液晶パネルを3個用いた3板式液晶プロジェクターを例にして，色分離・色合成光学系の基本構成，構成部品，設計方法等を概説する。

4.2　色分離・色合成光学系の基本構成

マイクロディスプレイ型プロジェクターには，表示デバイスを1個のみ用いる場合(単板式プロジェクター)と，R，G，B各色光に対応した表示デバイスを3個用いる場合(3板式プロジェクター)がある。それぞれの方式でカラー表示を行う方法は異なる。

4.2.1　単板式プロジェクター

表示デバイスを1個のみ用いる場合のカラー表示の方法としては，以下が考えられる。

① 表示デバイス内部の各画素ごとにR，G，B各色に対応したカラーフィルターを用いる方法。
② カラーホイール等を用いてR，G，B各色光を短時間に切替え，人間の目の残像を用いてカラー表示を行う方法。
③ 照明光学系でR，G，B3色に色分離し，各色光が表示デバイスに入射する角度を変えて，表示デバイス内部のR，G，B各色に対応した画素にそれぞれ各色光を照明する方法[1]。
④ その他

上述の①と③の場合，各色光に対応した画素はスクリーン上で一致することなく，必ず画素ピッチ分ずれた位置に投写されるので，厳密には色合成はされていない。しかし，画素ピッチが人間の目の解像度より小さければ各画素のずれは気にならなくなる。また，②の場合も各画素が同時に色合成されることはないが，R，G，Bの各色光の切替え時間を十分短くすれば，人間の目

---

[*] Yasunori Ogawa　セイコーエプソン㈱　LCP設計部　課長

の残像により色合成が行われる。

　このように，単板式プロジェクターでは色分離はするが，色合成は人間の視覚に任せている点が特徴的である。また単板式のプロジェクターは，比較的安価にできるメリットはあるが，いずれの場合でも光利用効率という観点からは，次に説明する3板式プロジェクターからは大きく劣る。

　このように，単板式プロジェクターでは色分離はするが，色合成は人間の視覚に任せている点が特徴的である。また単板式のプロジェクターは，比較的安価にできるメリットはあるが，いずれの場合でも光利用効率という観点からは，次に説明する3板式プロジェクターからは大きく劣る。

4.2.2　3板式プロジェクター

　表示デバイスをR，G，Bの各色用に3個用いる3板式プロジェクターには，4枚のダイクロイックミラーで色分離，色合成を行うミラー順次光学系と，ダイクロイックプリズムを用いたプリズム合成光学系に大きく分けられる。色分離・色合成に用いられるダイクロイックミラーは，誘電体多層膜をガラス上に形成させたものである。

（1）ミラー順次光学系

　1990年代前半の液晶プロジェクターは，図1に示すような構成のものが主流であった[21]。この構成では，まずランプから射出された白色光を，2つのダイクロイックミラーでR，G，Bの3色

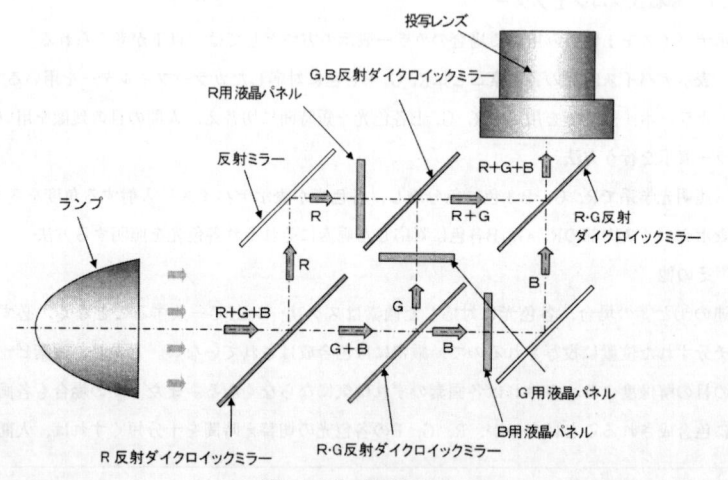

図1　ミラー順次光学系

第5章　コンポーネント・要素技術

に色分離し，分離された光が各色光に対応した液晶パネルにそれぞれ導くように構成されている。液晶パネルから射出された光は，2つのダイクロイックミラーで単一光路に合成され，投写レンズでスクリーン上に導かれる。

　この方式の光学系は，各表示デバイスと投写レンズの中間の光路に，色合成のためのダイクロイックミラー，または反射ミラーが少なくとも2枚は必要になるため，投写レンズのバックフォーカス距離が長くなり，投写レンズの性能が出しにくくなるという課題がある。また，これら表示デバイスの後に配置されたダイクロイックミラーや反射ミラーの位置精度は表示デバイスの画素ピッチに応じてかなりの精度が求められる。これらの位置が適正な位置よりわずかでもずれると，表示画像のR，G，Bの各画素がずれた状態でスクリーン上に表示されてしまうため，それぞれの位置固定後のわずかなずれやたわみ等も許されない。これらの課題があるため，現在ではほとんどの3板式プロジェクターが，次に説明するプリズム合成光学系を用いている。

（2）プリズム合成光学系

　プリズム合成光学系は，図2に示すような構成が基本となる。図2は透過型液晶パネルを表示デバイスに用いた場合である。この構成では，まずランプから射出された白色光が，R反射ダイクロイックミラーでR光と，G光＋B光に分離される（R光は反射，G光とB光は透過）。G光とB光は，続いてR・G反射ダイクロイックミラーで分離される（G光は反射，B光は透過）。このように，ランプから射出された白色光は，2枚のダイクロイックミラーによってR，G，Bの3原色光に分

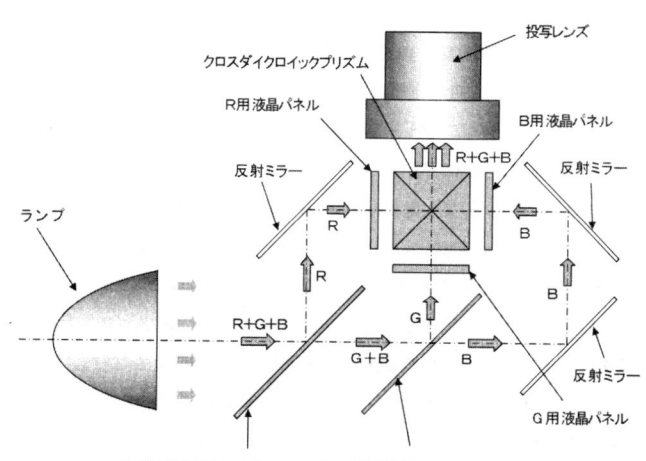

図2　プリズム合成光学系の基本構成

離され,それぞれ3枚の液晶パネルを照明する。各液晶パネルから射出された各色光は,色合成プリズム(クロスダイクロイックプリズム)によって単一光路に合成され,投写レンズによってスクリーン上に導かれる。

この方式の光学系は,先のミラー順次光学系に比べて,投写レンズのバックフォーカス距離を短くできる点,及び色合成に用いる2枚のダイクロイックミラーがプリズムとして一体化されているためにそれぞれの位置関係が組立て後に変化しない点ですぐれている。現在では,ほとんどすべての液晶プロジェクターで,このプリズム合成光学系を採用している。

図2は,透過型液晶パネルを表示デバイスに用いた例であるが,反射型デバイスを用いた場合にも同様にプリズム合成光学系が使用されている。反射型デバイスを用いたプロジェクターでは,ダイクロイックプリズムを色合成機能としてだけでなく,色分離機能として用いているものも多い。反射型液晶パネルを用いたプロジェクターでは,様々な光学系が考案され実用化されているが,それぞれ一長一短で基本構成がまだ確立されていないのが現状である。

4.3 構成部品

ここでは,3板式プロジェクターで色分離,色合成に用いられる主な部品,ダイクロイックミラーとクロスダイクロイックプリズムについて説明する。

4.3.1 ダイクロイックミラー

色分離に用いるダイクロイックミラーは,光学多層膜を白板ガラス等の上に形成したものである。光学多層膜に用いられる物質としては,SiO_2,TiO_2,Ta_2O_5,Nb_2O_5等の酸化物で,高屈折率材料と低屈折率材料を交互に10数層〜40層程度積層させる。薄膜形成方法は,通常の蒸着方法に加えて,より安定な光学特性(温度・湿度に対する安定性,より急峻な立ち上がり特性,等)を得るためのイオンアシスト法,イオンプレーティング法,スパッタ法などである[3]。

ダイクロイックミラーは,通常,図1,図2に示すように,ランプからの光軸に対して45°傾けて配置されるので,光線が45°で入射した場合の透過特性,反射特性が必要な特性になるように設計される。ダイクロイックミラーの透過率特性の1例として,R反射ダイクロイックミラーの例を図3に,R・G反射(=B透過)ダイクロイックミラーの例を図4にそれぞれ示す。R反射ダイクロイックミラーは,R(長波長)光を反射し,G(中間波長)光,及びB(短波長)光を透過する。R・G反射ダイクロイックミラーはR(長波長)光,及びG(中間波長)光を反射し,B(短波長)光を透過する。この2つのダイクロイックミラーをランプからの白色光が順次通過することによって,R,G,Bの3原色光に色分離を行う。

図3,図4には,45°以外の角度で光線が入射した場合の透過率特性もそれぞれ示してある。図3,4から明らかなように,ダイクロイックミラーへの光線入射角度が45°から離れるに従い,

第5章 コンポーネント・要素技術

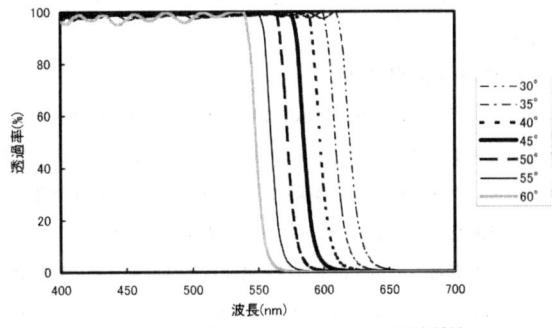

図3　R反射ダイクロイックミラーの透過率特性

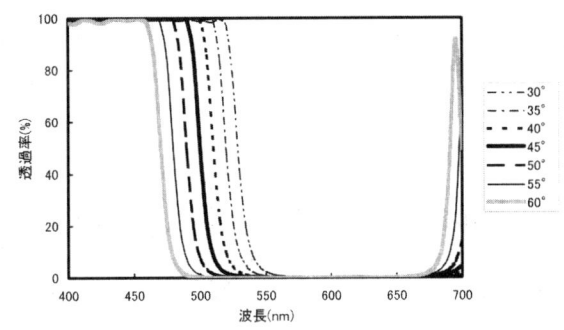

図4　R・G反射ダイクロイックミラーの透過率特性

透過特性が大きく変化することがわかる。実際のダイクロイックミラーへの光線入射角度は，45°に対して±15°程度の広がりをもっているので，膜特性を決定するにあたってはこの入射光線角度による特性変化を考慮しておく必要がある。

　また，次項(4.4.2)で説明するように，現在の3板式液晶プロジェクターのほとんどはインテグレーター照明光学系を用いており，それ故，液晶パネルの有効画素エリアの左右端領域を照明する光線が，ダイクロイックミラー上を通過する時点では大きく角度が異なってしまい，それぞれの光線の波長特性が一致しないという問題が発生する(図10参照)。これを回避するためには，ダイクロイックミラーの透過率特性の入射角度依存性をできる限り小さくするか，ダイクロイックミラーの左右領域で透過率特性(波長カット特性)を変化させることによって，液晶パネルの左右領域での波長特性を均一にする等の工夫が必要となる。波長カット特性をダイクロイックミラーの左右領域内で変化させる方法としては，薄膜形成時に蒸着機の基板ドームに対してガラス

基板を傾斜させて蒸着させることにより膜厚を変化させるウェッジコートがあり，多くのプロジェクターに採用されている。

4.3.2 クロスダイクロイックプリズム

クロスダイクロイックプリズムは，図5に示すように4個の三角柱プリズムを貼り合せ，貼り合せ面がそれぞれR反射ダイクロイックミラー，B反射ダイクロイックミラーとなるように作られている。各ダイクロイックミラーとしての機能は，三角柱プリズムに光学薄膜を形成することによって得られる。光学薄膜に使用される材料は，色分離用のダイクロイックミラー同様，SiO_2，TiO_2，Ta_2O_3，Nb_2O_5等の酸化物で，高屈折率材料と低屈折率材料を交互に10数層〜35層程度積層させる。薄膜形成方法は，通常の蒸着方法，イオンアシスト法，イオンプレーティング法，スパッタ法などである。

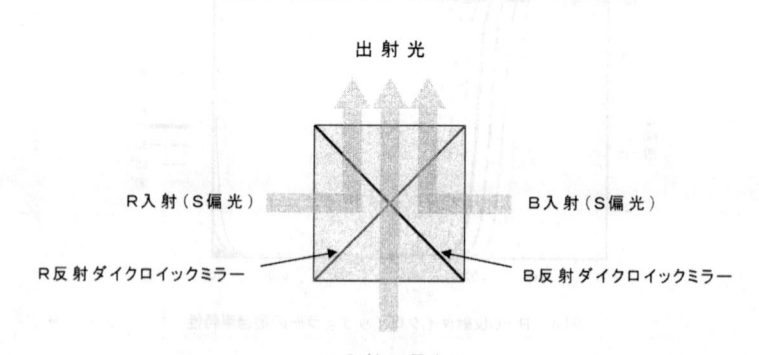

出射光

R入射（S偏光）　　　　　B入射（S偏光）

R反射ダイクロイックミラー　　B反射ダイクロイックミラー

G入射（P偏光）

図5　クロスダイクロイックプリズム

図6は，R反射膜とB反射膜の透過率特性を示している。それぞれ入射光線の偏光方向によって透過率特性が異なっていることがわかる。この特性を利用し，クロスダイクロイックプリズムでの光利用効率を最大にするために，R，G，Bの各色光を図5に示すような偏光方向にして入射させるようにする。すなわち，R光とB光はS偏光で入射させ，G光はP偏光で入射させる。このようにすることによって，クロスダイクロイックミラーでの各色光が有効に利用できる波長帯域幅を広くすることができる。ただし，リアプロジェクション用に用いる場合には，R，G，Bの各色光で偏光方向を揃えている場合が多い。これは，色合成された光が投写レンズから射出後に必ずミラーで反射させてスクリーンに投写するので，そのミラーでの反射特性をR，G，Bの各色光で異なった特性とならないようにするためである。

第5章　コンポーネント・要素技術

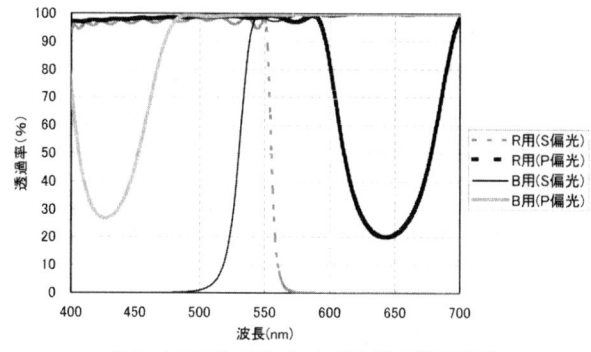

図6　クロスダイクロイックプリズムの透過率特性

透過率特性以外にクロスダイクロイックプリズムに求められる性能としては，2つの三角柱プリズムに分かれて形成されている各反射面の平面度（角度ずれ，段差），中心部十字線の幅（光学多層膜の切れ目の幅）等を，投写画像に影響の出ないよう，数ミクロンオーダーの数値に抑える必要がある。また，各三角柱プリズムの屈折率差をできる限り小さくして，接合面での屈折による影響を最小にしておく必要がある。

4.4　色設計
　ここでは，実際の色分離・色合成の設計における基本的な考え方，課題等について解説する。
4.4.1　基本的な考え方
　色分離・色合成光学系の設計では，ランプからの光を効率的に利用し，投写画像の色再現範囲を広くすることが重要である。また，R，G，Bの3色を混合してできる白色をいかに色付きの少ない白にするか，さらに投写画像に色むらが生じないこと，が重要になる。
　図7に色度図上でのプロジェクターの色再現範囲を示している。また，中心部の曲線は，完全放射体（黒体）の色度図上の軌跡を表示してある。プロジェクターの色再現範囲を広くするためには，R，G，B各単色の彩度をできるだけ高くして，図7の三角形の面積を大きくする必要がある。また，白（W）の色座標に関しては，黒体輻射の軌跡に近くして，できる限り色付きの少ない白を作ることが重要である。プロジェクターの色設計では，ダイクロイックミラーの波長特性の設定や，各種光学フィルターの仕様によって，R，G，B各単色光やその合成である白を，最終的に必要とされる色に調整する。
　ここで再度，色設計における要求項目を整理すると，

① 明るさを最大にすること
② R，G，B各色の彩度を最大にすること
③ 白を黒体輻射の軌跡に近くすること
④ 表示画像の色むらを最小にすること

これらを同時に実現することにある。しかし，プロジェクターに用いられるランプの発光スペクトルは，R，G，B 3つの単一スペクトルではないし，各色に対応したスペクトル領域の強度バランスも，白を作るのに最適なものとは言えない。したがって，①と②，また①と③は，それぞれ背反関係になる。そこで，色設計の際には，これらをいかにバランスよく組み合わせるかが重要となる。

プロジェクターのランプには，超高圧水銀ランプが使われることが多い。このランプの発光スペクトルを図8に示す。プロジェクターの色設計では，おおよそ，波長領域が420〜500nmをB光，500〜590nmをG光，590nm〜700nmをR光領域として用いるようにしている。R，G，B各単色の彩度をできるだけ高くするには，各単色の波長領域をできるだけ狭くする必要がある。しかし，背反事項として光量が減少するため，明るさが暗くなってしまう。また，超高圧水銀ランプの発光スペクトルは，G光領域550nm付近のエネルギーが非常に高いので，R，G，Bの各色の混合で作られる白は，明るさ最大を狙おうとすると，緑の強い白になってしまう。逆に言えば，白を黒体輻射の軌跡に近くするには，明るさを落とす必要がある。

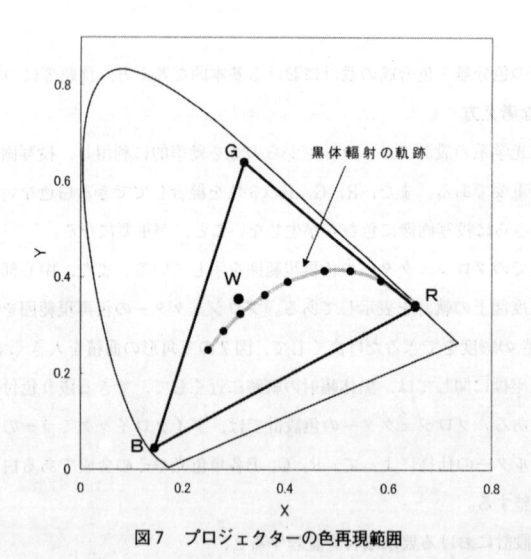

図7 プロジェクターの色再現範囲

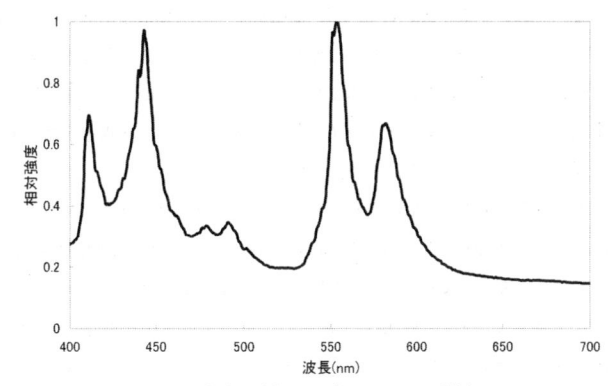

第5章 コンポーネント・要素技術

図8 超高圧水銀ランプのスペクトル特性

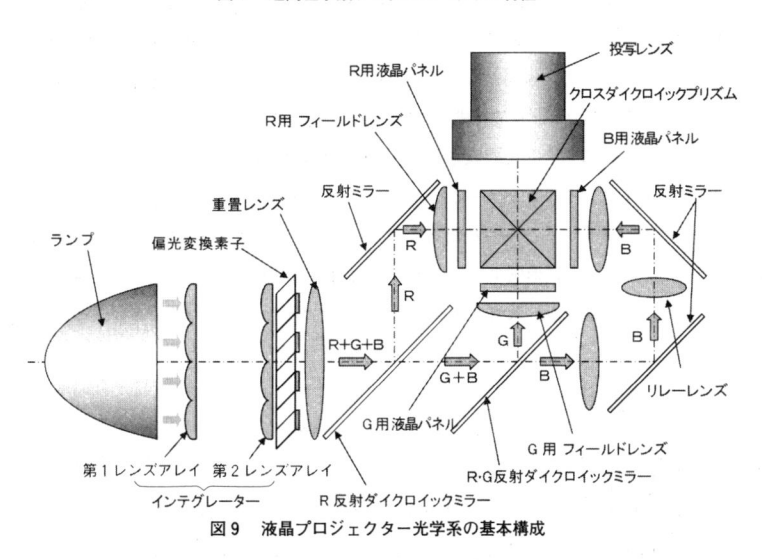

図9 液晶プロジェクター光学系の基本構成

いずれにしても、このような特性を持ったランプを用い、上述の①～④の性能を、使用目的に応じてバランスよく組み合わせていくことが重要となる。

4.4.2 色むら

3板式プロジェクターは、先にも述べたとおりプリズム合成式がほとんどである。その代表的な例である透過型液晶プロジェクターの構成を図9に示す[1]。特徴的なのは、インテグレーター光学系を用いている点である。インテグレーター光学系は、2枚のレンズアレイと重畳レンズで

構成される。第1レンズアレイの各小レンズは、液晶パネルの有効表示領域とほぼ相似形を成しており、ランプからの光束を小レンズの数だけ分割し、第2レンズアレイ近傍に集光させる。第2レンズアレイの各小レンズは、対応する第1レンズアレイの各小レンズの像を液晶パネル上に結像させる。重畳レンズは、第1レンズアレイの各小レンズからの主光線を液晶パネル中心部に向け、各小レンズの像を液晶パネル上に重ね合わせる。

　第2レンズアイの各小レンズから射出された光線は、それぞれダイクロイックミラーを透過または反射して液晶パネルを照明する。この時の光線の挙動を表したものが図10である。図10では、ダイクロイックミラー、または反射ミラーを1枚省略し、第2レンズアレイから液晶パネルまでの光路を直線的に表現している。この場合、液晶パネルの左右両端部を照明する光線（L_1，L_2，R_1，R_2）は、常に光線Lと光線Rでダイクロイックミラーへの入射角度が異なる。図3、図4に示したように、ダイクロイックミラーへの入射角度が45°に対して小さくなると（光線L）カット波長は長波長側に移動し、45°に対して大きくなると（光線R）カット波長は短波長側に移動する。したがって、液晶パネルの入射面から見て左側を照明する光線Lは、長波長成分の少ない色になり、右側を照明する光線Rは、長波長成分の多い色になる。したがって、スクリーン上の投写画像としては左右での色むらとして認識される。この色むらを最小にするためには、4.3.1で説明したように、ダイクロイックミラーにウェッジコートを施して対応する方法がある。ウェッジコートは、ダイクロイックミラーの左側と右側にそれぞれ入射する光線L，光線Rがほぼ同じような透過率特性となるように形成する。これにより、投写画像の左右での色むらを軽減することができる。また、この色むらを低減させるには、ダイクロイックミラー通過後に、さらに各色光

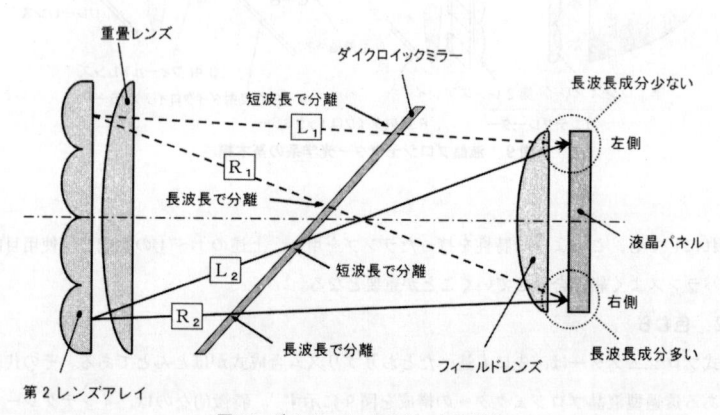

図10　ダイクロイックミラーの入射光

第5章　コンポーネント・要素技術

の波長領域を狭くするようなダイクロイックフィルター(色フィルター)を光軸に対して垂直に配置する方法も用いられる。これは，新たに専用フィルターを配置するか，図10に示す液晶パネルの直前にあるフィールドレンズの平面部に形成する。さらに，このダイクロイックフィルターは，ランプスペクトルに多く含まれるオレンジ色(波長590nm前後)の光をカットし，R光，G光の彩度を高める目的で，それぞれの光路中に配置する場合が多い。

4.4.3　フィルターの構成

R，G，Bの各光路でそれぞれの色特性を最終的に決めているのは，上述のようなダイクロイックフィルターか，色分離を行うダイクロイックミラーである。色合成に用いるクロスダイクロイックプリズムは，光のロスを最小限にするようにし，ここではR，G，Bの各色を決定することはない。具体的には，4.3.2で説明したように，入射する各色光の偏光方向を調整(R＝S偏光，G＝P偏光，B＝S偏光)して，クロスダイクロイックプリズムが有効に利用できる波長帯域幅を広げて，各色光のロスをできるだけ少なくするように構成する。また，色設計の考え方は4.4.1で説明した①〜④の内容を考慮する必要があるので，クロスダイクロイックミラーでの色合成前の各光路で，それぞれ色特性を調整する必要がある。

色設計は，ビジネス用プロジェクターとホーム用プロジェクターで，その考え方が少し異なる。明るい環境での使用を想定したビジネス用プロジェクターでは，R，G，Bの各単色の彩度よりも明るさを重視する傾向にある。一方，ホーム用プロジェクターでは，明るさよりも各単色の彩度を重視し，また，R，G，Bの各色を混合してできる白の色味についても，より重視する傾向にある。白は，R，G，Bの各色の混合比で決定され，この混合比はR，G，B用の各液晶パネルの透過率をコントロールすればどのような色味にも変化させられるが，その時，各液晶パネルの透過率を落としてコントロールするしかないため，液晶パネルでコントロールできるダイナミックレンジを下げることになり，コントラストが低下してしまう。したがって，コントラストを重視するホーム用プロジェクターにおいては，光学系で最適な白を作ることが重要になる。しかし，ホーム用途であっても，ある程度明るい環境での使用を想定し，明るい環境で使用するときは明るさ重視の設定，暗い環境ではR，G，B各単色の彩度と白の色味を重視するような設定にできるようにしたものもある。これは，シネマフィルターと呼ばれる可動式の光学フィルターを光路中に配置し，使用用途に応じて挿入したり出したりすることができる。これによって，光学系で2種類の色がユーザーによって選択できるようになっている。

4.5　まとめ

冒頭で述べたように，マイクロディスプレイ型のプロジェクターでカラー画像表示を行うためには，ランプからの光をR，G，Bの3原色光に色分離・色合成する機能が必須となる。その実現

107

方法は，表示デバイスによって異なる。透過型液晶パネルを用いたプロジェクターの色分離・色合成光学系は，プリズム合成方式がほとんど全てとなっている。一方，反射型液晶パネルを用いたプロジェクターの色分離・色合成光学系は，いくつかの方式が提案され実用化されてはいるが，それぞれ一長一短があり，ひとつの形に収束していない。反射型ミラーデバイス（DMD™）を3枚用いたプロジェクターの色分離・色合成光学系は，色分離と色合成を同時に行うプリズムを1個使用する光学系がほとんどであるが，そのようなプロジェクターは，まだ特殊用途のみで一般に広く普及しているとは言えない。現在，3板式プロジェクターの中で広く普及しているのは，唯一，透過型液晶パネルを用いたプリズム合成光学系である。

　色分離・色合成光学系の目指すところは，4.4.1で示したような性能を低価格で実現することにある。その課題は，本文で述べたような，色分離・色合成機能に用いる部品の性能向上や設計上の工夫のみならず，ランプ，液晶パネルといったキーデバイスの性能向上が必須である。色分離・色合成機能に用いるダイクロイックミラーやクロスダイクロイックプリズム等は，薄膜形成技術の進歩によって，少しずつ改善されてきている。今後は，ランプの演色性の向上や，液晶パネルの透過率特性の向上とばらつきの低減が特に重要である。

文　献

1) 浜田浩，カラーフィルターレス単板式液晶プロジェクター，光学，**25**, 315-316 (1996)
2) A. H. J. van den Brandt, *et al*, New Plusfactors in an LCD-Projector, IDRC '91, 151-154 (1991)
3) 松本繁治ほか，光学薄膜の設計・作成・評価技術，技術情報協会，69-116 (2001)
4) 小川恭範，液晶プロジェクターの光学系，光学，**31**, 660-667 (2002)

5 マイクロレンズアレイ

松本研二*

5.1 はじめに

透過型液晶ライトバルブの開口率を実質的に向上する方法として各画素に対応してマイクロレンズを照明光入射側に配置し入射光を各画素開口部に絞り込んで光学的に実効開口率を向上させる技術が近年多用されている。本節では，このようなプロジェクター用マイクロレンズアレイを概説する。

尚，プロジェクターには照明光の明るさムラ低減のため光インテグレータと呼ばれる1対のマイクロレンズアレイが照明光路に挿入されている。このマイクロレンズに関しては第5章3.3「インテグレータ光学系」を参照いただきたい。

5.2 実効開口率向上

透過型液晶ライトバルブにマイクロレンズを付加し実効開口率を向上させる方法は浜田等[1～3]により提案された。図1にマイクロレンズアレイによる開口率向上の原理を示す。マイクロレンズアレイは液晶ライトバルブに光学接着剤で接合され，液晶ライトバルブの各画素の開口部に対応してマイクロレンズアレスが付加されている。図1(b)に示すようにマイクロレンズアレイを付加しない従来の液晶ライトバルブでは画素開口部以外の領域（ブラックマトリックスの領域）に入射した光は吸収または反射される。これに対し，図1(a)に示すように照明光入射側に液晶ライトバルブの各画素に対応してマイクロレンズを配置すると，ブラックマトリックスに遮えぎら

(a) マイクロレンズアレイを付加した場合　　　　(b) 従来例

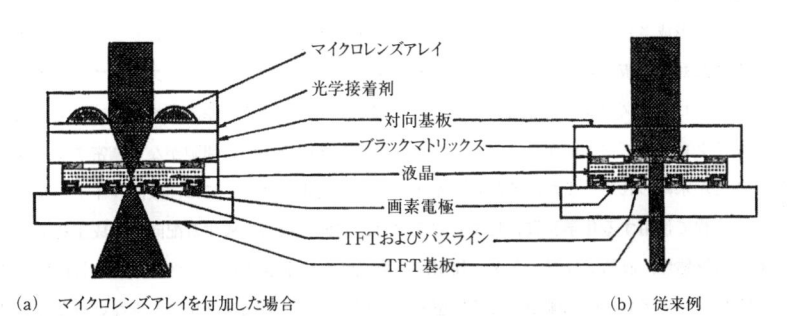

図1　マイクロレンズアレイによる実効開口率向上の原理図[1]

---

*　Kenji Matsumoto　HOYA㈱　コンポーネント事業部　技術開発部　開発グループ　グループリーダー

れていた入射光も各画素開口部を透過し、液晶ライトバルブを透過する光束を増加させることができ、実効的に開口率を向上させることができる。

高温ポリシリコンTFTを用いた液晶プロジェクターでは、ウエハーからの取り数増加とプロジェクター本体の小型化の観点からパネルサイズが0.9″から0.7″、0.5″と小型化が進み、また、VGAからXGA、SXGA、高解像度TV用HD720P、HD1080Pへと画素数が増加することにより液晶ライトバルブの画素ピッチも18μmから、14μm、10μmと小さくなってきている。このためマイクロレンズの形状も画素に併せて小さくなり、図2に示すように対向基板にマイクロレンズアレイが形成された構造が必要である[5]。

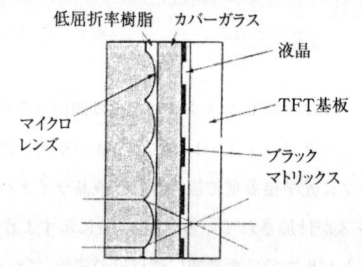

図2 マイクロレンズアレイによる実効開口率向上の原理図[5]

5.3 要求性能

対向基板に形成されたマイクロレンズアレイの要求性能としては、マイクロレンズとしての光学特性と液晶対向基板としての要求特性も併せて求められる。マイクロレンズとしての特性としては、マイクロレンズアレイの光軸、焦点距離、収差、カバーガラス厚みの均一性、形成される全てのマイクロレンズに欠陥がないこと、マイクロレンズの画素間に間隙がない稠密アレイ構造であることが求められる。また、液晶対向基板としての要求特性としては、液晶ライトバルブを製造する工程で使用する化学物質に対する耐薬品性、対向基板に形成する配向膜形成工程での高温に対する耐熱性、液晶プロジェクター使用時の耐光性が要求される。また、TFT基板開口中心とマイクロレンズアレイの光軸中心との位置精度も画素サイズの高精細化にともない重要な特性である。

マイクロレンズの仕様としてはTFT形成面での集光スポットを画素開口と同等レベルまで絞り込めることが実効開口率向上のポイントである。この大きさωは簡易的には照明光の平行度θ、カバーガラス厚みt、カバーガラスの屈折率nを用いて（1）式で示される[4,5]。

第5章 コンポーネント・要素技術

$$\omega = 2\,(t/n)\tan\theta \tag{1}$$

マイクロレンズの焦点面はTFT形成面より少し遠方に設定される。マイクロレンズアレイの焦点距離を長くすると開口部に光を絞り込めず実効開口率が向上しない。また，焦点距離を短くすると投影レンズ瞳面での光束広がりが大きくなり投影レンズのF値を小さくする必要がある。このため用いる画素形状と用いる光学系でマイクロレンズアレイの焦点距離，カバーガラス厚みの最適値を設定する必要がある。

図3に示すようにマイクロレンズの形状は非球面形状にすることにより高い集光効率が得られ，0.9″SVGAで90%以上の実効開口率が得られるとの報告がある[6]。しかし，照明光を1点に集中させると光強度が強くなり，光が集中したスポットで液晶ライトバルブの耐光性が低下する。このため照射光は画素開口部の1点に集中させずに可能な限り均一に，しかし効率良く集光させる必要があり，また出射側での光束広がりが小さいことが実効開口率や画質向上に有効である。

いずれも前述のようにマイクロレンズアレイの実効開口率や画質特性は照明光の平行度，カバーガラス厚み，投影レンズのF値等さまざまな要因により決定され，単にマイクロレンズ性能を示すものではない点に注意を要する。

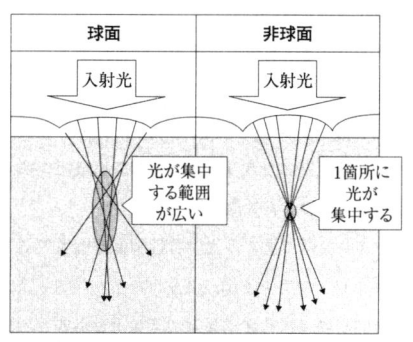

図3 球面，非球面マイクロレンズアレイの集光特性

5.4 液晶プロジェクター用マイクロレンズアレイの各種製法
5.4.1 イオン交換法によるマイクロレンズアレイの製法[2,3,7]

液晶プロジェクター用マイクロレンズアレイとして最初に実用化された方法がイオン交換法によるガラス基板上への分布屈折率マイクロレンズアレイである。製造工程の模式図を図4に示す。この製法は微小開口部を形成した金属薄膜をガラス基板上に形成し，屈折率に寄与するTl，Cs，Li，Ag等のイオンを含む溶融炭酸塩に浸漬してガラス内のイオンを交換させ，ガラス基板中に

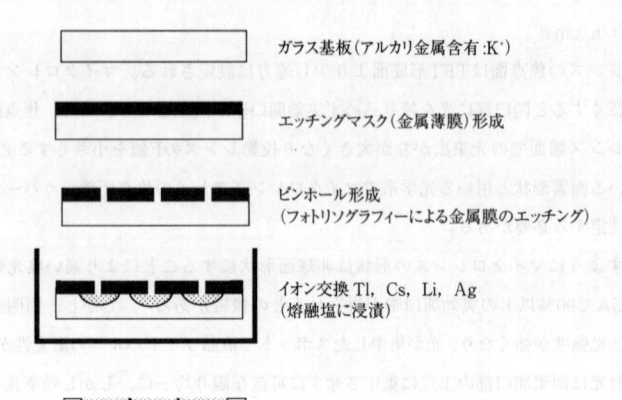

```
┌─────────────────┐  ガラス基板(アルカリ金属含有:K⁺)
└─────────────────┘

━━━━━━━━━━━━━━━━━━━  エッチングマスク(金属薄膜)形成

─ ─ ─ ─ ─ ─ ─ ─ ─   ピンホール形成
                    (フォトリソグラフィーによる金属膜のエッチング)

╲◡╲◡╲◡╲◡           イオン交換 Tl, Cs, Li, Ag
                    (熔融塩に浸漬)

 ◡ ◡ ◡             エッチングマスク除去，表面研磨
```

図4 イオン交換法によるマイクロレンズアレイ形成プロセス[3]

3次元的に屈折率分布型レンズをモノリシックに形成する。

このイオン交換法マイクロレンズアレイの特徴は，

① ガラス製のため耐光性が非常に優れている。
② 10数μmの微小なレンズをガラス基板中に稠密に形成できる。
③ レンズ径，隣接するレンズ間隔はサブミクロンオーダーの精度で形成される。

また，液晶プロジェクターに用いる場合の課題として

① イオン交換のためガラス基板がアルカリイオン含有の組成である。
② アルカリイオン含有ガラス基板のため熱膨張率が大きい。
③ 熱拡散による屈折率分布レンズであり，光学特性制御が困難である。

等があげられる。このマイクロレンズアレイは，液晶ライトバルブに光学接着剤を用いて接合する構造で実用化されたが，対向基板にマイクロレンズアレイを形成した高温ポリシリコンTFT用対向基板用には用いられていない。

5.4.2　2P(Photo-Polymerization)法によるマイクロレンズアレイの製法[7~9]

2P法は電鋳法で作製した金型を用い各種基板上に光硬化性樹脂を充填し光により硬化重合(Photo-Polymerization)させてマイクロレンズアレイを量産する方法である。この製法の概略を図5に示す。電鋳法で作製した金型(スタンパ)とベースガラスの間に紫外線硬化樹脂(レンズ樹脂)を塗布し，紫外線を照射し硬化させた後スタンパを剥離し，スタンパに形成したパターンが紫外線硬化樹脂に転写される(図5 複製)。転写されたパターン上に屈折率の異なる紫外線硬化樹脂(封止樹脂)を塗布しカバーガラスで封止することでガラス間にマイクロレンズアレイを形成し

第5章 コンポーネント・要素技術

た構造とする(図5封止)。その後ガラス基板を研磨しカバーガラス厚みを設計値に合わせる(図5外形加工／研磨複製)。ここで使用する紫外線硬化樹脂はスタンパで形状を転写するレンズ樹脂が低屈折率樹脂，封止樹脂が高屈折率樹脂でこの2つの樹脂の屈折率差でレンズ効果を持たせている。この製法の特徴は

① 紫外線硬化樹脂によるスタンピングで製造でき，量産性に優れている。
② 金型による転写量産が可能で任意の球面や非球面形状のマイクロレンズが作製可能である。

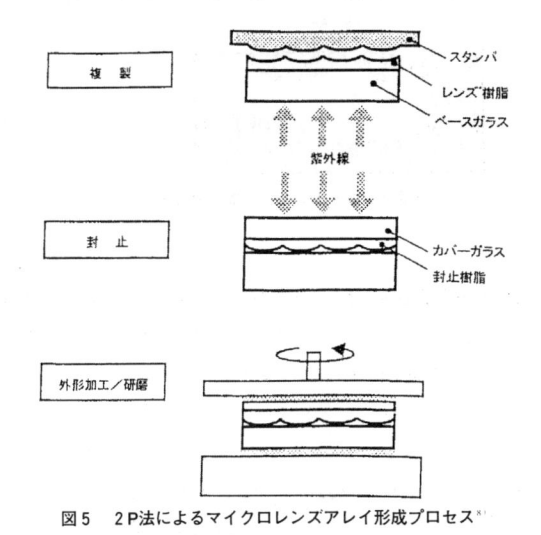

図5　2P法によるマイクロレンズアレイ形成プロセス[8]

スタンプ後のマイクロレンズのSEM写真を写真1に示す[8]。マイクロレンズ間のエッジのつなぎ部分も0.5μm以下であり，レンズピッチ15μmでも高い実効開口率を実現している。また，レンズ形状は非球面レンズ形状であり，レンズ樹脂と封止樹脂の屈折率差を大きくしなくても最適なマイクロレンズ光学特性が設計可能であり，高温ポリシリコン液晶ライトバルブの対向基板として実用化され，高い実効開口率を実現している。

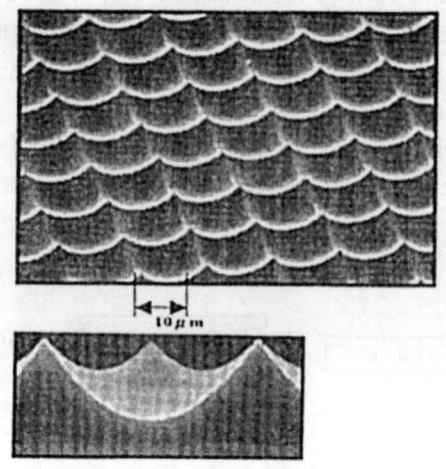

写真1 マイクロレンズ断面SEM写真[8]

5.4.3 レジストリフローと反応性イオンエッチングによるマイクロレンズアレイの製法[4,5]

レジストリフローと反応性イオンエッチングによりマイクロレンズアレイを形成する方法の製法概要を図6に示す。ガラス基板上にフォトレジストをスピンコートなどの方法で均一に塗布し、レンズ形状，ピッチに併せてフォトレジストパターンを形成する（図6(a)）。このガラス基板を加熱することによりフォトレジストパターンをリフローさせ，熔融したフォトレジストの表面張力により球面が形成される（図6(b)）。反応性イオンエッチングによりフォトレジストパターンをガラス基板に転写し，ガラス製マイクロレンズプレートを形成する（図6(c)）。低屈折率樹脂でカバーガラスを接合後所定の厚みになるようにカバーガラスを研磨し（図6(d)）マイクロレンズアレイを作製する。この製法の特徴は

① レンズ形状，レンズピッチに併せてフォトレジストパターンを形成するため寸法安定性が非常に良い。
② 反応性イオンエッチングによりフォトレジストパターンをガラス基板に転写するため，マイクロレンズ形状を自由に制御できる。

反応性イオンエッチングによりレジストパターンをガラス基板に転写する際，マイクロレンズ形状を制御する方法を図7の模式図に示す[7]。反応性イオンエッチングのエッチング速度がガラス基板とレジストで同一の場合はレジストの形状がラス基板に転写される。また，ガラス基板とレジストとのエッチング速度の比が1より大きい場合はレジストの形状の高さ方向が速度の比に

第5章　コンポーネント・要素技術

比例して増幅されてガラス基板にマイクロレンズアレイが転写される。ここで，ガラス基板とレジストのエッチング速度の比（選択比）は，ガラス基板とレジストの種類以外に反応性イオンエッチングに用いる各種混合ガスの比により制御可能である。また，反応性イオンエッチング中に選択比を変化させることで形状を任意に制御する方法も提案されている[10]。

この方式で形成されたマイクロレンズアレイは高温ポリシリコン液晶ライトバルブの対向基板として実用化され，高い実効開口率を実現している。

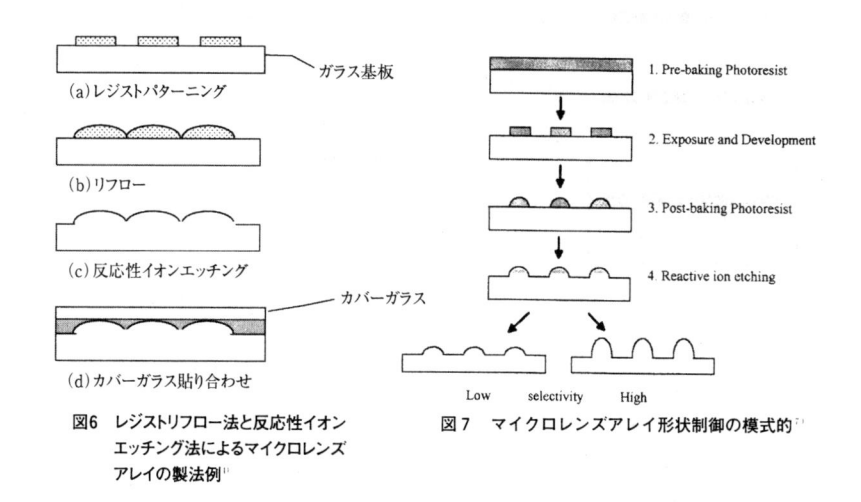

図6　レジストリフロー法と反応性イオンエッチング法によるマイクロレンズアレイの製法例[1]

図7　マイクロレンズアレイ形状制御の模式的[2]

5.4.4　ウエットエッチングによるマイクロレンズアレイの製造方法[11]

ウエットエッチングによるマイクロレンズアレイの製造方法の概要を図8に示す。この製法はピンホールを形成した金属薄膜をガラス基板上に形成し，ガラスをウエットエッチングし，カバーガラス基板を高屈折率樹脂で接合後所定の厚みになるようにカバーガラスを研磨しマイクロレンズアレイを作製する。

ここで，ガラス基板の屈折率と封止樹脂の屈折率差でレンズ効果を持たせている。この製法の特徴は

① マイクロレンズアレイの画素ピッチに併せてピンホールを形成するため寸法精度が非常に良い。
② ウエットエッチングによりピンホールを形成するため，マイクロレンズ形状安定性が非常に良く，量産性に優れている

しかし、ウエットエッチングによりマイクロレンズ形状を形成するため、レンズ形状の自由度は非常に少ない。レンズ特性の制御はウエットエッチング時のエッチング異方性と石英ガラスと封止樹脂の屈折率差で制御する必要がある。この方式で形成されたマイクロレンズアレイは高温ポリシリコン液晶ライトバルブの対向基板として実用化され、高い実効開口率を実現している。

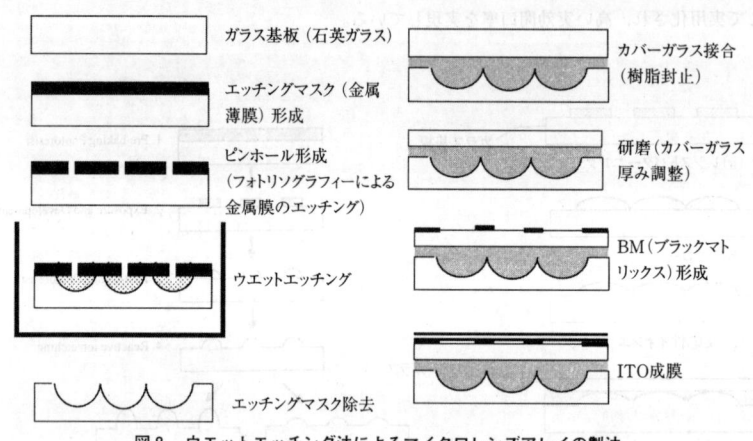

図8 ウエットエッチング法によるマイクロレンズアレイの製法

5.5 液晶プロジェクター用マイクロレンズアレイの構成材料

5.5.1 ガラス基板

液晶プロジェクターに用いられる高温ポリシリコンTFT基板はTFT形成プロセス温度が高いため高温でも安定な石英ガラスが使用されている。石英ガラスの熱膨張係数は 5×10^{-7}/℃ (50～200℃) と極めて小さいためマイクロレンズアレイが形成された対向基板も熱膨張率が極めて少ないガラスが使用され、無アルカリガラスであるアルミナシリケート系結晶化ガラス（ネオセラムN-0：日本電気硝子株式会社製）または石英ガラスが用いられている。ネオセラムN-0の熱膨張係数は 6×10^{-7}/℃ (30～380℃)[12] と石英ガラスの熱膨張率と僅かに異なるためため高解像度の液晶ライトバルブでは石英ガラスが主に用いられている。これは、TFT基板の開口中心とマイクロレンズの光軸中心が僅かにズレても投影輝度に影響を与えるためである。

5.5.2 マイクロレンズアレイ用高分子材料

イオン交換法以外のマイクロレンズアレイを形成した対向基板では、屈折率を制御した高分子材料が使用されている。2P法によるマイクロレンズアレイでは低屈折率紫外線硬化樹脂と高屈折率紫外線硬化樹脂の屈折率の差でレンズ効果を持たせている。レジストリフローと反応性イオ

第5章 コンポーネント・要素技術

ンエッチングによるマイクロレンズアレイやウエットエッチング法によるマイクロレンズアレイではガラスの屈折率と封止樹脂との屈折率差でレンズ効果を持たせている。特に液晶プロジェクターの高精細度化に伴いマイクロレンズアレイのNAも大きくする必要があり，高屈折率樹脂が必要となっている。

(1) 高屈折率化に関して

一般的に高分子材料の屈折率と分子構造との関係は(2)式で示されるローレンツ—ローレンツの式が有名である[13]。

$$(n^2-1)/(n^2+2) = (4\pi/3)N\alpha = R/V \tag{2}$$

表1 原子屈折と原子分散[13]

化学結合	原子屈折	原子分散
-H	1.100	0.023
-Cl	5.967	0.107
(-C=O)-Cl	6.336	0.131
-Br	8.865	0.211
-I	13.900	0.482
-OH	1.525	0.006
>O	1.634	0.012
=O	2.211	0.057
-O-O-	4.035	0.052
(C)-S(II)-(C)	7.80	0.22
(C)-S(IV)-(C)	6.98	0.14
(C)-S(VI)-(C)	5.34	−0.02
(O)-N=(C)	3.901	0.167
(C)-N=(C)	4.10	0.16
N-N=(C)	3.46	0.19
>C<	2.418	0.025
-CH$_2$	4.711	0.072
-CN	5.415	0.083
-NC	6.136	0.129
C=C	1.733	0.138
C≡C	2.336	0.114

117

ここで，n:屈折率，N単位体積当たりの分子数，α:分極率，R:分子屈折率，V:分子容である。分子屈折は原子屈折の総和であり，原子屈折は表1に示されている。

高屈折率樹脂を得るには分子屈折(原子屈折の和)を大きく，分子容を小さくすればよく，重金属，フッ素以外のハロゲン，芳香環，硫黄の導入が一般的に知られている[13~15]。フッ素の導入はC—F結合が強固で分極率が小さいため分子屈折の増加は見られず分子容のみが増加するため低屈折率となる。低屈折率樹脂を得る場合には有効な手法である。

(2) 高耐光性化に関して

高温ポリシリコンTFTに使用するマイクロレンズアレイは可視光で透明で，光源からの強力な光に対しても長時間劣化がない樹脂を使用する必要がある。

樹脂の劣化メカニズムは一般的に

ⅰ) 光エネルギーを吸収。

ⅱ) 樹脂を構成する高分子，樹脂中の不純物，開始剤の分解生成物等を構成する原子が励起状態になる。

ⅲ) ラジカルが生成。

ⅳ) 構成分子の主鎖や側鎖が切断。

ⅴ) 溶存酸素による酸化，分子内不飽和結合の生成。

が連鎖的に発生する。この結果，短波長領域での吸収(黄変)が発生し，短波長での透過率を低下し，ガラス基板との接着性も低下する。このため耐光性向上には光エネルギーを吸収しない透明性のよい分子構造を有する樹脂を設計すれば良い。また，実用上は着色中心となる不純物や開始剤残渣，溶存酸素，含有水分がない等の管理が重要である。

(3) マイクロレンズアレイ用樹脂

比較的屈折率が高く耐光性が良い樹脂組成としては，紫外線領域まで吸収のないC-S結合を有する高分子を設計する手法が有効である[13]。また，北村等[1]は芳香環を導入したフルオレン誘導体で高屈折率・高耐光性の樹脂を報告している。芳香環を導入すると色収差(屈折率の波長依存性)が大きくなり，近紫外線領域で光を吸収するため耐光性は低下することが一般的に知られているが[13]，分子構造を選定することで液晶プロジェクターの耐光性を満足する高耐光性高屈折率紫外線硬化樹脂を得ている。

5.6 マイクロレンズの用語と定義[16, 17]

マイクロレンズアレイ関連の規格がISOで検討され，2001年8月にVocabulary規格(ISO-14880-1:Microlens array-Part.1; Vocabulary)として用語が定義された。表2に主要な項目と和訳が示されている。図9に表2の用語に対応し定められたディメンションが示されている。一般に知ら

第5章 コンポーネント・要素技術

れているレンズの焦点距離についてもマイクロレンズに特有な実効前側焦点距離と実効後側焦点距離がある。これは，一般的なレンズと大きく異なり，レンズサイズが非常に小さい，収差が非常に大きい場合がある等の理由でマイクロレンズの主点位置が明確に求められないためマイクロレンズ特有のものとして定義している。レンズ頂点から焦点（平行光をレンズに入射させた際の収束光の強度分布が最大になる位置）までの距離を実効前側焦点距離，実効後側焦点距離と定義している。

表2 マイクロレンズの用語（ISO-14880からの抜粋と日本語追記）[16]

	Symbol	Unit	Term	
1	A_g	mm^2	geometric aperture	幾何学的開口
2	2a1, 2a2	mm	lens width	レンズサイズ
3	H	mm	surface modulation depth	レンズ高さ
4	NA	none	numerical aperture	開口数
5	$n(x,y,z)$	none	refractive index	屈折率分布
6	n_0	none	refractive index (lens centre)	中心屈折率
7	P_x, P_y	mm	Pitch	配列ピッチ
8	f_b	mm	practical back focal length	実効焦点距離（後側）
9	f_f	mm	practical front focal length	実効焦点距離（前側）
10	R_c	mm	radius of curvature	レンズ曲率半径
11	S_x, S_y, S_z	mm	coordinates of focal spot position	集光位置
12	$\Delta S_x, \Delta S_y, \Delta S_z$	mm	focal spot position shift	集光位置ズレ
13	W_x, W_y	mm	focal spot size	集光スポットサイズ
14	ϕ_{rms}	λ	wavefront aberration	波面収差
15	λ	μm	wavelength	波長
16	N_{eff}	none	effective Abbe-number	有効アッベ数

注記："practical" は "effective" に変更することで，2002.6.11〜14開催のSC9会議（ミラノ：イタリア）で合意，正誤表が発表される予定

図9 マイクロレンズの構造（ISO-14880-1）[16]

文　献

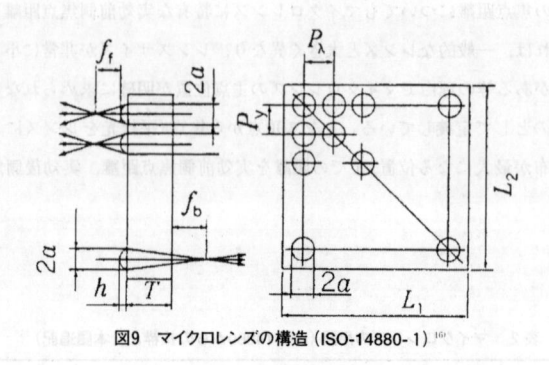

1) H.Hamada, F.Funada, M.Hijikigawa and K.Awane, Brightness enhancement of an LCD projector by a planar microlens array, *SID '92 Digest*, **23**, 267〜272(1992)
2) 浜田浩, 他, 液晶プロジェクターへの平板マイクロレンズアレイの応用, テレビジョン学会技術報告, **16**, No.80, 19〜24(1992)
3) 浜田浩, 船田文明, マイクロレンズアレイによる液晶プロジェクターの高輝度化, *O plus E*, No.165, 90〜94(1993)
4) 浜中賢二郎, LCDプロジェクション用マイクロレンズアレイ, 月刊FPD Intelligence, 1999.11, 80〜83(1999)
5) 浜中賢二郎, ライトバルブ用マイクロレンズアレイ, *O plus E*, **22**, No.3, 313〜318(2000)
6) 小池啓文, ホームシアター用高温ポリシリコンTFT-LCD技術動向, 月刊ディスプレイ, No.2, 68〜73(2003)
7) 西澤紘一, マイクロレンズアレイの現状と将来, 光技術コンタクト, **35**, No.6, 316〜323(1997)
8) 内田大道, マイクロレンズアレイの量産加工技術とその応用, 光技術コンタクト, **42**, No.3, 125〜132(2004)
9) 青山茂, マイクロレンズの応用展開, ファインプロセステクノロジー講演予稿集, E4, 16〜24(2000)
10) 佐藤康弘, 他, マイクロレンズ作製技術とそのビーム整形素子への応用, *Ricoh Technical Report*, No.29, 13〜20(2003)
11) 特開昭60-155552
12) 日本電気硝子株式会社　カタログ　E008JFA 3 CJUN'96.
13) 湯川博, 透明ポリマーの屈折率制御, 化学総説, No.39, 学会出版, 174〜182(1998)

第5章　コンポーネント・要素技術

14) 北村恭司，枌靖博，岡田慎也，高耐光性高屈折率紫外線硬化樹脂の開発―マイクロレンズアレイへの応用と製品化，*OMRON TECHNICS*, **41**, No.4, 434〜437 (2001)
15) 大塚保治，有機ポリマーの光学的性質，高分子, **33**, No.3, 266〜273 (1984)
16) 三船博庸，宮下隆明，マイクロレンズ技術とその評価，*O plus E*, **24**, No.7, 750〜757 (2002)
17) 西澤紘一，国際標準化動向とマイクロレンズ，光技術コンタクト, **38**, No.5, 332〜336 (2000)

6 背面投射型スクリーン

織田訓平[*1]，後藤正浩[*2]

6.1 リアプロジェクションディスプレイとスクリーン

リアプロジェクションディスプレイは，画像をスクリーン上で反射させるのではなく，透過させて表示させることから，照明光のスクリーンでの反射によるコントラストの低下が無く，明室での使用が可能となった[1,2]。

今も広く世界中で家庭用テレビとして使われており，特に世界市場の約80％を占める北米では大きなリビングルームへの設置が一般的で，家族が集まってさまざまな番組を鑑賞したり，DVDで映画を楽しむことが多い。また，家庭用だけでなく産業用のモニター表示画面としても多く利用されており，制御監視ルームの壁一面がモニター画面であったり，イベント会場などの表示ディスプレイや，放送局のスタジオなどでも使われており[3,4]ご存知の方も多いと思う。

リアプロジェクションディスプレイの多くはRGB3管のブラウン管を映像源に使っているが，ここ数年はLCDやDLP[TM]などのマイクロディスプレイを用いたプロジェクターを映像源としたリアプロジェクションディスプレイが急速に登場してきている[5]。

ブラウン管を映像源としたリアプロジェクションディスプレイの構成を図1に示す。ブラウン管はR(赤)，G(緑)，B(青)の3本があり，それぞれの映像を投射レンズによって拡大投影している。拡大投影された映像光は反射ミラーで折り返された後，映像面に設置された透過型スクリーンで結像し，見る人に映像を再生しているのである。

透過型スクリーンはフレネルレンズシートとレンチキュラーレンズシートの2つのレンズシートより構成されている。映像源側に設置されたフレネルレンズは，観察者面に同心円状のプリズム形状を設けたレンズシートであり，拡大投影され外向きに広げられた映像光を見る人の方向へ向ける為，ほぼ画面に対して垂直となるように曲げる凸レンズの働きをしている[6]。同心円の中心付近ではプリズムの高さが低く，周辺に行くに従って高さが高く急角度になっており，映像光をより大きく屈折させている。観察者側に設置されたレンチキュラーレンズは，これを透過した映像光を拡散させる事で平面画像として形成させる働きをしている。また，レンチキュラーレンズは，見る人々により明るい映像が届くように限られた光の拡散方向を効率よく制御する為に，カマボコ型のレンズが縦縞状に並んだ構成のレンズシートである[7]。このレンズの効果によって，スクリーンに要求される垂直方向に比べて広い水平方向の視野角を実現している。透過型スク

[*1] Kunpei Oda　DNP Corporation USA, Manager
[*2] Masahiro Goto　大日本印刷㈱　ディスプレイ製品事業部　研究開発本部
　　　　　　　　　　ディスプレイ製品開発部　エキスパート

第5章　コンポーネント・要素技術

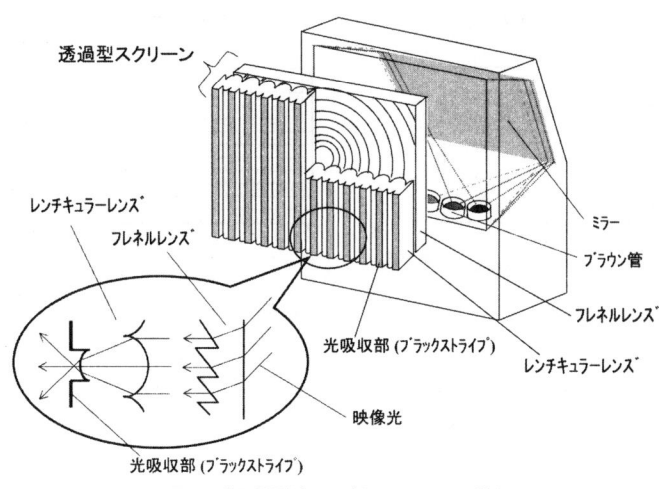

図1　背面投影型テレビとスクリーンの構成

リーンは上記の働きだけにとどまらず，ディスプレイの最終画質を大きく左右するため，プロジェクターからの映像を忠実に再現させる事が使命である。

6.2　MDプロジェクター

　従来，リアプロジェクションディスプレイではほとんどがブラウン管を映像源に用いていたが，近年のマイクロディスプレイ（MD）技術の発達に伴ってLCDをライトバルブとしたリアプロジェクションディスプレイやより光利用効率が高く明るいDLP[TM]*方式のプロジェクターが登場してきた[8]。

　LCDやDLP[TM]*などのMDを用したプロジェクターはブラウン管を用いたプロジェクターと異なった性質をいくつか持っている。一つ目は，ブラウン管が走査線で映像を表示しているのに対して，マトリックス状の点（四角）の集合で表示していることであり，その構成の違いを図2に示す。二つ目は，ブラウン管方式では3本のプロジェクターレンズで拡大投影するのに対し，新規プロジェクターではブラウン管より小さな1つのレンズから拡大投影している点である。その違いを図3で示す。三つ目は，ブラウン管は電子銃によって蛍光体を発光させているのに対し，ハロゲンやメタルハライドなどの点光源（ランプ）の発光光線をマトリックス毎に反射または透過させて映像を表示していることであり，その違いを図4に示す。

　これらの性質の違いからブラウン管を利用した背面投射型ディスプレイに使われてきたスク

図2 画面構成の違い

図3 プロジェクターの構成の違い

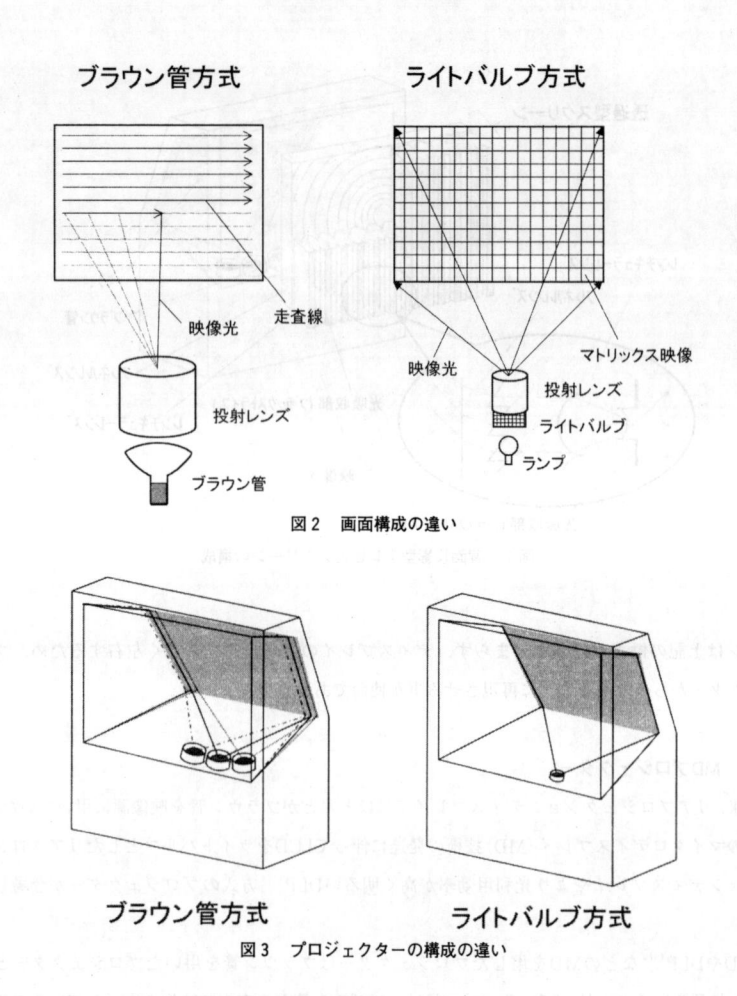

リーンとは異なった性能をスクリーンに求められるようになってきた。

6.3 MDプロジェクター用スクリーン

ブラウン管を利用したリアプロジェクションディスプレイに使われてきたスクリーンは，図5に示すように映像光の通過しない部分に光吸収部が設けられており，この部分で外光を吸収する事でコントラストの向上を図っている[9]。更に，観察者側のレンズでR，G，Bの3本のブラウン管毎に異なっているスクリーンへの入射角の影響を補正し，どの位置でも同じ色調となるように

第5章 コンポーネント・要素技術

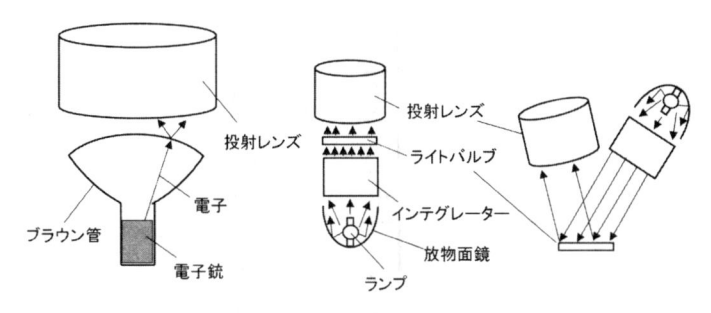

ブラウン管方式　ライトバルブ透過方式　ライトバルブ反射方式
図4　発光表示の違い

している。

　つまり，入射角が異なると観察者側レンズでの集光位置が異なり，それぞれの位置でのレンズ効果によって光軸が正面方向へ補正される。

　MD方式のリアプロジェクションディスプレイのスクリーンであっても，ブラウン管を利用したリアプロジェクションディスプレイのスクリーンと基本的な役割については同じであるが，MD方式のリアプロジェクションディスプレイ用スクリーンの場合は，映像がマトリックス状に表示される為に，映像のマトリックスとレンチキュラーレンズの規則的に変化する模様の重なりによって干渉縞（モアレ）が発生する。これを回避する為には画素ピッチとレンズピッチの比を1/4.5以下とする事が有効であり，その為にはレンズピッチを0.2mm以下にする必要がある[10~12]。

　更に，小さな1つのレンズから拡大投影している事と，点光源（ランプ）の発光光線を反射または透過させて映像を表示していることからシンチレーション（ギラツキ）が顕著になる。特に，最近の様にプロジェクターが高輝度化され明るくなると，シンチレーションはより顕著になる。この現象を低減する為にもレンズピッチを細かくする事は有効である[13~16]。

　しかし，ブラウン管方式では3本あった光源がMD方式のプロジェクターでは1点より投影されるので，レンチキュラーレンズへの入射光軸を補正する為の観察者側レンズは不要となる。つまり，MDプロジェクター用スクリーンには，観察者面のレンズは不要となるが，ピッチを細かくする事が必要となる。

6.4　光吸収部（ブラックストライプ）付きスクリーン

　光吸収部付きスクリーンでは図5に示すように映像光は入光レンズによって集光され，映像光の通らない部分に光吸収部を設けており，この部分で外光を吸収する事でコントラストを向上さ

光吸収部(ブラックストライプ)　　　レンチキュラーレンズ
図5　光吸収部付きレンチキュラーレンズの断面図

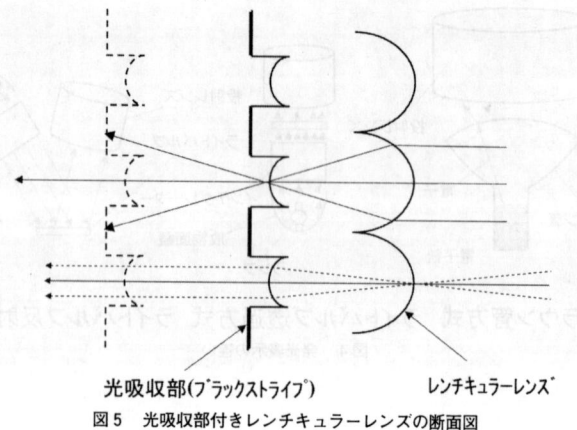

せてきた。このスクリーンを印刷技術を駆使して世界で最初に製造したのが，大日本印刷㈱である。しかし，新規プロジェクター用スクリーンは，モアレを回避する為にはピッチを細かくする必要がある。それにはレンチキュラーレンズシートの厚さを薄くし，更にその細かいピッチに見合った精度で光吸収部の位置合わせを行なう必要があるが，これは製造が極めて困難である。

　光吸収部は十分な光学性能を発揮させる為にはその位置が少しでもずれてしまうと映像光が即座に吸収されてしまい必要な視野角や明るさが得られなくなったりする問題点が発生する。光吸収部付きスクリーンのピッチは現在0.3mmまでが限界である。

　また高精細な映像を表示させるデジタル表示ディスプレイにとって光吸収部付きスクリーンはこの他に，垂直方向の視野角性能を付加すると透過率が低下したり，同時に視野角までも狭くなってしまったり，場合によっては光吸収部の働きそのものを阻害して光吸収部付きレンチキュラーレンズの性能をまったく発揮させることができなくなったり，シンチレーションの低減も垂直視野角の拡大も図れないという画質上の大きな問題点を抱えたままで[17,18]，従来タイプのブラウン管を映像源としたプロジェクター用には優れた特性を発揮するブラックストライプ付きスクリーンもMDプロジェクションディスプレイで使用するためには大きな課題が残っている。

　このような状況に対して従来の方式で達成可能な0.3mm程度のピッチでも使用可能な映像源も開発されてきた。これは映像源側で画素のマトリックスの発生を低減するような映像処理を加える事でモアレ発生を低減した物である。これによってすでに確立されたプロセスでスクリーンを生産することが可能となり，高効率，高コントラストなコストパフォーマンスの優れたスクリーンとなっている。特に，MD方式に適したレンズ設計及び光吸収部の設計を行なう事で効率とコ

第5章 コンポーネント・要素技術

ントラストを大幅に向上させている。但し，これはスクリーンでの高精細化に加えて，映像源側での対応が必要である為，全てのMDプロジェクションディスプレイに対応できるものではない。

6.5 ウルトラ・ハイ・コントラスト・スクリーン（以下UCSと略す）

上記の問題点を解決する為に大日本印刷㈱によってUCSが開発された。UCSは従来のスクリーンと同様なプロセスによって製造可能で，多様なサイズの背面投影型ディスプレイでモアレを発生させないファインピッチと光吸収部付きスクリーン以上のコントラストを実現しており，シンチレーション低減も，自在な視野角制御も可能である[19, 20]。

UCSは入光面側のみにレンズ形状を持つレンチキュラーレンズシートで光吸収部が無く，光吸収部付きレンチキュラーレンズシートにおいてファインピッチ化の妨げとなっていた表裏での位置合わせや，レンズの焦点に合わせた板厚設定を不要とする事で，ファインピッチ化を可能にしている。

UCSの最大の特徴は，光吸収部を設ける代わりにレンチキュラーレンズ部に沿うように着色層を設ける事で効率的に外光反射を減衰させてコントラストを向上させている。その構成を図6に示す。

観察者側から入射した外光は図に示す様に全反射を繰り返しながらレンチキュラーレンズの端の部分に沿うように進み，再度観察者面より出射される。この光がコントラストを悪化させており，この光を選択的に減衰させるのがUCSの原理である。つまりUCSはレンチキュラーレンズの

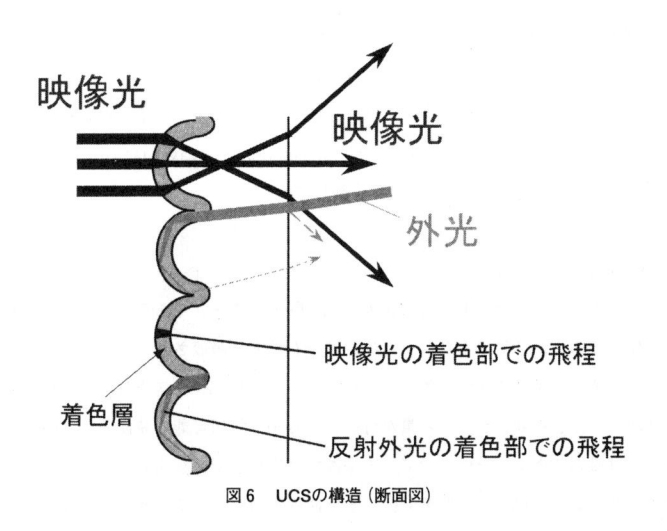

図6　UCSの構造（断面図）

部分にレンズ形状に沿うように着色層を設ける事で外光だけを選択的に減衰させる事ができるようになっている。

映像光は着色層に対してほぼ垂直に透過しており，着色層を通過する距離は僅かであるのに対して，外光はレンズに沿って進むので長距離着色層を通過している。従って，外光はその殆どを減衰させる事ができるのに対して，映像光は殆ど減衰することなく観察する事ができる。これによってコントラストを飛躍的に向上させる事ができるようになった[20,21]。

UCSはこれまでの光吸収部を持つスクリーンとは異なり，全く新しい画期的な構造であり，優れた多くの特長と可能性を持っている。

第1にファインピッチ化が容易に出来る事である。0.14mm及び0.065mmピッチの製品を販売している。つまり，全ての背面投影型ディスプレイに対してモアレフリーであり，コントラストに優れたスタンダードスクリーンを提供しているのである。

第2に映像光を集光する必要が無いので，拡散剤を多量に添加しても光吸収部に映像光が吸収される事も無く，要求される視野角特性をより忠実に実現するスクリーン設計ができるのである。

従って，映像源の高照度化によってレンチキュラーレンズ以外の拡散を多くする必要があっても，拡散剤添加による透過率低下や，視野角の減少，コントラスト低下もなく，今後本格化する映像源の高輝度高精細化に十分対応可能なスクリーンとなっている。

第3に，UCSはシンチレーションを低減するのにも最適なスクリーンである。ファインピッチ化とレンチキュラーレンズの映像源側に拡散部を設ける事が，シンチレーション低減には有効な手法となるが，光吸収部を持たないUCSではファインピッチ化も，レンチキュラーレンズの映像源側に拡散部を設ける事も可能だからである。以上のように，光吸収部を持たないと言う事が，UCSの優れた性能と応用範囲の広さを特徴付けている。

この特長によって，UCSはMD方式のプロジェクションディスプレイの画質向上とマーケットのスタンダード化に大きく貢献し，"1998 SID Information Display Magazine Display Material or Component of the Year Gold Award"を受賞している[22〜25]。

6.6　新規高効率スクリーン

UCSは高コントラストでモアレのない優れたMD用スクリーンであるが，その構成上映像光も光吸収層を僅かであるが通過する為，一定の比率で有効光が吸収され，光の利用効率には限界がある。6.4で紹介したMDプロジェクションディスプレイ用BS付きスクリーンでもモアレ対策をとった映像源では光利用効率を高める事が可能であるが，使用可能な映像源には制約があり，全ての映像源には対応できていない。全ての映像源で対応可能で光利用効率についても，これまでのレンチキュラーレンズ以上の効率を発揮する可能性を持つレンチキュラーレンズも大日本印刷

第5章　コンポーネント・要素技術

㈱にて開発されている。

これは，明室での外光を吸収する部分を有しているものの映像光の吸収が無く更に従来のブラックストライプ付きレンチキュラーレンズの様に厚さが限定される事もない。このレンチキュラーレンズの構成を図7に示す。

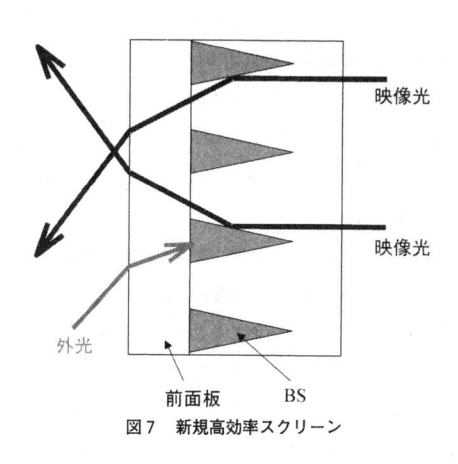

図7　新規高効率スクリーン

このレンズは出光側に台形形状の高屈折レンズとその間隙の低屈折光吸収部とから構成されている。映像光は高屈折レンズの部分より入射し台形の斜面で全反射をする事で視野角を拡大させている。従って，低屈折光吸収部には映像光は殆ど入射せず，光の利用効率を高くすることができる。更に，本構成では出光面側のみで光吸収と光拡散を行っているので厚さの制限を受けない。

又，この構成ではレンズの両面とも平面となるので複数の同様のレンズを光の利用効率を低下させる事なく組合せて使用できる。これは，従来のレンチキュラーレンズでは入光側に空気界面が必須なレンズを有しており，その為に複数のレンズシートを組合せた場合には界面反射で1シート当り10％程度の反射損失が発生する。

それに対して，本構成では損失を伴わない全反射によって拡散をさせる機能と，光吸収部によって外光を吸収しコントラストを向上させる機能を組合せているので，高コントラストを発揮しつつ，光の反射損失は発生せず，多方向の光の制御が可能となる。

従って，左右方向に加えて上下方向の拡散を行なうシートを組み合わせることで上下方向を左右方向とは独立に拡散制御できるので，光の利用効率を低下させる事なく，簡便に効率的に広視野角で非常に高コントラストなスクリーンを実現する事が可能となる。

プロジェクターの最新技術

6.7 薄型プロジェクションディスプレイ用スクリーン

近年，大型ディスプレイが浸透していく中でコストパフォーマンスに優れるプロジェクションディスプレイは注目を浴び始めている。

大型化するディスプレイとしてはPDPを初めLCD等があるがそれに対してプロジェクションディスプレイの欠点はディスプレイの厚さであった。

PDPやLCDが薄型でリビングに自由に配置できるのに対してプロジェクションディスプレイは従来50cm程度の奥行きを持っており配置に制限が多かった。

それを解決する為に斜め投射タイプのプロジェクションディスプレイがいくつか開発されてきた。MDプロジェクションディスプレイの場合にはCRTタイプに比べて投影系の設計自由度が大きく，投影角度を大きく取ることが可能となりそれによって斜めに映像光を投射し，奥行きを30cm以下にする事が可能となった。

それに対するスクリーンは特にフレネルレンズに改善が必要となる。

フレネルレンズは投影光を画面に約垂直に光軸を補正する機能を持っているが，斜めに映像光を投射した場合には従来より大きな角度補正が必要となる。その際に従来の様に屈折で角度補正を行なうと，反射損失が大きくなり光の利用効率が低下してしまう。それを回避する為にこのようなタイプのプロジェクターには入光側に映像光を全反射をさせて補正するフレネルレンズを設ける必要がある。全反射を利用すれば反射損失の発生無く光を大きく補正する事ができる。

更に，この大日本印刷㈱により開発されたフレネルレンズは入光側にレンズを持っており，これと出光側にレンズを持つ新規MD用レンチキュラーレンズを組み合わせることで従来複数枚のシートを組合せていたスクリーンの性能を1枚のシートで発揮できようになり，高効率で高コントラストなスクリーンを大日本印刷㈱にて実現する事も今後可能となっていくだろう。

6.8 まとめ

リアプロジェクションスクリーンは映像源のクオリティーを維持して，必要な視野角を実現させる部材であるが，これまで記述してきたようにスクリーンに関しても性能は大きく向上し，光源のクオリティーを維持して，要求される視野角を実現できるようになってきた。同時に映像源についても近年のマイクロディスプレイの発達によって急速にクオリティーが向上しており，現在のリアプロジェクションディスプレイはPDPにもLCDにも劣らない画質が確立できており，コストパフォーマンスが非常に良い。多くの人にこれらのことを知ってもらい更なる市場の拡大に注力することも技術の進歩と共に必要なことである。また，今後多くの人がテレビの方式を気にしなくてもリアプロジェクションディスプレイを選択してくれるような誰もが欲しがるディスプレイをつくってけるように今後も技術の改善の継続が望まれる。

第5章　コンポーネント・要素技術

文　　献

1) 本田誠，プロジェクションTV用スクリーン，電気通信情報学会誌86-30，17-20(1987)
2) 岩崎忠彦，安藤久仁夫，荻野正規，竹澤輝洋，高精細投写形ディスプレイ，日立評論，**72**, No.2 , 9 -16(1990- 2)
3) 関口博，本田誠，織田訓平，The Recent Development of Large Rear Projection Screen, IDW' 96.Kobe, 439-442(1996)
4) 小内一豊，放送局及び公営競技と大型映像，月刊ディスプレイ，第5巻，第11号，16-19 (1999)
5) 横澤美紀，プロジェクターの最新技術動向，月刊ディスプレイ，第5巻，第11号，1 - 4 (1999)
6) O. E. Miller *et al*, Thin Sheet Plastic Fresnel Lenses of High Aperture, *J.Opt.Soc.Am.*, **41**, Nov(1951)
7) Edware H. Stupp, Matthew S.Brennesholtz, PROJECTION DISPLAYS, 153-175, John Wiley&Sons(1999)
8) 帰山敏之，DLP™プロジェクションディスプレイ，月刊ディスプレイ，第5巻，第11号，35-40(1999)
9) 伊沢晃，テレビ・プロジェクション用スクリーン，工業材料，第35巻，第5号，66-69(1987)
10) 宮武義人，投影型表示装置，公開特許公報(JP, A)，特開平2 -97991(1990)
11) 新島高行，液晶プロジェクタ用の透過型スクリーン，公開特許公報(JP, A)，特開平3 - 168630(1991)
12) 山本義春，液晶ビデオプロジェクタ技術(光学系の設計)，トリケップス，118(1990)
13) Lyle G.shirley and Nicholas George, Speckle from a cascade of thin diffusers, *J.Opt.Soc.Am.A*, **6**, No.6 , 765-781(1989)
14) 宮田英樹，透過型スクリーン，再公表特許公報，W098/003898(1998)
15) 宮田英樹，透過型スクリーン，公開特許公報(JP.A) 特開平11-102024(1999)
16) Jeffrey A.Shimizu and Jill Goldenberg, Screen for Rear Projection LCD, IDW' 99.sendai, 327-330(Dec.1999)
17) 金澤勝，高品位テレビ用透過型スクリーンの開発，NHK技研月報，**27**, 338-342(1984)
18) 小原章男，液晶プロジェクタ用光源の技術動向，月刊ディスプレイ，第5巻，第11号，65-72(1999)
19) 後藤正浩，レンチキュラーレンズシート，ディスプレイ用前面板及び透過型スクリーン，公開公報(JP.A)，特開平10-111377
20) 織田訓平，LCDリアプロジェクション用スクリーンの現状，月刊LCD Intelligence
21) 関口博，本田誠，織田訓平，Ultra High Contrast Screen, IDW' 99.sendai, 323-326 (Dec.1999)
22) Werner, K., Fourth Annual Display of the Year Awards, *Information Display*, **14**, No.12, 15 (1998)
23) H. Sekiguchi, K. Oda, M. Gotoh, Ultra High Contrast Screen, SID' 00.Long beach, 198-201 (May. 2000)

24) K. Oda, M. Gotoh, Screen for rear projection display -Ultra High Contrast Screen(UCS)-, O plus E (in Japanese), 332-340 (Mar. 2000)
25) K. Oda, H. Sekiguchi, M. Gotoh, Ultra High Contrast Screen, IDMC 2000.Seoul, 413-416 (Sept. 2000)

*DLP™ (Digital Light Processing™)は米国テキサスインスツルメンツ社の登録商標です。

7 指向性反射スクリーン方式投射型立体ディスプレイ

大島徹也*

7.1 はじめに

通常の反射体は，入射光を紙のように等方的に散乱反射させている。これに対し，表面にビーズ状レンズを分散させる等の手法により反射する光の範囲を制限し局所的に反射光量を増加させることは指向性反射と呼ばれている。この技術は街中の交通標識やガードレール等に用いられ，周囲と比して輝度を高めてドライバーの注意喚起に役立っている。また，プロジェクター用スクリーンでも輝度向上技術として応用されており，正面輝度を1.5〜3倍高めた（光学ゲイン1.5〜3）のスクリーンが市販されている。これら市販スクリーンにおいて反射光の視野角は数10度程度であるが，視野角を数度程度まで制限した強い指向性を有するスクリーンを複数のプロジェクターと組み合わせると，専用の眼鏡を装着することなく右目と左目に異なる画像を呈示することが可能となり立体ディスプレイに応用することができる[1]。

このような指向性反射スクリーンを用いた裸眼立体ディスプレイは，投射型であるため大画面化が容易であり，また，反射光範囲を制限することで10以上の高いゲインが得られ，高輝度，低消費電力の特長を有する。

本節では，コーナーミラーを用いた指向性反射スクリーンおよびこれを用いた立体ディスプレイシステムについて説明する。

7.2 裸眼立体表示の原理

図1に指向性反射スクリーンを用いた立体ディスプレイの動作原理を示す[2,3]。本ディスプレイは，指向性反射スクリーンと2台のプロジェクターによって構成されている。2台のプロジェクターは水平方向に両眼間隔（約65mm）離して設置されており，各プロジェクターからは右目用と左目用の合わせて両眼視差を持つ画像がスクリーンに投影される。スクリーンに投影された右目用画像と左目用画像は，水平方向には各プロジェクターの光出射位置近傍の限定された範囲に集光反射される。従って，鑑賞者はプロジェクターの直上または直下において，特殊な眼鏡をかけることなく両眼視差による立体視が可能となる。

ここで用いる指向性反射スクリーンは，表面がジグザグなコーナーミラーシートと蒲鉾状のレンズ群からなるレンチキュラシートによって構成されている（図2）。コーナーミラーシートは，稜線が上下方向となるように配置され，そのジグザグ表面の挟角は90度となっている。このため，シートに入射した光線は相対する鏡面で順次反射され，水平方向には入射した方向に反射される。

---

* Tetsuya Ohshima ㈱日立製作所 材料研究所 画像デバイス研究部 研究員

プロジェクターの最新技術

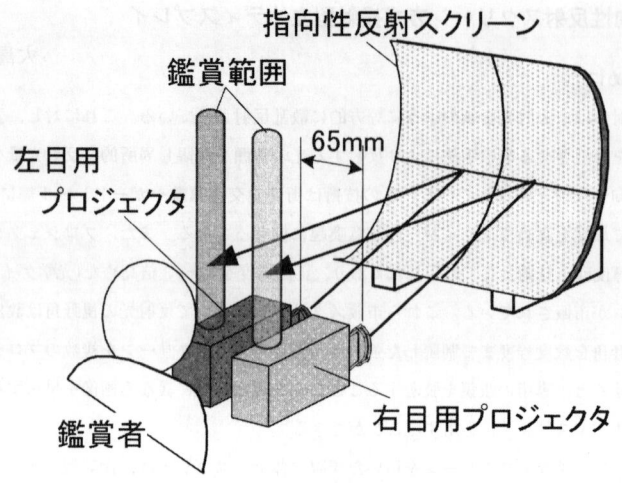

図1　動作原理

ラベル: 指向性反射スクリーン、鑑賞範囲、65mm、左目用プロジェクタ、鑑賞者、右目用プロジェクタ

図2　指向性反射スクリーンの構造

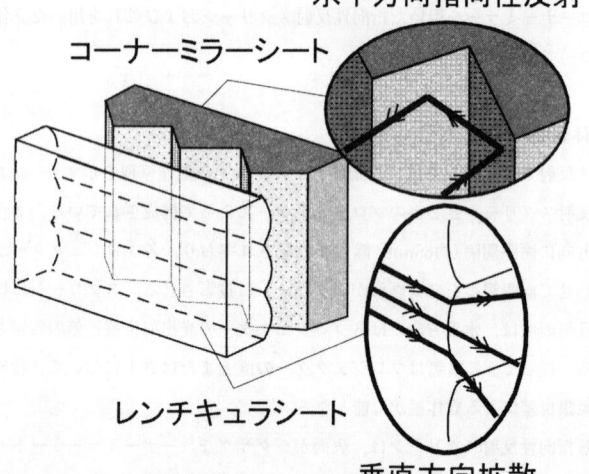

ラベル: 水平方向指向性反射、コーナーミラーシート、レンチキュラシート、垂直方向拡散

従って，スクリーン全面に投射された光線は，水平方向には各プロジェクターの光出射位置に集光反射される。レンチキュラシートは，そのレンズ線をコーナーミラーシートの稜線と直交する

第5章　コンポーネント・要素技術

ように配置することで，水平方向指向性を保ったまま垂直方向に光線を拡散させ，垂直方向には広い鑑賞範囲を確保している。さらに，スクリーン全体は垂直に凹面湾曲させることで，スクリーン面内の垂直拡散範囲を鑑賞位置と一致させ全画面が鑑賞可能な範囲を広げるように構成している[4]。このスクリーンのゲインは25を超える高い値であり，明るい部屋においても立体画像を鑑賞することができる。

7.3 複数人鑑賞用スクリーン

前項記載の指向性反射スクリーンでは，コーナーミラーシートにおけるジグザグ表面の挟角 α が90度であったため，反射光線を水平方向には入射方向に戻し，プロジェクターの直上または直下に集光させているため，同時に鑑賞可能な人数が1人に制限されていた(図3(a))。しかしながら，コーナーミラーシートの挟角 α を90度以外の角度とすると，反射光を2点で集光させることができ，このスクリーンを用いると，2人が同時に鑑賞可能な立体ディスプレイを得ることができる(図3(b))。さらに，コーナーミラーシート内に2種類以上の異なる挟角成分を周期的に配置すると，プロジェクターから発した光線は，より多くの集光点をもつこととなり，複数人が同時に鑑賞可能な立体ディスプレイを実現することができる(図3(c))[5,6]。

図3　複数人鑑賞用指向性反射スクリーンの構造

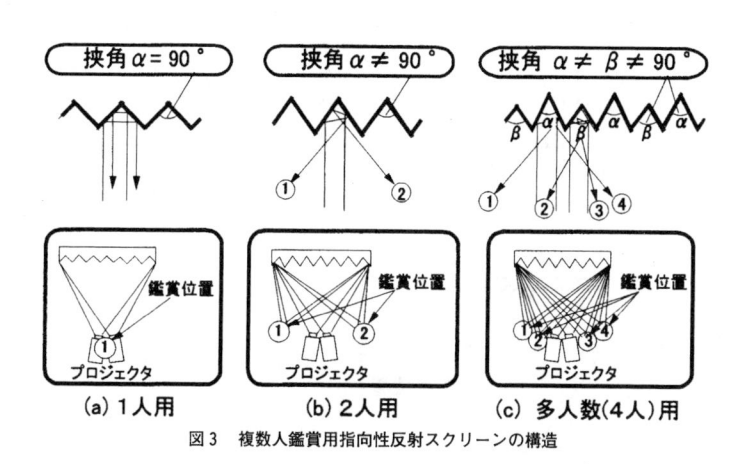

図4に2種類の異なった挟角をもつコーナーミラーシートを用いた42インチサイズの指向性反射スクリーンと2台の小型プロジェクターと合わせた4人が同時に立体視可能な試作ディスプレイを示す。スクリーン正面に置かれたプロジェクターを挟んで左右に2箇所づつの鑑賞位置に椅

子を設置してある。各プロジェクターの出射光量は20lm程度であるが，スクリーンのゲインが高いため明室にても鑑賞可能な輝度500cd/m²が得られている。

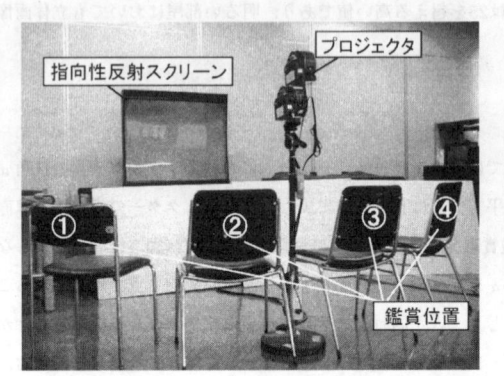

主な仕様

鑑賞人数		4人
画面サイズ		42インチ
画素数		18万画素×2
輝度(全白時)		500 cd/m²
鑑賞距離		2 m
鑑賞者間隔		700 mm
鑑賞範囲	垂直	800 mm
	水平	40 mm

図4　4人用立体ディスプレイ

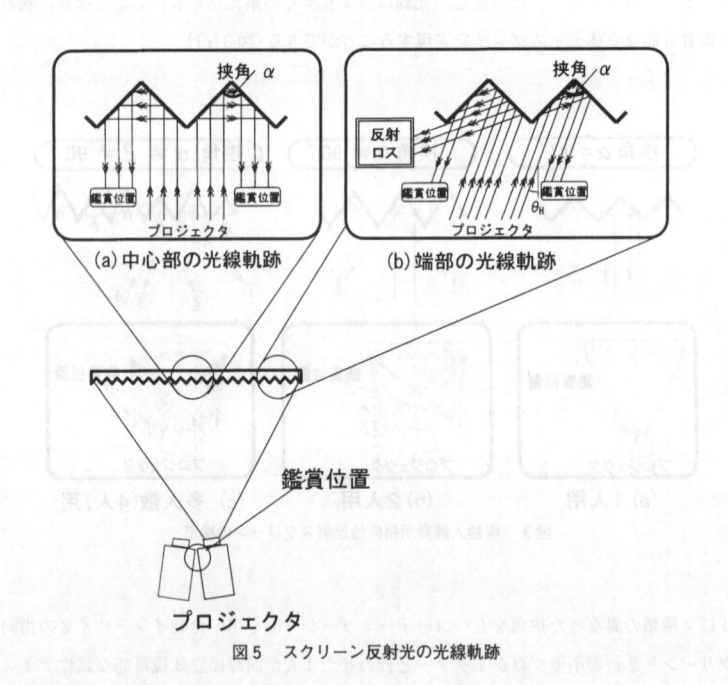

(a) 中心部の光線軌跡

(b) 端部の光線軌跡

図5　スクリーン反射光の光線軌跡

136

第5章　コンポーネント・要素技術

7.4　画面輝度均一化スクリーン

　通常のコーナーミラーシートを用いた指向性反射スクリーンの輝度は，画面中心で高く左右端に近づくに従って低下している。これは，図5に示すコーナーミラーシートの反射特性に起因する。コーナーミラーシートの中心部では，入射した光線が全てジグザグの2面で反射されて，鑑賞位置に戻される。しかしながら，左右端部では，入射角度$\theta_{\parallel}$が0で無くなり，ジグザグの1面でしか反射されず鑑賞位置に戻らず，反射ロスとなる光線成分が発生する。この光線成分のために，スクリーンの左右端部でスクリーンの反射率は低下し，鑑賞者は画面左右端で輝度の低下を生じることとなる。

　このようなコーナーミラーシート左右端部での光学ロスは，ジグザグ表面の挟角は変えずに内側に向ける形状に構成することで低減され，画面輝度を均一化できる。画面輝度均一化スクリーンの構造を図6に示す。このスクリーンでは，端部のジグザグ表面の傾き角τ_lおよびτ_rを挟角α一定のまま内側に傾け，相対する2面のうち中心に近い側が狭く，遠い側が広くなっている（図6(a), (c)）。試作したコーナーミラーシートの水平構造断面図を図7(a)に示す。このスク

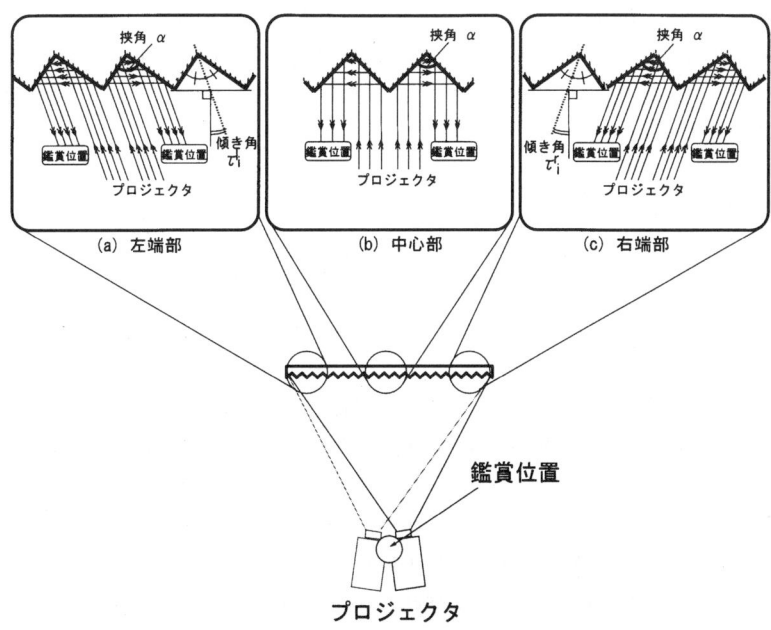

図6　画面輝度均一化指向性反射スクリーンの構造

プロジェクターの最新技術

(a) スクリーン構造　　　　(b) スクリーン水平位置と輝度の関係
図7　画面輝度均一化指向性反射スクリーンの輝度分布

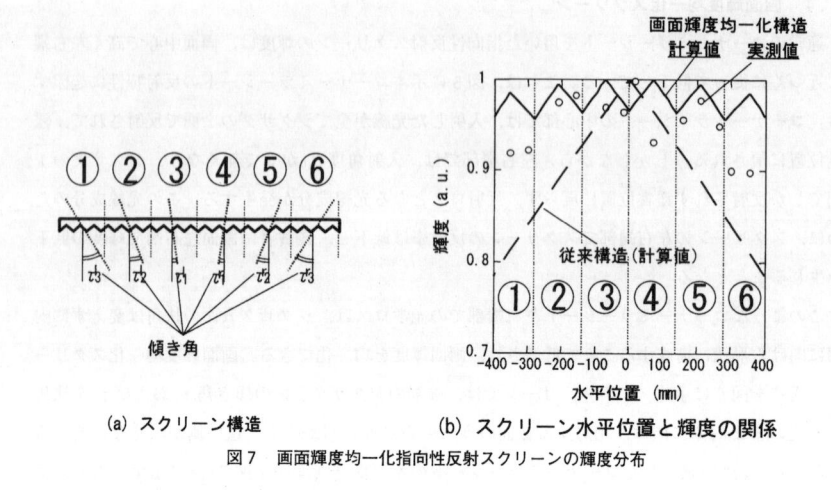

リーンは，全体を6個の部分に分割し，左右対称な部分の傾き角 $τ_1'$ と $τ_1$ は同じ値であり，中心から離れるに従って大きな角度に傾けてある．画面均一化構造と従来構造の水平方向の輝度分布を図7(b)に示す．従来約20%であった水平方向の輝度むらは，改良スクリーンにおいて10%以内に抑えている[5,6]．

7.5　水平鑑賞範囲拡大ディスプレイ

水平鑑賞範囲拡大は，3台以上のプロジェクターを用いるいわゆる多眼方式にスクリーンの改良を加えた図8に示すシステムにより実現している．多眼方式は，通常2台のプロジェクターを3台以上並べて用いることで，鑑賞者が左右に移動した際にも直下にある2台のプロジェクター画像から立体視を可能にする技術であり，各プロジェクターは両眼間隔で並べられ各視点位置に対応した画像をスクリーンに投射している．また，鑑賞者が左右に移動し鑑賞するプロジェクターを変更する際にしても，画像が見えない間隙を生じさせず連続的な鑑賞範囲を実現するため，各プロジェクター画像の鑑賞範囲はプロジェクターを配列した両眼間隔と一致させる必要がある．このために通常互いに直交させていたコーナーミラーシートとレンチキュラシートの稜線のなす角度 $θ$ を非直交とすることで，水平方向にもレンチキュラシートの拡散性を付与し，各プロジェクター画像の鑑賞範囲を両眼間隔まで拡張している．このスクリーン構成をoffset指向性反射スクリーンと称している．図9に示す8台のプロジェクターとoffset指向性反射スクリーンを組み合わせたシステムで，水平方向に450mmの連続的な鑑賞範囲を実現している[4~7]．

第5章 コンポーネント・要素技術

(a) 2眼方式プロジェクタと指向性反射スクリーン
(b) 多眼方式プロジェクタとoffset指向性反射スクリーン

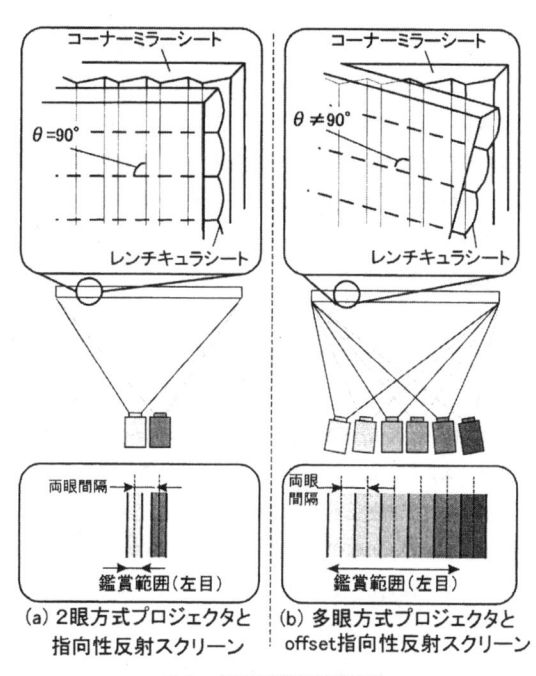

図8 水平鑑賞範囲拡張技術

図9 多眼方式プロジェクター（8眼）

7.6 卓上ディスプレイ

指向性反射スクリーンは高ゲインであるため,光出力は数lm程度で小型のプロジェクターと組み合わせれば卓上に設置可能な投射型立体ディスプレイが実現する。このディスプレイをパーソナルコンピュータ等と組み合わせて卓上で使用する際には,1人鑑賞用途が多く,鑑賞範囲の制限は周囲から覗かれない機密性の特長となる。本項ではパーソナル用途の卓上高臨場感立体ディスプレイの実現に向けた小型・省電力のLED(Light Emitting Diode)プロジェクターおよびこれを用いたディスプレイについて記する[8~10]。

7.6.1 小型・省電力LEDプロジェクター

小型化,省電力化のため,プロジェクター光源としてLEDをアレイ状の面光源として用いている。また,ライトバルブとして反射型のLCOS(Liquid Crystal on Silicon)を採用し,プロジェクター前後の奥行きを短縮して投射位置が極力鑑賞者に近くなるように設計している。

LEDプロジェクターの構成を図10に示す。LEDアレイ光源は,発光色(赤,緑,青)ごとにダイクロイック・クロスプリズムの3面にコの字型に配置している。ダイクロイック・クロスプリズム内で,緑色光は透過,赤・青色光は反射され照明レンズに導かれている。この光源構成により,プロジェクターサイズを増すことなく3倍の光源面積を確保し,射出光量を増加させている。これらの光源光は照明レンズ,偏光ビームスプリッタを介して対角サイズが0.5インチのLCOSを照明し,画像変調され投射レンズよりスクリーンに投影される。ここでLED光源とLCOSの高速スイッチング特性を活かし,赤,緑,青を周期的に発光させ各色に応じて画像変調を順次行うフィールドシーケンシャル駆動の単板カラー化を採用しており,カラーフィルタを用いた場合と比して高い光学効率と広い表色範囲を得ている。

7.6.2 高効率LEDアレイ光源

通常のプロジェクターでは点状に近い光源を用いるのに対し,前項記載の技術では小型省電力化のため採用したLEDアレイからなる面状光源を用いている。本項では,この光源の高効率化技術について記する。

まず,液晶プロジェクターの高効率化で一般的に用いられる光源光の効率的な直線偏光化を,LEDアレイ光源に適用する手法について記する。直線偏光化には,図11に示すようなLEDアレイ光源に近接して配置した偏光変換素子を用いている。この偏光変換素子では,偏光ビームスプリッタが周期的に配置されており,その周期はLEDアレイの1/2倍である。また,LEDアレイと同じ周期で1/2波長板が配置されている。この配置で,各LEDから放射された光線のS偏光成分は,偏光ビームスプリッタで2回反射された後,偏光方向を維持したまま射出する。一方,光線のP偏光成分は偏光ビームスプリッタを透過し1/2波長板にてS偏光に変換される。このため,偏光変換素子を透過した光線は全てのS偏光となり,高効率の直線偏光化がなされる。試作では,この

第5章 コンポーネント・要素技術

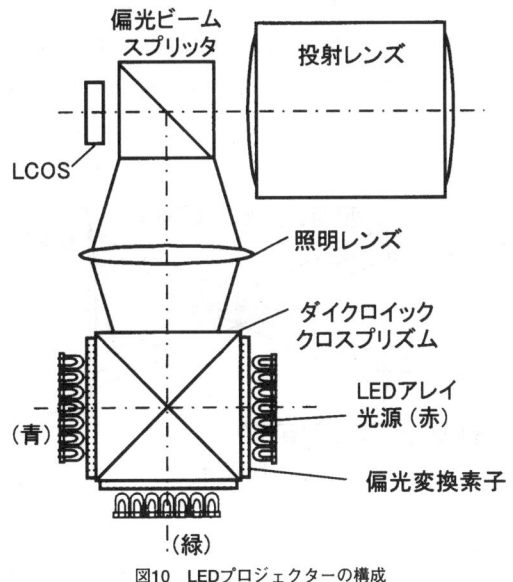

図10 LEDプロジェクターの構成

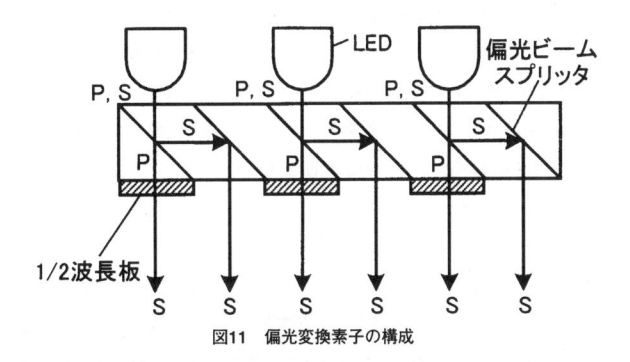

図11 偏光変換素子の構成

技術により光学効率を1.4倍向上している。

次に，面状の光源を用いたプロジェクターにおいて高い光利用効率を有する光学系として，FF光学系について記する。透過型に置き換えたFF光学系の構成を図12に示す。FF光学系では，LEDアレイ光源とLCOSは照明レンズの前後の焦点面に配置している。このため各LEDからの放射された光源光は，前側焦点面に配置されているため照明レンズ透過後は平行光となり，広がる

ことなく効率的に投射レンズに取り込まれる。また，各点から発した光源光は後側焦点面で重なるため，後側焦点面に配置することで効率良くLCOSを照明している。したがってFF光学系では，面状に配置した光源光を用いたプロジェクターにおいて高い光利用効率を実現している。

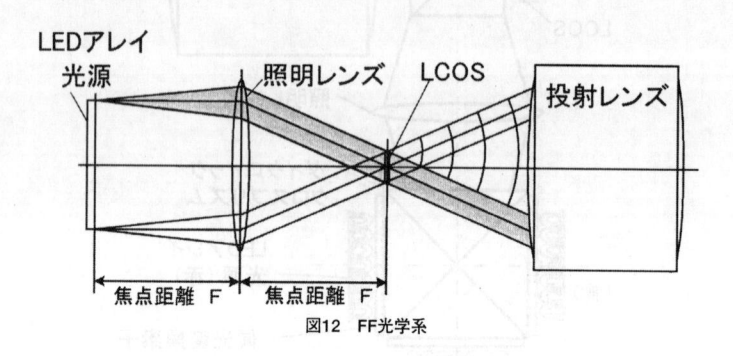

図12　FF光学系

7.6.3　試作ディスプレイ

これらの技術を用いたプロジェクターと指向性反射スクリーンを組み合わせたパーソナル用途の卓上立体ディスプレイを図13に示す。鑑賞距離は机の奥行きを最大限に活かせる700mmで，画面サイズは対角20インチとしている。プロジェクターは，幅が両眼間隔で並べることを可能とする65mm，高さ130mm，奥行き140mmである。本ディスプレイでは，消費電力9Wで明るい部屋でも鑑賞可能な輝度$100cd/m^2$以上を実現するとともに，LED光源をフィールドシーケンシャル駆動することによりNTSC比93%の広い表色範囲を実現している。

7.7　おわりに

指向性反射スクリーンを用いた投射型の立体ディスプレイ技術について紹介した。これらのディスプレイは大画面対応，高輝度，省電力，機密性といった特長を有しており，高い臨場感が求められるアミューズメント分野や奥行き情報を要する医療，教育分野への適応が期待される。

第5章 コンポーネント・要素技術

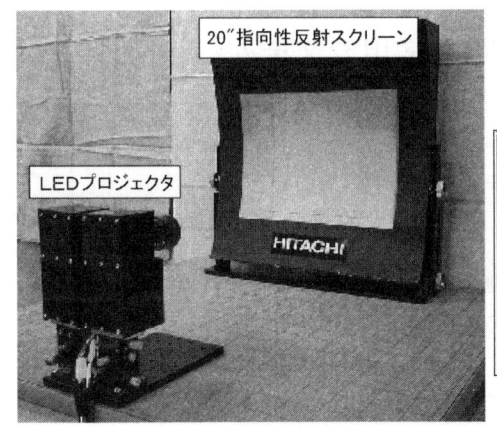

図13 パーソナル用立体ディスプレイ

主な仕様	
画面サイズ	20インチ
画素数	SVGA ×2
輝度(全白時)	130 cd/m^2
鑑賞距離	700 mm
鑑賞範囲 垂直	151 mm
水平	31 mm
消費電力(2PJ)	9 W
表色範囲	NTSC比93%

文　献

1) 大越孝敬，三次元画像工学5章，朝倉書店 (1991)
2) T. Ohshima, Y. Kaneko and A. Arimoto, "A Stereoscopic Projection Display Using Curved Directional Reflection Screen", No.3012A17, IS&T/SPIE EI'97, p.140 (1997)
3) 大島徹也，"指向性反射スクリーン方式立体ディスプレイ"，日本光学会第12回光学設計グループ研究会予稿集，p.54 (1997)
4) A. Arimoto, T. Ohshima, T. Tani and Y. Kaneko, "Wide Viewing Autostereoscopic Display using Multiple Projectors", No.3295A25, IS&T/SPIE EI'98, San Jose, p.186 (1998)
5) A. Arimoto, T. Ohshima, Y. Kaneko and H. Kaneko, "Glasses-free Stereoscopic Projection Display with a Wide Viewing Angle for Multiple Observers", No.3634A23, IS&T/SPIE EI'99, p.134 (1999)
6) 大島徹也，有本昭，金子浩規，金子好之，"複数人鑑賞可能な指向性反射スクリーン方式投射型立体ディスプレイ"，3次元画像コンファレンス'99講演論文集，p.105 (1999)
7) 金子浩規，大島徹也，有本昭，金子好之，"指向性反射スクリーン方式立体ディスプレイの鑑賞領域拡大"，第60回応用物理学会学術講演会予稿集，p.885 (1999)
8) H. Kaneko, T. Ohshima, O. Ebina and A. Arimoto, "Desktop Autostereoscopic Display Using Compact LED Projectors and CDR Screen", SID 02 DIGEST, p.1418 (2002)
9) H. Kaneko, T. Ohshima, O. Ebina and A. Arimoto, "Desktop Autostereoscopic Display Using Compact LED Projectors", No.5006A14, IS&T/SPIE EI'03, Santa Clara, p.186 (2003)
10) 金子浩規，大島徹也，"指向性反射スクリーンによる眼鏡なし立体ディスプレイの開発"，映像情報メディア学会技術報告，**26**，No.73，ISSN 1342-6893，p.13 (2002)

第6章 応用システム

1 リアプロジェクションテレビ

中島義充[*1]，鹿間信介[*2]

1.1 はじめに

テレビのデジタル化，高画質化の進展で液晶やPDPのようなFPD-TVが急速に市場を形成しており，日本経済の牽引車の役割を担うまでになった。2004年頃から，さらに「第三の薄型テレビ」として背面投写式で大画面のリアプロジェクション・テレビ（PTV）が脚光を浴びてきた。CRT-PTVからの長い歴史の上に，MD-PTV（Micro Display）の革新技術が加わった事が大きな要因である。

ここでは，リアプロジェクションに対する認識が大きく変わり，ようやく国内市場にも認知され始めたMD-PTVの本格的な普及の要因となる高画質化と薄型化の要素技術について述べる。

そのために，まずテレビの基本である視覚と画質，ついでリアプロジェクション（リアプロ）の概要を準備として説明する。続いて本論でリアプロ光学系における高画質化及び薄型化の要素技術とその具体例として民生用薄型PTVに先駆けて開発した業務用リアプロの薄型光学設計を詳述し，最後にキーコンポーネントの動向を述べる。

1.2 テレビの基礎

テレビの原理は人間の目にどう見えるかということに尽きる。したがって，まず視力とテレビ方式との関連を理解する必要があり，リアプロ・テレビの高画質化の基本もその上に成り立つ。

リアプロ・テレビの最大の目的は大画面でHDTV（ハイビジョン）映像の迫力と臨場感を家庭で再現することにあるので，まずハイビジョンのテレビ方式と視覚[1]の基本について概説する。さらに，高画質化を論じるための下地となる画質評価[2]についても若干触れる。

1.2.1 テレビ方式と視覚

（1）画面サイズと最適視距離

[*1] Yoshimitsu Nakajima 三菱電機㈱ 京都製作所 所長室 専任／プロジェクトリーダ
（新リアプロジェクタ技術開発）

[*2] Shinsuke Shikama 三菱電機㈱ 情報技術総合研究所 光・マイクロ波回路技術部 次長
（工学博士）

第6章 応用システム

ハイビジョン開発[3](NHK技研,1960年代末～)の狙いは写真,映画のような高品位な画像を再現する将来のテレビ,即ち高精細度ワイドテレビであり,あらゆる視覚上の要求を満たすテレビの実現が目標とされた。そのために臨場感,迫力が得られる画面サイズ,画角,視距離などが検討された結果,NTSC方式(1943年米国)の2倍の走査線,更にワイド画面にすることにより全体で従来の5倍の画素数を持つ方式に決まった。ハイビジョンでは臨場感のために必要な画角を得る最適視距離3H(H:画面高)で走査線が気にならない細かさとなっている。

① 臨場感と画角

広視野効果とよぶ現象で臨場感を測定した結果,画角は30度程度が望ましいことが人間の視覚心理的特性から得られ,画面のアスペクト比は目の有効視野(30度×20度)と好ましさの両面から16:9に決められた。物体の大きさに対する目の恒常性から画面の絶対サイズが重要であり,眼のピント調節の疲労も考慮して,視距離は2m以上が必要とされた。その結果,テレビの画面サイズは少なくとも50インチ程度のものが望ましいことになるが,CRTでは重量の点からも実現出来ないサイズであり,家庭用ハイビジョンテレビに新しいディスプレイが要求された。

現在この要求にあう現実的な価格・性能のディスプレイとしては,「第三の薄型テレビ」と呼ばれるリアプロ・テレビが最有力である。

② 視力と走査線数

走査線の数を決めるための基本となる視力は1分の視角(網膜上で5 μm)をなす2点が分離して知覚できる限界を視力1.0とし,1/2分の視角を分離できる視力は2.0となる。また,視力測定はランドルト環を用いて,視距離5m,照度500lxで行う。

画像の主観評価の好ましさから決めたハイビジョンの最適視距離は3Hであり,その視距離から視力1.0の人が走査線構造が見える限界の走査線数は1,100本である。結局ハイビジョンでは,走査線妨害と鮮鋭度の主観評価と現行方式(NTSC525本)との整数比などの諸要件から1,125(有効走査線1,080)本とされ,更に現実的な映像信号帯域とする為にインターレース方式となった。

画素型ディスプレイデバイスではプログレッシブ方式にして表示するため,動画像が正しく再現されないが,近年のI-P変換技術では画質劣化が極力抑えられている。

(2) 解像力と視力

テレビの解像力は,明暗等幅の格子縞からなるパターンを分解出来る最小ピッチの本数で表しこれをTV本(解像度)と呼ぶ。縦方向と横方向の解像度は別物であり,垂直解像度は走査線の数で決まり,白,黒の縞両方の数を数えるため,解像度は空間周波数(サイクル/画面高)の2倍となる。また,水平解像度は格子縞を画面の垂直幅と同じ長さだけ水平方向に並べた時の最小ピッチの白,黒の縞の数で表し,映像信号周波数帯域で決まる。

ここで,解像度と周波数帯域の関係をより詳しく見てみる。

① 垂直の空間周波数をνとすると，垂直解像度即ち有効走査線数(yN)は次の通りである。

yN＝2ν ⇒ ν＝yN／2

② 水平方向の解像度を表す空間周波数μ(有効水平走査期間t_{h}xの波数)は信号帯域幅fで決まり2：1のインターレースではt_{h}＝2／(f_{v}N)となり(f_{v}は垂直周波数，aはアスペクト比でNTSCでは4/3)，

μ＝(1/a)ft_{h}x＝(1/a)f(2/f_{v}N)x

最も画面が鮮鋭に見えるのは垂直と水平の解像度が等しいときであり，さらにインターレースによるケル係数Kを乗じてμ＝Kνとすると所要帯域f_{m}は次のように表される。

f_{m}＝K・(a/4)・(y/x)・f_{v}N^{2}

③ NTSCの場合を計算すると，

N＝525, a＝4/3, f_{v}＝60Hz, y/x＝0.95/0.84, K＝0.7を代入してf_{m}≒4.3MHz(実際は4.2MHz)

④ HDTVの場合にもやはり，映像信号帯域は走査線数の2乗とフィールド周波数に比例するが，比例定数に多くの意見があり，画質評価実験の結果では，20MHz以上あれば充分といえる。ハイビジョン規格ではRGB信号の帯域幅を各々30MHzとし(映画・印刷への利用などを考慮)，色差信号は4：2：2方式として，各々15MHzとなる。

⑤ 映像信号帯域1MHz当りの解像度(TV本)をNTSCの場合について計算すると次のようになる。

解像度＝水平の有効画面期間(52.7μs)×1MHz×2×3/4＝79.05≒80TV本/MHz

NTSC放送⇒解像度332TV本/4.2MHz

また，ハイビジョン(a＝16/9)の場合についての計算結果は30TV本/MHzである。

ハイビジョン放送⇒解像度600TV本/20MHz

これより，ハイビジョンディスプレイには720Pの解像度があれば実用上問題のないことが分かる。

(3) 明るさの弁別

視覚のもう一つの特性は明るさの弁別で，光の刺激変化に対する感度を問題にする。

物理化学刺激(光，音など)Bを少しずつ増加させてゆき，その変化をはじめて感ずるときの変化量ΔBを弁別閾といい，次の関係がある。

$\Delta B/B$＝一定(Weberの法則)

ΔBに対応する感覚をΔS(感覚の最小単位)とすると，

ΔS＝$k\,\Delta B/B$

dS＝kdB/Bのように近似して，

S＝$k\log B/B_{0}$ (Fechnerの法則，近似則)

第6章 応用システム

但し，B_0 は刺激の閾値

これは視覚の基本的な法則であり，「感覚は刺激の対数に比例する」としてよく知られている。
即ち，眼には自動感度制御の機能があり，リアプロ・テレビの設計においては映画鑑賞などで網膜の感度が高くなる暗い場面での黒レベルの微妙な表現がより重要であることを示唆している。

(4) 毎秒像数とフリッカ

光の周期的な点滅の刺激に対するちらつき（フリッカ）を感じなくなる周波数を臨界融合頻度 (critical flicker frequency, CFF) という。このCFFは明るさの対数に比例する (Ferry-Porterの法則) ため，50Hzから60Hz (20%増) に周波数をあげるとフリッカの感じない画面輝度は7～8倍高くすることができる。毎秒像数は被写体の運動がなめらかに見えること（最低15枚必要）とフリッカを生じないことから決められ，ハイビジョンのフィールド周波数は従来と同じ60Hzとなっている。CRT方式ではフィールド毎に一度真っ暗になるブランキング期間があるが，最近の常時発光しているフラットディスプレイでは網膜の視神経が常に光刺激を受け続けるので，画質に違いが出るとの説がある。

(5) 色の弁別

人間の眼に見える可視光の波長は380nm～780nmであり，その範囲における分光感度特性は人によって少しづつ違うが，多人数の比視感度曲線を平均してCIEが標準比視感度曲線を作成している。人間の眼に見える視感覚を定量的に扱う測光量の単位には全てこの標準比視感度が乗じられている。また，色は人間の眼の感覚であり，物理量ではないので，任意の色を既知の色で同じ感覚を得る等色という方法が用いられ，テレビのRGB 3原色による色再現の原理でもある。

ハイビジョンでは色再現誤差が生じないように現実のCRTディスプレイの緑色希土類蛍光体の実力にあわせてNTSCの3原色より狭い（約70%）色度点が選ばれている。将来，新しいディスプレイの出現に対応して，パッケージメディアから色再現範囲の拡大が検討されると思われる。

(6) 運動視

運動知覚は対象物が動く時，静止座標に対する速度として知覚するもので，大きい物体ほど遅く感じる。また，運動方向に水平の棒は垂直より速く見えるし，眼で追うより眼を固定した方が速く見える。二つの静止している光点の点滅をある条件（距離，時間間隔）にすると動いて見える現象を仮現運動（β運動）といい，映画，テレビの動画の原理として重要である。従来のCRTのように画素が一瞬だけ発光するディスプレイとMDのようにメモリーで発光を持続させる新しいディスプレイでは動画の見え方が変わると考えられ，最近は動画のぼやけに関する研究が進んでいる。

1.2.2 画質
（1）画質評価

テレビ画質の評価は①評価法，②標準画像，③観視条件等を同一条件にした一対比較による主観評価となる。またその総合画質の判断には個々の評価者の心理的な要因が大きく影響を及ぼす。従って，一言で高画質化と言っても，実際には目標と達成手段とを明確にし難いことが容易に想像出来る。一方，テレビを購入する一般顧客は店頭での直感に頼った画質の判断がほとんどであるため，上述のようなメーカの画質評価結果と必ずしも一致しないことも考えられる。ただし，そのことで画質の主観評価を軽視するものではなく，適正な統計的手法をとれば信頼出来る結果が得られる事も実証されている[2]。

評価項目には，(A)輝度，コントラスト，階調，解像度，鮮鋭度，色再現性，動画応答，S/N(B)視野角，黒レベル，ユニフォーミティー，フォーカス，MTF，歪曲収差，色収差などがある。

リアプロの画質要因は，光学系，スクリーンを含むことによる上記(B)項目が追加されるため，直視型CRTテレビに比べてより複雑であるといえる。

本論はリアプロの評価項目に関する画質改善に主眼を置いており，1.4節でリアプロの光学システムの画質に関わる要素技術について詳述する。

（2）テレビ信号と信号処理

テレビシステムは送信，受信から成り立っており，その間でのやりとりは信号の規格で厳密に定められており，この約束事を守ることが正しく画像を再現する前提条件であることは言うまでもない。従って，画質を論ずる前にまずテレビ画像，テレビ信号の性質[2]を知る事が重要となる。

テレビ画像は時間軸(動画)を含む3次元信号$g(x, y, t)$であり，それを伝送する為に走査によって1次元のテレビ信号$f(t)$に変換している。この走査は一種のサンプリングである。この1次元信号をさらに標本化(サンプリング)，量子化するとデジタル信号に変換する事が出来る。メモリーが自由に使えるようになって輪郭補正やY/C分離[1]などから実用が始まり，現在のテレビはデジタル信号処理なしでは実現しない。テレビの信号処理は，①3次元画像に復元するための処理と②画質改善(絵作り)の処理とに大別出来る。MPEGなどで圧縮された信号のデコーダは前者であり，最近のFPD-TVの画像エンジンは後者に属する。今やデジタル信号処理はテレビ画質改善に不可欠であり，画素メモリーを持つデジタル処理が前提のMD-PTVのような画素型ディスプレイでは特に重要な技術分野ではあるが，光学技術が目的の本論では詳細説明を省く。

1.3 リアプロ・テレビの概要
1.3.1 PTV技術史

PTVの歴史は古く，1950年ごろにPhilips，RCA等が製品化したが，その後CRTの大型化が進

第6章 応用システム

み家庭用のTVは直視型に取って代わられ，また大型のプロジェクターは油膜上の凹凸像を投写するアイドホール（スイスGRETAG）やタラリヤ（アメリカGE）などに置換えられて一度は姿を消した。

三菱電機では1970年代なかばに投写用CRTを用いた家庭用PTVの開発を米国市場向けに始めた。凹面鏡内蔵投写管の反射式（シュミット式）から始まり，7″投写管と屈折式投写の開発，凹面のアルミ箔スクリーンの前面投写を経て背面スクリーンの開発による背面投写（リアプロジェクション）の実現などの基礎技術を確立した。その後，更にエチレングリコールによる液冷式光学系の完成で大幅なコントラストの改善を達成し，ようやく民生PTV市場に受け入れられる画質レベルを達成した（図1参照）。

現在のCRT-PTV製品の光学系の技術のほとんどはこの時期に開発したものであり，米国市場形成の基盤となった。1999年からはDLP™を使ったMD-PTV（Micro Display）の開発に着手し，2000年末に65インチの製品を発売し，その後2003年夏にはLCOSを使用して，82インチの世界最大の画面サイズを製品化した。

1.3.2 リアプロ・テレビの製品と特長

CRT，MDなどの方式や表示デバイスに関わらず，リアプロは大画面が比較的低価格で実現でき，これから本格的な普及の始まるHDTVの臨場感と迫力などの満足感を視聴者に与えるのに最も適したテレビである。また，大画面にもかかわらず，CRT，ランプなどの光源はほぼ同じサイズや電力で済むために，テレビの消費電力としてはFPD-TVより低くなり，省エネルギーにも貢献出来る。

画質においても，永年の技術蓄積のお陰で，今やCRT-PTVは大画面にもかかわらず直視CRT-TVと遜色はなく，また新しいMD-PTVは画素型表示と呼ばれる革新技術を加えて，一層高画質になっている。一方，黒レベルが充分暗いので同じコントラストの実現のために過度に輝度をあげる必要がないことや，スクリーンの拡散層を介して画像を見る条件での総合的な絵作りで，高画質でありながら大画面で映画などを長時間視聴しても眼に負担を与えない等，今後予想される消費者の多様なご要求にお応えするのにも有利である。

1.4 リアプロ・テレビ向け光学技術

リアプロの画質要因としては，光学系，スクリーンを含むことから，黒レベル，視野角，ユニフォーミティー，フォーカス，MTF，歪曲収差，色収差などが特に重要であり，MDリアプロでは光学技術の進歩でこれらは大幅に改善されている。

本節では，最近のリアプロ・テレビ向け光学技術の動向につき，DLP™（Digital Light Processing）方式を中心に三菱電機の開発事例をもとにして紹介する。最初にDLP™方式に用い

プロジェクターの最新技術

	'78	'79	'80	'81	'82
新規開発製品	72″ FRONT 2 PIECE	50″ FRONT 1 PIECE	50″ FRONT 天吊	72″ FRONT 1 PIECE	45″ REAR セパレート
輝度	140cd／m²(72″)	200cd／m²(50″)	280cd／m²(50″)	400cd／m²(50″)	620cd／m²(50″(F)) 410cd／m²(45″(R))
技術開発要素	 (投写管)	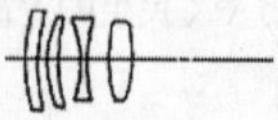 (4枚構成レンズ)		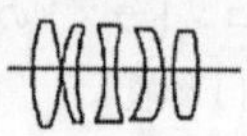 (5枚構成レンズ)	 (6枚構成レンズ)

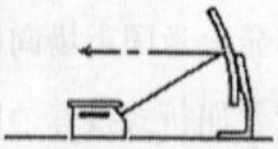

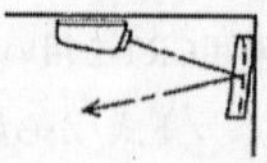

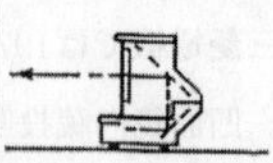

	'83	'84	'85	'86	'87
新規開発製品	40″ REAR 45″ REAR	36″ REAR	50″ REAR 50″ FRONT天吊 FLAT-SCREEN	200″ FRONT	60″,100″ REAR 120″ FRONT
輝度	620cd／m²(40″(R)) 510cd／m²(45″(R))	580cd／m²(36″(R))	510cd／m²(50″(R))	50cd／m²(200″(F))	550cd／m²(60″(R))
技術開発要素		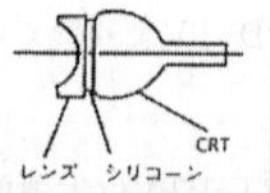 (O／C構造図) レンズ シリコーン CRT		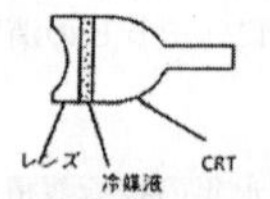 (液冷構造図) レンズ 冷媒液 CRT	

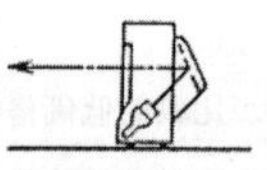

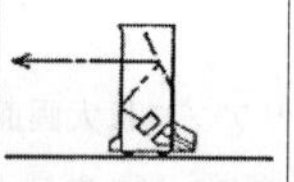

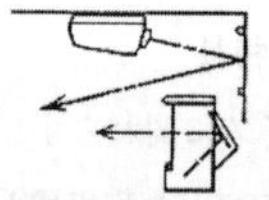

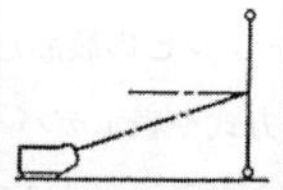

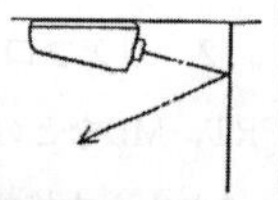

	'88	'89	'90	'91	'92
新規開発製品	120″マルチスキャン	・40″ マルチ画面 ・70″ REAR ・300″ FRONT	70″ オートスキャン REAR	3管1レンズFRONT ・超薄型REAR ・欧州向REAR	・45″ コンパクトPTV (REAR) ・100″ オートスキャンVP (FRONT-REAR)
輝度	550cd／m²(60″(R))	1500cd／m²(40″(R)) 550cd／m²(70″(R))	580cd／m²(70″(R))	1030cd／m²(50″(R))	
技術開発要素	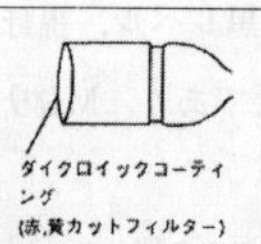 ダイクロイックコーティング (赤,黄カットフィルター)	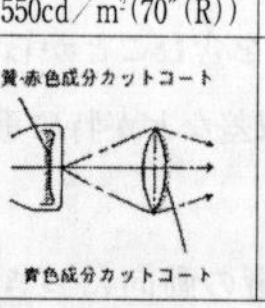 黄・赤色成分カットコート 青色成分カットコート	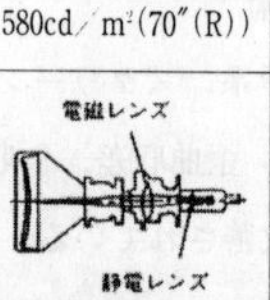 電磁レンズ 静電レンズ	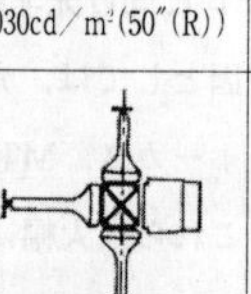	

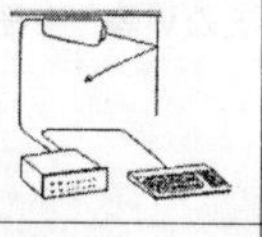

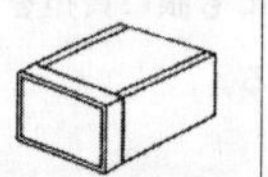

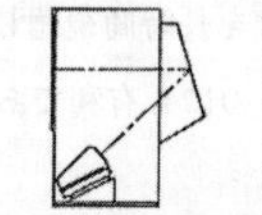

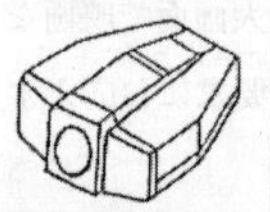

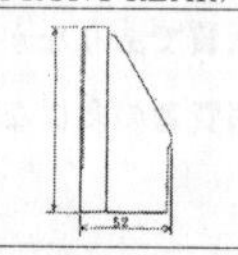

図1　三菱ビデオプロジェクター開発の技術史

第 6 章　応用システム

られるDMD[TM] (Digital Micromirror Device) 素子の動作原理についてその概要を述べる。また光学エンジンの方式として，屈折投写レンズを用いた「屈折式光学エンジン」と，薄型リアプロジェクター向けに開発された「屈折・反射式光学エンジン」につき述べる。

1.4.1　DMD[TM]による空間光変調原理[5]

　DLP[TM]方式のプロジェクターには，マイクロディスプレイとしてDMD[TM]が用いられている。図2に数画素分のDMD[TM]の電子顕微鏡写真を示し，図3に2画素分のDMD[TM]の構造図を示す。DMD[TM]は高解像度・高効率・高速応答可能な反射型ライトバルブである。図4はマイクロミラーの傾斜による光変調原理を示す。DMD[TM]は，下層部のシリコン基板に形成されたCMOSメモリの蓄積電荷による静電力で上層部のミラーが2値的に±θ (θ=10～12°) 回転する。ミラーが+θの位置では照明光はミラーで反射されて投写レンズの瞳に入射する。また，ミラーが－θの位置では照明光は投写レンズの瞳から外れて光学系内部で吸収される。よって，マイクロミラーを±θに高速に反転駆動することで，投写レンズから出射する光束をON/OFFの2状態に変調できる。マイクロミラーの状態をPWM (パルス幅変調) 法によって制御することで，投写光束を'1'もしくは'0'の2値の状態に変化させ，鑑賞者の視覚の積分効果によりD/A変換を行うことで中間調が表示できる。また，フィールド順次法によりR/G/Bの原色画像をDMD[TM]に書き込み，R/G/Bの各原色光を対応するサブフィールドに同期してDMD[TM]に照射することでフルカラー画像の表示が可能になる。

1.4.2　屈折式光学エンジン

（1）DMD[TM]素子と光学系の構成

　PTV (プロジェクションTV) 用として，1,280×720画素のDMD[TM]素子が開発された[6]。表1に

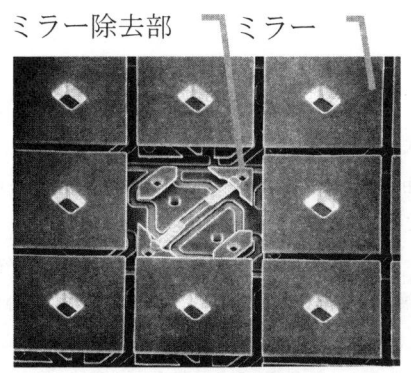

図2　DMD[TM]の電子顕微鏡写真
中央の画素は下部のヒンジ構造を見せるために取り除かれている。

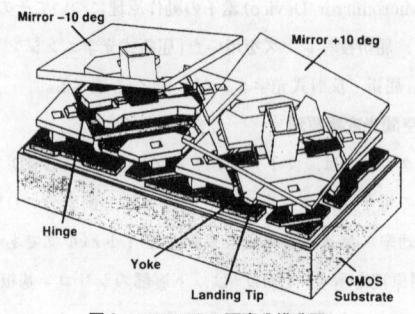

プロジェクターの最新技術

図3 DMD™の2画素分構造図
ミラーは透明に描かれている

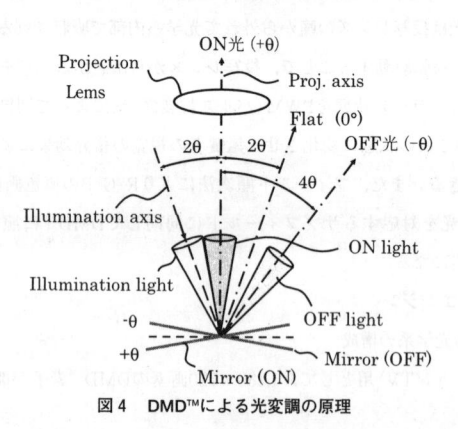

図4 DMD™による光変調の原理

　この素子の仕様を示す。DMD™は，①ランダム偏光（自然光）をON/OFF変調する素子である，②高い開口率を有する，という点で高光利用効率を実現できる。しかしながら，単板DMD™によるフィールド順次方式の光学系は，R/G/Bの原色表示期間の関係でR/G/Bの画像を常に表示する3板式に比べて光利用効率が約1/3になる。そこで光学系全体にわたり，光源から出射した光を高い透過率で伝達して投写光に変換する光学設計が求められる。

　図5に屈折式光学エンジンの概略構成を示す。ランプから出射した平行光はコンデンサレンズでミキシングロッドの端面に集光され，リレーレンズ系を透過してDMD™を照射する。また，DMD™を反射したON光は屈折投写レンズによりスクリーン上に投写される。OFF光は，迷光として投写レンズから出射することのないように，光学エンジン内部に設けた光アブソーバにより吸収される。リレーレンズ系から出射される照明光と，DMD™から反射したON光は，後述する

第6章 応用システム

表1 DMD™の仕様

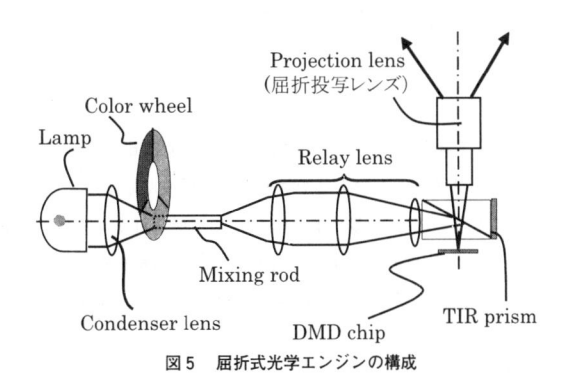

チップサイズ	17.66×9.94mm²（対角0.8-in.）
画素数	1,280（H）×720（V）
画素ピッチ	13.8μm
アスペクト比	16:9
開口率	約90%
ミラー傾角	±10 deg
応答速度	<20μS

図5 屈折式光学エンジンの構成

ようにTIR（全反射）プリズムにより分離される。また，ミキシングロッドの手前には，扇形に角度分割された円板状のダイクロイックフィルタ（カラーホイール）が設けられている。カラーホイールはモータによって回転駆動されることで，R/G/Bの原色照明光を順次生成する。

（2）投写系

① 投写方式

図4に示したように，DMD™は素子の法線より2θの方向から照明光を入射させる必要がある。DMD™の入射光/出射光を分離投写する方式としては，off-axis投写方式（図6（a））/on-axis投写方式（図6（b））が知られている。

off-axis投写方式は構成が簡素であり，画面中心に相当する投写光を投写レンズ光軸より上方向に傾けて出射できるので，小型の可搬型プロジェクターで採用されている。この方式では投写レンズのイメージサークルがDMD™の対角寸法よりも大きくなるので投写レンズの前玉径が大きくなりコスト高を招く。また，PTVの筐体小型化に必要な焦点距離の短縮と良好な結像性能の両立が困難になる。以上の理由により，off-axis投写方式はPTV用光学エンジンには不向きな方

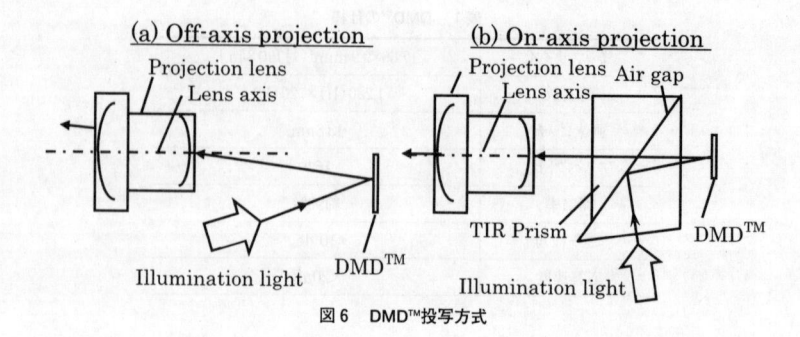

```
        (a) Off-axis projection        (b) On-axis projection
           Projection lens              Projection lens
              Lens axis                   Lens axis   Air gap
```

図6　DMD™投写方式

式といえる．

　On-axis投写方式では，全反射(TIR)プリズムを用いて入射光/出射光を分離することが多い．TIRプリズムは2個の三角プリズムを微小な空気ギャップを挟んで保持した構造となっており，照明光を全反射してDMD™に入射させる．またDMD™で反射されたon光は上記空気ギャップを透過して投写レンズに入射する．on-axis方式は投写レンズを短焦点距離にして広角化する際にも良好な結像特性(MTF/歪曲/色収差)を実現しやすい方式と考え，筆者らが開発した投写系に採用した[7]．

　② TIRプリズム

　TIRプリズムの寸法は，主に投写レンズのバックフォーカル長(BFL)を決める．広角投写レンズにおいてBFLの値が大きいと，設計の困難さが急激に増大する．そこで，光線追跡シミュレーションにより照明光，及び投写光の適正な通過マージンの確保を確認しつつ，プリズム寸法を可能な限り小さくした．また，TIRプリズムの空気ギャップ長は，投写系に非点収差，コマ収差を発生させることで投写系の解像力に影響を与えることが知られている．そこで，空気ギャップ長が投写系のMTFを低下させる割合をシミュレーションすると共に，量産性を損なわない範囲で最小の値に設定した．

　③ 投写レンズ

　投写レンズの開発にあたり下記の点を重視した．

　1) 広角投写：投写距離を短縮して小型のPTV筐体に実装するために，短焦点距離の投写レンズが必要である．

　2) テレセントリック性：TIRプリズムは空気ギャップへの入射角により透過特性が変化するので，投写光の主光線が光軸に平行(テレセントリック)となるようなレンズ構成とした．また，高い周辺光量比を確保すべく，メージサークル全域で瞳のけられ(Vignetting)が生じな

第6章 応用システム

いようにした。

3）良好な結像性能：
- MTF；13.8μmの画素ピッチに対し十分な解像力を有するように，高MTF値をイメージサークル全域で確保した。
- 歪曲；TV用としては画面をスクリーンサイズに対して数%大きく投写（オーバスキャン）することで歪曲が視認しにくくなる。しかしPC表示用では，表示情報の欠けを無くすためにスクリーンサイズよりも若干小さく投写（アンダースキャン）することがある。この場合，歪曲の影響が目立ちやすくなる。よって，歪曲収差は従来のTV用よりも1桁程度小さな値に制御することを目指した。
- 倍率色収差；単板投写方式では，投写レンズの倍率色収差で画素の色ずれが決まる。PTV用として，鑑賞者が接近して画像を観察しても問題ない程度の色収差の設計を行った。

上記①〜③項を考慮して開発した投写レンズの仕様を表2に示し，レンズ構成を図7に示す。

（3）照明系

図5のように，照明系はランプ/コンデンサレンズ/カラーホイール/ミキシングロッド/リレーレンズ系より構成している。コンデンサレンズはランプより出射した平行光束をミキシングロッドの入射端面に集光する。カラーホイールはこの集光点近傍に配置し，フィルタのセグメント分割部を通過する無効期間を減少させることで光利用効率の向上を図った。

ミキシングロッドは角柱状ガラスロッドからなる光学素子である[8]。ロッド内面での複数回の反射により，円形の光スポットは四角に変換される。ロッド内の多重反射により，入射平面上にチェッカーボード状の2次元アレイ状虚光源が形成される。これら虚光源からの光束の重畳により，ランプ発光体像の照度分布の不均一性が解消され，ロッド出射端面上にDMD^{TM}の表示領域と相似形状の面光源が得られる。コンデンサレンズから出射する光束の収束角とロッドの長さにより，重畳するアレイ状虚光源の数が変化する。ロッドによる虚光源数を増やすことで，出射端

表2　投写レンズ仕様（設計値）

項目	数値
レンズ構成	8群9枚
実効Fナンバ	3.0
焦点距離	11.77mm
イメージサークル	ϕ20.5mm
全画角	81.5°
MTF（T/R平均）	68%以上（@36lp/mm）
歪曲収差	±0.1%
倍率色収差	0.6ドット以下

プロジェクターの最新技術

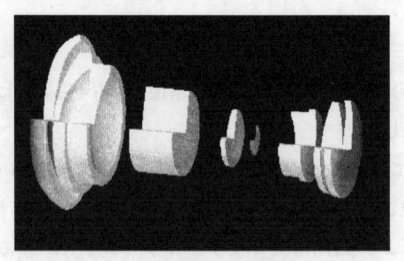

図7　投写レンズの構成

面の照度均一性を高めることができる。

　ミキシングロッドの出射光束は，リレーレンズ系によりDMD^TM上に導かれる。この際，ロッド出射端面はDMD^TM面に結像される。リレー系の出射側は投写レンズとのマッチングを考慮してテレセントリックな構成とした。従って，DMD^TMの微小ミラーに入射する照明光束は照射方向の揃った平行に近い光束となっている。ミキシングロッドの出射端面形状はDMD^TMの表示領域と相似であり，リレー系の倍率を適切に設定することで，照明光のF値と投写系のF値とをマッチングさせ，かつ矩形状照明光束のサイズをDMD^TM表示領域とほぼ同等とし，ミキシングロッドから出射する光の利用効率を可能な限り高めている。

　以上のようにして得られたDMD^TM上矩形照明光の照度分布（シミュレーション値）を図8に示す。

1.4.3　屈折・反射式光学エンジン[9],[10]

　リアプロ・テレビが市場に認知され，CRT-PTVにとってかわる勢いになった要因は，その高画質とともにCRT-PTVで不評であった嵩だかいデザインからの脱皮が大きい。CRTからMDへの変化で光学エンジンがコンパクトになり，デザインの自由度が増えた。ここでは更に，従来の垂直投写方式から斜め投写方式にすることによって超広画角を実現した超薄型リアプロの概要を紹介する。業務用マルチ画面用の薄型リアプロは2002年末に製品化（59″，4:3）しており，さらに画角を広げたエンジンを2004年に民生用として開発し，PTV（62″，16:9）の薄型化の可能性も確認した。

（1）新光学系
① 超広角投写光学系
　図9に屈折レンズと非球面凸面鏡から構成される投写光学系の基本配置を示す。136°という超広画角を得るために，強い負の屈折力を有する凸面鏡で屈折レンズから出射する光束の発散角を拡大する。その際，凸面鏡によって大きな歪曲が生じるが，これを非球面とすることで0.1%程度

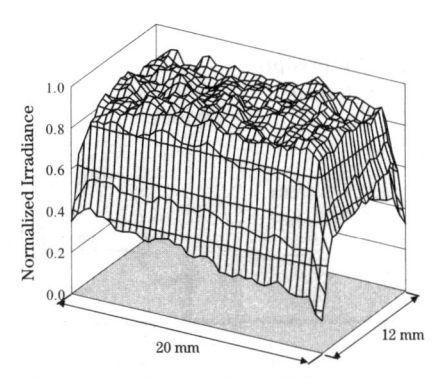

第6章 応用システム

図8　DMD™照明光の照度分布（シミュレーション）

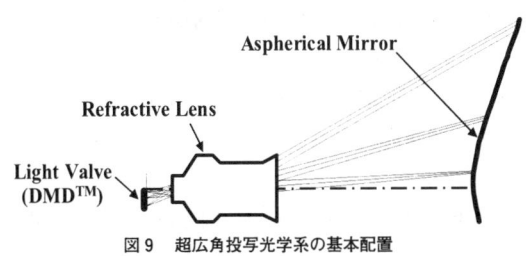

図9　超広角投写光学系の基本配置

新光学系は屈折レンズと非球面凸面鏡より構成されている。屈折レンズと非球面鏡は一点鎖線で示す共通の光軸を有する。ライトバルブは表示領域高さの半分以上，下方向にシフトしている。

に補正している。図のように非球面鏡を屈折レンズの出射側の離れた位置に配置しているので，ライトバルブ上の異なる点から出射した光束が鏡面上で分離した位置に入射することになり，歪曲収差を精密に補正するのに有利である。屈折レンズは凸面鏡によって生じる歪曲以外の諸収差を補正する。凸面鏡による投写画角拡大は原理的に色収差を発生しないので，投写画像の画素ピッチに比べて十分に小さな倍率色収差を実現できた。

　図10に本投写光学系の位置付けを従来の光学系と対比して示す。従来の各種結像光学系（縦ストライプ領域）では，画角を大きくすると歪曲が大きくなる傾向にあり，画角が180°に近づくと歪曲は100％に近くなる。これは，写真用魚眼レンズの例でよく知られている現象である。一方，比較的広画角と低歪曲を求められるMD-PTV用投写光学系（斜めストライプ領域；屈折レンズ式）でも最大画角は90°を超えることはなかった。設計画角が90°に向けて増加すると，現実的な硝材と製造可能なレンズ寸法の制約を満たしつつ，歪曲と倍率色収差を十分に補正することが急速に

157

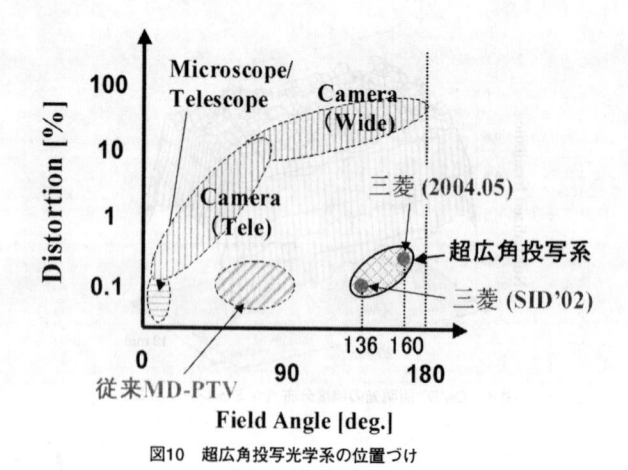

図10 超広角投写光学系の位置づけ

困難になる。例えば、投写光の出射側に近いレンズが大口径化して製造が困難になる。また可視光の広い波長帯域で高次の倍率色収差を補正するためには、非現実的な異常分散を有する硝材を使用することが求められる。

本投写光学系(図10の●点)により、超広画角と低歪曲を同時に満足する新設計領域が開拓できたことがわかる。図には薄型PTV向けに試作した画角160°の投写系[1]も合わせてプロットしている。

図11にスクリーン上の3原色波長における横収差を計算した結果を示す。非球面凸面鏡は強い負のパワーを有するので、有効画角内で画素ピッチ(1.2mm/画面サイズ59″)に対して無視できる程小さな倍率色収差に制御できていることがわかる。図12にMTFの物体高特性を緑色波長について計算した結果を示す。スクリーン上の空間周波数0.42mm^{-1}は、画素ピッチ1.2mmの2倍の周期に対応している。このグラフより、新光学系は画面内の全領域にわたり十分に画素解像可能な優れた特性を実現していることがわかる。これ以外に白色光を想定した複数波長混合の条件でMTFを計算し、本投写光学系は可視光の全範囲にわたり解像力の劣化が非常に小さいことを確認した。なお、光学部品の良好な製造性を確保し、かつ非球面鏡と屈折レンズ間のアライメントを容易にするために、本光学系は共軸回転対称系で設計した。

投写光学系の主要諸元を表3に示す。屈折レンズによる投写画角は50°で、非球面凸面鏡により2.7倍に拡大される。歪曲以外の諸収差を十分に補正するために、屈折レンズには2枚の非球面レンズを含んでいる。また、150×118mmの有効領域をもつ非球面ミラーは、樹脂成型により製造している。

第 6 章　応用システム

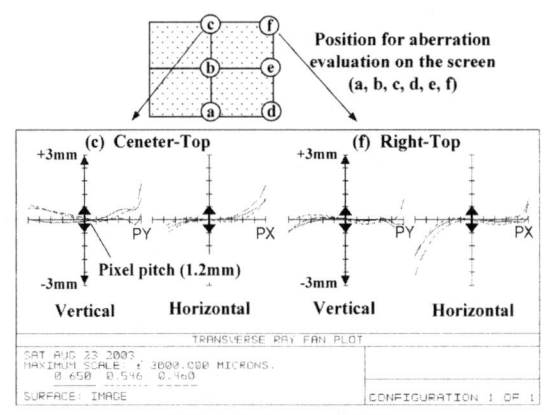

図 11　スクリーン側の横収差

各 Vertical/Horizontal グラフは，60 インチ対角画面右半面上の点 c（中央上），点 f（右上）における収差を示す．計算波長は 650，546，460nm である．画素ピッチ 1.2mm と比較してほぼ無視し得る倍率色収差が実現できていることがわかる．

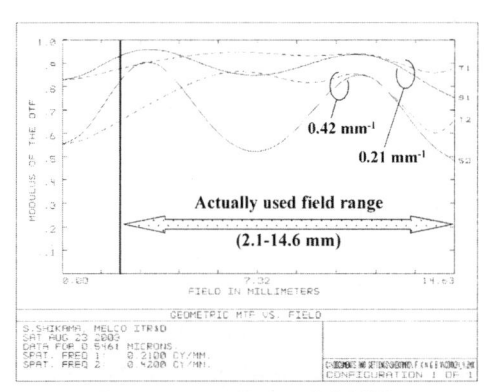

図 12　スクリーン側の MTF 物体高特性

空間周波数 0.21，0.42mm^{-1}，波長 546nm にて計算した．ライトバルブ側物体高 0〜2.1mm の領域は使用しない．図 11 のように倍率色収差が小さいので，複数波長混合による白色 MTF を計算しても MTF は殆ど劣化しない．

② 折り曲げレイアウト

図 13 に超薄型・ロースタイルキャビネットに全光学系を実装するために開発した折り曲げレイ

プロジェクターの最新技術

表3 投写光学系の主要諸元

Item	Parameter	Value
General specifications	Focal length (mm)	3.4
	F-number	3.0
	Magnification	87.0
	Field diameter (mm)	29.3 (LV side)
Projection angle	Refractive lens (deg.)	50
	Total optics (deg.)	136
Refractive lens	Configuration	9 groups, 14 elements
	Length (mm)	111.6
	Effective diameter (mm)	10.4 (LV side)
		48 (Screen side)
Aspherical mirror	Effective area (mm^2)	150 (H)×118 (V)

アウトを示す。光学エンジンを超薄型キャビネットに納めるために，キャビネットの背面にスクリーンと平行に平面ミラーを設け，スクリーン～平面ミラーの間隔を短縮した(図13(a))。ライトバルブは表示領域高さの半分以上，下方向にシフトしており，非球面鏡の反射光は斜め上方向に向かう。さらに，折り曲げミラーを非球面鏡と屈折レンズの間に挿入することで，屈折レンズを水平面内で折り曲げる独自の「横折り曲げ配置方式」を設計・開発した(図13(b))。これにより，折り曲げミラーを挿入しない場合(図13(a))に平面ミラーより後方に突出していた，屈折レンズ，ライトバルブ，照明光学系，ランプを，スクリーン～平面ミラーの厚み内に収納可能とし，超薄型キャビネットへの全光学系実装を実現した。また「横折り曲げ配置方式」は，キャビネット高さを低くする上でも有用である。

③ 光学エンジン

図14に光学エンジンの構成を示す。単板DMD^{TM}がミキシングロッド，リレーレンズ，及びフィールドレンズを介して照明される[8]。回転カラーホイールは，角度分割されたダイクロイックフィルタより構成され，3原色の色光を生成する。DMD^{TM}は有効表示領域高さの半分以上，下方向にシフトして配置され，投写光学系から上方向に投写光を出射する。

超高圧水銀ランプで生成された光束は放物面鏡で集光され，コンデンサレンズによってミキシングロッドの入射端面に集光される。コンデンサレンズによって絞られた光の角度配光特性は，ミキシングロッドによって変化しない。よって，ランプの電極軸部による遮光に起因する「中心部が暗いコーン」状の照明光角度分布の影響で，屈折レンズの入射瞳にアポダイゼーション(レンズ開口の不均一照度分布)が惹き起こされる。このアポダイゼーションを考慮することで，投写画像の解像度をより精度よく評価できることが筆者らによって報告されている[12]。また，照明光学系と投写光学系との光学インタフェースを非テレセントリックとすることで，屈折レンズの入

第6章 応用システム

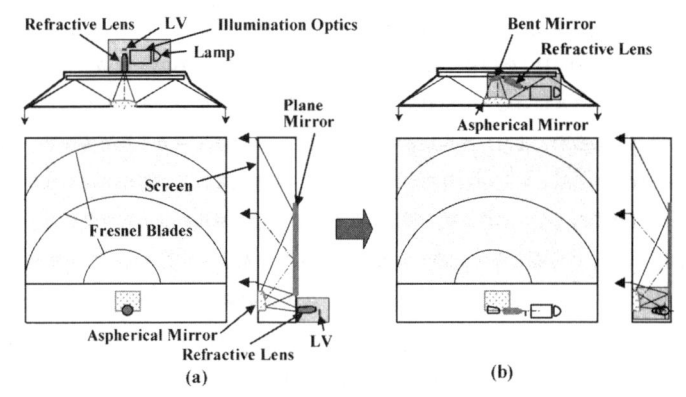

図13 超薄型キャビネットへの実装方式
(a) 平面鏡とスクリーンの平行配置，(b) 折り曲げミラーによる屈折レンズの「横折り曲げ配置方式」。スクリーン下端近傍に中心を持つ同心円状の半円群はフレネルレンズの歯の軌跡を示す。

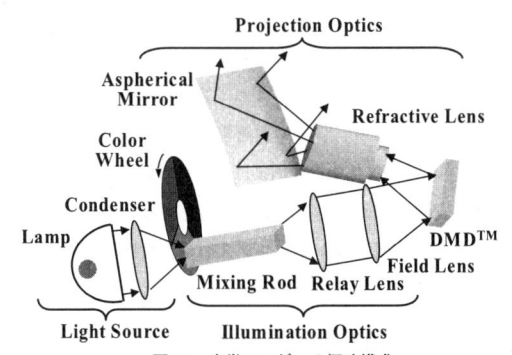

図14 光学エンジンの概略構成
単板DMD^{TM}がミキシングロッド/リレーレンズ光学系により照明される。回転カラーホイールは角度分割されたダイクロイックフィルタより構成され，3原色の色光を生成する。DMDは有効表示領域高さの半分以上，下方向にシフトして配置され，投写光学系から斜め上方向に投写光を出射する。

射径を小さく(表3参照)設計している。屈折レンズの入射瞳はレンズ系の入射端近傍に配置されており，DMD^{TM}直前のフィールドレンズはこの入射瞳に向けて照明光を収束する。この非テレセントリックな照明系/投写系の構成は，従来よりフロントプロジェクター用としてDMD^{TM}を軸外配置する光学系で採用されていた。本設計は光学システムを簡素で小型にする効果があり，ま

161

た画像を投写レンズの光軸よりも上方向に投写することを可能としていた。しかし，リアプロジェクター向けに，DMS[TM]を軸外に配置して屈折レンズだけで投写系を構成しようとすると，大きなイメージサークルに対応して出射側レンズの直径が非現実的な大きさとなってしまうという設計上の問題があった。また，焦点距離に比べて長いバックフォーカル長の確保や，入射端に近い入射瞳の配置等の厳しい制約条件を満たしながら，歪曲収差，及び像面湾曲を補正することは大変難しい課題であった。非球面鏡を採用することで，投写光出射側の光学素子の寸法制約を大幅に緩和することが可能となり，非テレセントリックな光学インタフェースを持つリアプロジェクター用光学エンジンが完成した。屈折レンズの入射側レンズ径を小さくしたことで，DMD[TM]で反射したOFF光がレンズに入射することがなくなり，ON/OFF比2000：1以上の超高コントラスト表示が可能となった。この結果，特に民生用PTVで低輝度部の微妙なグラデーションが重要となる映画などの黒レベルの微妙な再現性能を大幅に改善できる。

表4に光学エンジンの特性を示す。超広角投写の結果，対角60インチ(1,524mm)の投写に必要な投写距離が，非球面鏡から410mmと短くなった。また，照明光学系と投写光学系の光束径を屈折レンズの小さな入射瞳上で整合させることで，500ANSI-lumenと高い光出力を得ている。

(2) ハイブリッドフレネルスクリーン

図15に従来用いられていたスクリーンと，新たに開発したスクリーンを対比して示す。従来[13]，出射面に屈折歯を配置した屈折フレネルレンズによって発散投写光束を平行投写光束に変換していた(図15(a))。しかし，入射角の増加に伴って透過率の低下と3原色光の角度分離増加が発生し，結果として投写画像の均一性が劣化する。例えば，従来の屈折フレネルレンズとして屈折率1.55の材料を想定して計算すると，最小入射角22.4°での透過率は90.5%だが，最大入射角68°での透過率は63.7%に低下する。従来の屈折フレネルレンズが超広角投写光学系(図9)に適用された

表4 光学エンジンの特性

Projection optics	Refractive-Reflective hybrid system
Projection angle	136 degrees
Projection distance	410 mm from the aspherical mirror @ 1524 mm (60-in.) diagonal image
Entrance pupil	Non-telecentric
Illumination optics	Mixing rod/ Relay optics, Non-telecentric
Optical output	500 ANSI lumen @ 120-W lamp
Contrast ratio	> 2000:1 (on/off)

第6章 応用システム

場合，スクリーンの上半面は大きな入射角が原因となり非常に暗くなってしまう．また，画像には見栄えの悪いカラーシフトが重畳する．

この問題を解決するために，「ハイブリッドフレネル」スクリーンを開発した．その断面形状を図15(b)に示す．入射角の大きいスクリーンの上半面は，フレネル反射損失が減少し，かつ3原色光の角度分離が原理的に生じない全反射(TIR; Total Internal Reflection)歯が形成されている．TIR斜面の反射率は100%なので，フレネルスクリーンの上半面は91%と均一な透過率が得られる．入射角が比較的小さいスクリーン下部は，屈折歯が形成されている．これらTIR歯と屈折歯の中間領域には屈折歯とTIR歯が1周期中に混在する構造となっている．これらの各種歯構造はフレネルスクリーンの入射面に形成されている．歯を構成する円の中心は，スクリーン高さの半分以上スクリーン中心から下方向にシフトしており，非球面鏡から斜め上方向へ出射する投写光をスクリーン法線方向に平行化する作用を有している(図13)．ハイブリッドフレネルスクリーンは，画像面内で均一な透過率分布を実現し，また3原色光の角度分離を無視できる程度に抑制するのに有効である．ライトバルブとしてDMD^{TM}を用いた光学エンジンとの組合せでスクリーン面内の平均輝度に対する輝度均一性を実測したところ約80%が得られた．この良好な輝度均一性と色均一性は，単画面のディスプレイはもちろん，複数の画面を配列したマルチプロジェクター用途にも適用可能なレベルである．

(3) リアプロジェクターの特性

表5にリアプロジェクターの特性を示す．(a)で詳述した超広角投写光学系と折り曲げ配置を組み合わせることで，有効画面対角59インチ(1,500mm)で奥行きが260mmと薄いリアルXGA

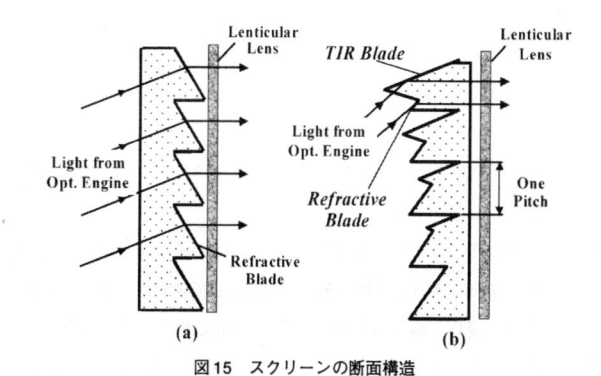

図15 スクリーンの断面構造
(a) 屈折フレネルレンズによる従来のスクリーン，(b) ハイブリッドフレネルレンズ(屈折歯/TIR歯混在)による新スクリーン．

表5　単画面リアプロジェクターの特性

Screen	Hybrid Fresnel lens & Lenticular lens
Image area	1500 mm (59V-in.) diagonal, 1.2m × 0.9m
Light Valve	DMD[TM]: 17.51-mm diagonal, Tilt angles of +/− 12-deg.
Pixel number	1024 × 768 (XGA)
Lamp	Ultra-high-pressure mercury, 120W
Brightness	400 cd/m^2
Contrast ratio	2000:1 (on/off)
Cabinet size	1217 (W) × 1251 (H) × 260 (D) mm^3
Weight /Power	88kg / 210W

ディスプレイを実現できた。屈折投写光学系を用いた場合，奥行きは約600mmとなる。よって，従来の屈折投写光学系に比べてディスプレイの厚さを43%にまで減少できたことになる。また，高効率の光学エンジンとハイブリッドフレネルスクリーンを組み合わせて，輝度400cd/m^{2}と十分に明るい表示を実現している。

図16にリアプロジェクターの外観写真を示す。図16(a)は単画面ディスプレイとして使用した例であり，図16(b)は横方向に連結した2面マルチディスプレイとして使用した例である。複数画面を縦・横に連結すれば細メジ(幅5mm)での大画面表示が可能であり，画像の連続性への影響が非常に小さなマルチディスプレイとしての応用が可能である。

① 他のフラットパネルディスプレイとの比較

表6に本稿で紹介した超薄型リアプロジェクターと，既存のフラットパネルディスプレイ(FPD)との比較を示す[14]。本リアプロジェクターは単画面用途ではLCDよりも大きな表示画面が実現可能である。また，大画面化に向けて微細加工プロセス導入のための莫大な投資が求められるPDPに比較して，本リアプロジェクターでは少ない投資金額で大画面サイズへの変更が可能である。奥行き260mmはPDPやLCDの奥行き(約100mm)ほどは小さくないが，本リアプロジェクターは全てのメンテナンスが前面から行えるように配慮されているので，既存の電飾広告板の設置孔に埋め込むことが可能である。よって本リアプロジェクターは，ディジタル電子看板の用途に用いるには十分に薄いと考えられる。

また，キャビネットの上辺，及び左右辺のフレーム幅が小さく設計されているので，上下方向に2段(上下逆ぎ)，水平方向に無制限面数，細メジ(5mm)で連結することが可能である。PDPをマルチディスプレイ用に複数枚組み合わせた場合，100mm以上の太いメジが生ずるので，画像の連続的な表示に対して大きな問題となる。さらに，ライトバルブとしてDMDを採用しているので，固定パターンを連続表示した場合の「焼きつき」の問題が生じない。「焼きつき」現象は，例えばPDPを空港や駅の運行表示板等の公共インフォメーション用途に用いた場合に問題となる

第6章 応用システム

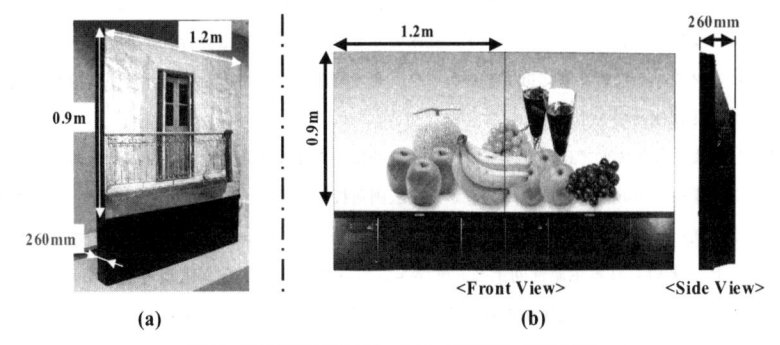

図16 超薄型リアプロジェクターの外観と実表示画像
(a) 単画面ディスプレイ，(b) 横2面マルチディスプレイ。

表6 超薄型リアプロジェクターと他のフラットパネルディスプレイの比較

Feature	This Work	PDP	LCD	Competitive Advantage
Image Size	Large	Large	Medium	Lower investment to change image-size
Small Depth	○	◎	◎	Sufficient for digital signage use
Narrow-border	○	×	×	Suitable for video-walls
No burn-in	◎	△	○	Suitable for public-information displays
Power-saving	○	△	○	1/3 of an equivalent PDP

◎: Excellent, ○: Good, △: Fair, ×: Poor

ことが知られている。

本リアプロジェクターは同等の表示面積（1 m^2）を有するPDPの1/3未満の消費電力（210W）を実現しており，特にマルチディスプレイとして使用する場合の省エネルギー効果が顕著である。

② 民生PTVへの応用

リアプロは大画面が比較的低価格で実現でき，これから本格的な普及の始まるHDTVの臨場感と迫力などの満足感を視聴者に与えるのに最も適したテレビである。また，大画面にもかかわらず，テレビの消費電力としてはPDPの半分以下程度で，省エネルギーにも貢献出来る。また，スクリーンの工夫により明るい場所でのコントラスト劣化を防止できる。さらに，ハイパワーランプを採用することで輝度を向上させることも容易に実現できる。これは，光源，ライトバルブ

プロジェクターの最新技術

(原画像生成素子)，スクリーンの各要素が独立に進歩できるリアプロの大きな特長である。

このような数々の利点にもかかわらず，従来のリアプロ・テレビは奥行きが厚く，デザイン的にもリビングルームに置く事に抵抗感があった。その解決のために上記薄型光学系技術を民生用PTVにも応用出来る事を示した[1]。

テレビのような単画面ではスクリーンフレームの幅を業務用マルチ画面より太くすることができるので，歪曲収差の許容精度等の観点から超広画角投写光学系の製造公差を緩和することが可能である。従って，業務用に開発した薄型リアプロの基本技術が民生品にも充分展開が可能となり，テレビに求められる生産性向上と，光学エンジンの低コスト化が実現可能である。また，HDTVの本質である大画面高精細の特性を備えた上に，リビングに調和するデザインが可能となり，究極の高画質薄型TVとしてリアプロがハイビジョンの普及に大きく貢献することが期待出来る。

1.5 キーコンポーネントの最新動向

本節では，プロジェクターの特性向上に必須の各種キーコンポーネントの開発動向に関し，主に2004年から現在までの注目される項目について紹介する。

1.5.1 光源

現在ライトバルブプロジェクターの光源としては，一部の高光出力用途を除き，ほとんど超高圧水銀ランプが用いられている。超高圧水銀ランプには長年にわたり寿命改善とフリッカ低減が求められている。これに対してランプ電極設計の立場から，短い放電アークを維持するタングステン電極設計法，及びフリッカの原因となるアークジャンプ現象の低減と短アーク長維持寿命を両立する駆動方式について報告された[5]。また，直視型液晶のバックライト光源として実用化が先行したLEDをプロジェクターに応用する研究が進められている。PDA(Personal Digital Assistant)や携帯電話等と組み合わせて使用する小画面表示用フロントプロジェクターへの応用を目指して，高出力のR/G/B-LEDランプを合成する照明光源の試作結果の報告がなされた[6]。また，リアプロジェクターの光源にLEDを使用することで，超高圧水銀ランプの問題点である赤色の色再現を改善できる可能性を示した試作品がIDW'04の展示会で公開された[7]。さらに，光源にLEDを使い，回転カラーホイールを使わずに赤/緑/青の画像を高速に切り替えてカラー表示することで，手のひらサイズに小型化を図ったDLP^{TM}フロントプロジェクターが2005 International CESの場で公開され注目を集めた[8]。

1.5.2 スクリーン

スクリーンは投写光学系から出射される光出力を表示画像に変換する重要なコンポーネントである。2004年以来，フロントスクリーン・リアスクリーンの双方で，表示特性改善に関する報告

第6章　応用システム

が相次いでいる。

(1) 偏光スクリーン

ランダム偏光の外光を偏光層で吸収除去し，外光による画像の「黒レベル浮き」を低減することで偏光投写画像の実効コントラストを改善するフロントスクリーンに関する報告があった。大面積の薄膜偏光層の新製造法として，水に溶かした液晶材料をせん断応力を加えつつ製膜・乾燥させることで液晶分子を整列させて偏光特性を発現させるプロセスを新規に開発している[19]。従来，反射板上に樹脂製の偏光板を貼り付ける製法が知られていたが，薄膜偏光板を大面積の基板上に直接成膜する手法として注目される。

また，大面積のコレステリック液晶を用いたスクリーンについて報告があった[20]。特定波長の偏光を反射する液晶層を吸収層上に3層積層形成して，R/G/Bの右回り円偏光だけを反射(左周り円偏光は液晶層を透過して吸収)するスクリーン構成とした。各液晶層の反射波長は液晶の螺旋配向周期によるブラッグ条件で決まる。外光がランダム偏光の場合原理的に半分のエネルギーを吸収し，また外光が左回り円偏光の場合には全て吸収することで投写画像の黒レベルが改善される。マットスクリーンとの比較でランダム偏光の外光時5倍(15:1)，左円偏光の外光時9倍(27:1)のコントラスト改善が得られたとのデータが示された。

(2) 薄膜スクリーン

誘電体薄膜による光選択層を黒色光吸収層上に形成したフロントスクリーンの試作品がSID2004の場で展示公開された[21]。光選択層はスクリーンに入射する投写光のR/G/Bスペクトルのみを選択反射し，これ以外のスペクトル成分を透過する。よって，外光成分のうちR/G/B以外のスペクトル成分は吸収層で除去されることにより，黒レベルが低下して実効コントラストを高めることができる。80インチ型のフロントスクリーンを外光照度150lxの環境に設置した場合，マットスクリーンへの投写画像と比較してコントラスト比を7倍(7:1→50:1)に改善したという。スクリーンの厚みは200μmと薄く，巻き上げ式スクリーンへの応用についても展示公開している。

(3) クロスレンチキュラーレンズ

リアプロジェクターの視野角特性改善用に，1枚構成で縦/横独立に配光制御可能な2次元格子構造レンチキュラー板(クロスレンチキュラーレンズ)の提案と実験結果の報告があった[22]。従来リアプロジェクター用として，水平方向に配列された1次元レンチキュラー板と拡散層の組み合わせが用いられており，レンチキュラー板で水平方向の視野角を拡大すると共に拡散層で垂直方向の視野角確保を行っていた[23]。しかし，垂直方向の視野角はレンチキュラー板に混合された拡散剤などで広げるだけのため，上下視野角が狭いことが指摘されていた。従来構造により十分に垂直視野角を拡大するために拡散層の散乱性を高めると，コントラスト低下と解像度低下が

167

問題となるため新構造の提案に至った。また，クロスレンチキュラーレンズによる縦/横集光に合わせて2次元格子状ブラックマトリクスを付加することで，外光反射を低減させ表示画像のコントラストを向上できると主張している。

1.5.3　ライトバルブ

ライトバルブとしてLCOS(Liquid Crystal on Silicon)を搭載した民生用リアプロジェクターが実用化を迎え，素子の耐光寿命評価に関する技術の進展が報告された。また，MEMS(Micro Electro Mechanical Systems)技術による新ライトバルブに関して報告された。

① LCOSの耐光寿命評価

有機配向層を内蔵したLCOSに青色光＋UV光を照射した場合の耐光寿命評価について報告された[24]。カットオフ波長421nmのUVフィルタを内蔵した照明系により，照度20M-lxの光を照射して加速寿命試験を実施した結果，LCOS動作状態/非動作状態で寿命には差がないことが示された。また，加速試験データより2M-lxで照射した場合のLCOS寿命を2.1万時間と推定している。さらに，UVカットオフ波長を10nm長波長側にシフトすることで投写光量は20%低下するものの，LCOS寿命を2倍にできることが示された。LCOS寿命の主な支配要因は有機配向層のUV光による劣化であるとしている。また，配向層を無機材料とすることでLCOS素子の耐光寿命が大幅に向上したとの報告もあった[25]。

② 新ライトバルブ

一次元の可動回折格子アレイをSi基板上に形成した新ライトバルブ素子(GEMS: Grating Electro-Mechanical System)の発表があった[26]。HDTV表示用に1,080ラインの素子を試作しており，光学的に水平方向に走査することで2次元画像を形成する。回折格子を印加電圧によりON/OFF制御する応答時間は50nsと速い。先に報告されているGLV[27](Grating Light Valve)に類似した素子であり，実用化に向けた進展が注目される。

1.5.4　画素ずらし素子

一般に小型のライトバルブ素子を用いると，投写光学系の小型化・低コスト化が図れるが，表示画素数が制限される問題がある。表示画像の1フレームを構成するサブフレーム内でライトバルブの画素を上下/左右にずらすことで，実効表示画素数を増加させる素子の研究が進められている。VA-FLC(Vertically Aligned Ferroelectric Liquid-Crystal)素子の複屈折を印加電界で制御することで画素ずらし量を制御し，素子を積層配置することで上下/左右両方向への画素ずらしを行う素子が提案された[28]。XGAフォーマットのLCOS投写系との組合せで，4倍画素のQXGA(2,048×1,536)表示を行っている。半画素ピッチ(7μm)の71%(5μm)以上のずらし量において，斜め線の平滑化と，小さい文字の判読性改善の効果があるとの実験データが示された。また，DMD™画素を画素対角方向に反復振動させることで表示画像の実効画素数を増す

第6章 応用システム

"Smooth Picture"技術がTexas Instruments社より発表された。これら画素ずらし法を採用したプロジェクターはフルHDTV表示を低コストで実現できるリアプロ・テレビや，フィルム映写と似た平滑な画像表示が求められるデジタルシネマ向けの技術として期待できる。

文　　献

1) テレビジョン学会編，テレビジョン工学ハンドブック，オーム社(1969)
2) テレビジョン学会編，テレビジョン画像の評価技術，コロナ社(1986)
3) 日本放送協会，ハイビジョン，日本放送出版協会(1987)
4) Y. Nakajima et al., IEEE Trans CE, **CE-31**, No. 4, 642-654(1985)
5) L. J. Hornbeck, Proc. SPIE, **Vol. 2639**, 2-21(1995)
6) K. Ohara, and A. Kunzman, IEEE Trans. CE, **Vol. 45**, No.3, 604-610(1999)
7) 尾家祥介，谷水明広，鈴木吉輝，鹿間信介，忍正義，KEC情報，No.176, 8-14(2001)
8) S. Shikama et al., U.S. patent 5,634,704
9) S. Shikama, H. Suzuki, and K. Teramoto, SID '02 Digest, 1250-1253(2002)
10) S. Shikama, H. Suzuki, T. Endo, and K. Teramoto, Journal of the SID, **11**(4), 677-683(2003)
11) http://www.mitsubishielectric.co.jp/news/2004/0526-b.htm
12) S. Shikama, H. Suzuki, T. Endo, and A. Sekiguchi, Optical Engineering, **43**(6), 1375-1380(2004)
13) E. H. Stupp, and M. S. Brennesholtz, Projection Displays, John Wiley & Sons, 159-160(1999)
14) 西田信夫編，大画面ディスプレイ，共立出版，p.186(2002)
15) H. Moench, C. Deppe, U. Hechtfischer, G. Heusler, and P. Pekarski, "Controlled Electrodes in UHP Lamps." SID '04 Digest, 26.2, 946-949(2004)
16) M. H. Keuper, G. Harbers, and S. Paolini, SID '04 Digest, 26.1, 943-945(2004)
17) http://nikkeibp.jp/wcs/leaf/CID/onair/jp/elec/348596
18) http://techon.nikkeibp.co.jp/article/NEWS/20050107/100293/
19) C. R. Wolfe, M. Paukshto, and P. Smith, SID'04 Digest, 20.1, 838-841(2004)
20) M. Umeya, M. Hatano, and N. Egashira, SID'04 Digest, 20.2, 842-845(2004)
21) http://ne.nikkeibp.co.jp/members/NEWS/20040526/103587/
22) Y. Nagata, A. Kagotani, K. Ebina, S. Takahashi, T. Tomono, and T. Abe, SID'04 Digest, 20.3, 846-849(2004)
23) K. Ebina, SID'02 Digest, 51.3, 1342-1345(2002)
24) S. Yakovenko, V. Konovalov, and M. Brennesholtz, SID'04 Digest, 6.2, 64-67(2004)
25) S. Shimizu, Y. Ochi, A. Nakano, and M. Bone, SID'04 Digest, 6.4, 72-75(2004)

26) J. C. Brazas, and M. Kowarz, *Proc. SPIE*, **Vol. 5348**, 65-75 (2004)
27) D. M. Bloom, *Proc. SPIE*, **Vol. 3013**, 165-171 (1997)
28) K. Fujita, A. Takaura, T. Tokita, H. Sugimoto, T. Murai, and Y. Takiguchi, *Proc. IDW'04*, LAD2-1, 1663-1666 (2004)

2 リアプロ・マルチディスプレイの必要技術と最新動向

寺本浩平*

2.1 はじめに

リアプロ技術の応用として複数画面を縦横に並べて，大画面を実現するのが，マルチ・ディスプレイ(以下マルチ)方式である。マルチでは大きな一体画面と見えることが映像品位の上で最も重要であり，画面間の隙間(目地)の極少化が不可欠である。直視LCDやPDPでは電極の取り出しエリアとして画面の周囲に額縁を必要とし，高品位なマルチ映像の実現は困難である。この点リアプロではスクリーン保持構造の工夫しだいで画面端までの映像表示が可能となり，現状マルチの主流方式となっている。マルチは業務用途として広く使用されているが，大きく交通管制や電力系統監視等の監視制御分野(図1)と，空港・駅の情報表示や広告等のインフォメーション分野に大別され年間約3万面程の世界需要が見込まれる。画面構成は横2面の最少構成から，48面以上の大型のものまで様々なシステム展開がされている。以前は表示デバイスにCRTを用いていたが，今では高解像度・高輝度・高信頼性に優れた，DLP[TM]や液晶等のライトバルブ方式に置き換わった。さらに産業用途では1日24時間，業務用途でも16時間以上の長時間使用が一般的であり高い信頼性と寿命性能が要求される。この点DLP[TM]は素子寿命が約10万時間と長く，且つ画面均一性に優れているので，マルチの主流デバイスとなっている。また表示性能は入力信号として高

図1 監視制御用マルチシステム

---

* Kohei Teramoto 三菱電機㈱ リビング・デジタルメディア事業本部 デジタルメディア事業部(京都製作所駐在) 主管技師長

プロジェクターの最新技術

い視認性を要求される高解像度のコンピューター信号からの文字表示と，HD動画等の映像表示の双方への対応が要求される。

2.2 光学系

DLP™方式のマルチ・ディスプレイでは，以下の光学性能が要求される。

① 画像歪：特に監視制御用途では高い解像度特性による文字視認性を要求されることから，CRTで多用された電気による画像歪補正を使用せずに，光学系の基本性能のみで隣の画面間に跨った文字でも正確に表示する必要がある。このため0.1%程度の高い画像歪特性が要求される。スクリーン上で低歪特性を得るには，スクリーンと光学系の相対位置関係が正確にあわせる必要があり，これがずれると位置ズレや台形歪等の1次以下の低次の画像歪が生じる。この相対位置関係は光学系を載せる6軸調整器によって合わせる。6軸とはx, y, zの3方向と，xyzを軸としたそれぞれの回転を意味する。但し，2次以上の高次歪は6軸調整器では取り除けず，光学系その物の低歪化が要求される（図2）。

② ユニフォミティ：単画面では画面内に少々の色ムラや輝度ムラがあっても目立たないが，マルチ画面では極僅かの輝度ムラや色ムラでも，隣合わさった画面間で急激な変化となって現れると容易に視認できる。このため基本性能として画面内の色と輝度の均一性が長期

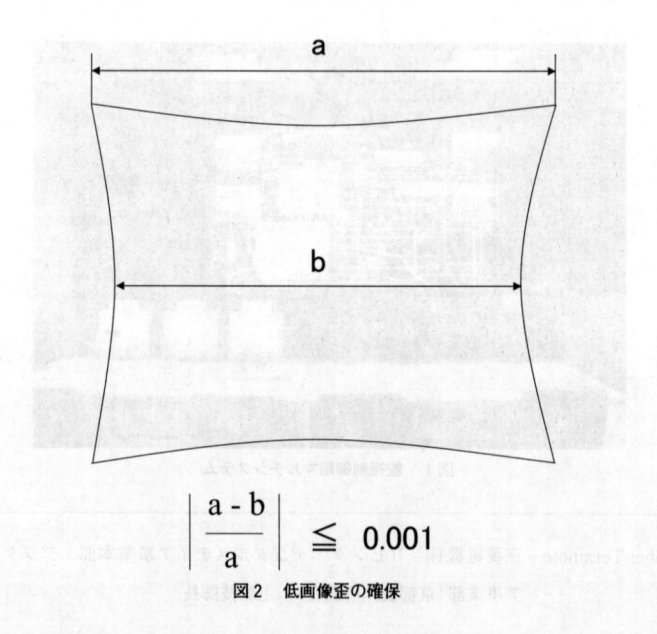

$$\left| \frac{a-b}{a} \right| \leq 0.001$$

図2　低画像歪の確保

第 6 章 応用システム

安定性も含めて優れていることが要求され,さらに後述する画面内と画面間の色と輝度を合わせる電子補正技術を併用して,最終的にマルチ画面での一体感を確保している。

③ 解像度:高い文字視認視認性の実現から,全画面エリアでほぼ画素が分離して認識できるレベルの解像度が要求される。また周囲まで0.5画素以下の色収差も必要とされる。

④ 投射距離:一般的なマルチでも省スペース化へのニーズは高く,75度以上の広角・短焦点投射光学系が必要とされる。さらに後述する,非球面ミラーを用いた,超薄型マルチでは,134度の超広角投射光学系を実現している。

以上の条件を同時に満足する光学系の実現を図る。DLP™方式では通常解像度はSVGA (800×600dot),XGA (1024×768dot),またはSXGA (1280×1024dot) が使用される。DMD™チップサイズはXGAで約0.7″で,スクリーンサイズを50″とすると倍率は72倍となる。投射距離は画面サイズ50″で約700mm程度に設定し,背面ミラーによる1回反射方式を用い,約600mmの奥行き寸法を実現する。投射レンズは短焦点・高解像度・低収差・低歪曲に加えて,十分な光の取り込み効率の確保から,2.5程度の低いFナンバーも両立している。通常はレンズの光軸がスクリーン中央に鉛直に入射する中心投射光学系を用いることからDLP™方式では照明系には 6 章の1.4で紹介したTIRプリズムを用いて,DMD™チップへの入出射光の分離を図っている。ランプには光取り込み効率の確保から短アーク長 (1.0～1.3mm) が求められる一方で,4,000～10,000時間の長寿命も要求される。さらにランプ寿命とランプ出力にも相反の関係がある事から,ランプ出力は100Wから150Wまでが主に採用され,寿命の確保を前提とするとこの程度の出力に落ち着いている。片や表示デバイスは低価格への流れからシュリンク化に向かっており,光学系への光取り込み効率確保にはさらに短アーク長なランプを要求する。一般的にアーク長の短縮化と寿命とは相反するが,高圧水銀ランプでの改良が進み近年この2要素の両立が図れるようになってきた。また高圧水銀ランプは単一元素ランプでもあることから,劣化時にも殆ど発光スペクトラムが変化せず,画面間の色ムラへの影響が少ない利点もある。複数元素発光のメタルハライド・ランプでは時間の経過と共に発光スペクトラムが変化しマルチ・ディスプレイへの使用は困難である。

2.3 スクリーン

マルチ・ディスプレイ用のスクリーンは広い視認範囲で一体感が得られる設計上の配慮と,目地を極少化する特殊なスクリーン保持機構を必要とする。

2.3.1 広い視野特性

マルチ・ディスプレイでは通常上下に2段以上積み上げるため,単画面のリアプロ・テレビに比べて広い上下視野特性が要求される。リアプロ・テレビの上下視野角度が通常40度程度に対し,マルチでは60度以上の広視野角が必要となる。しかし視野角を広げると上下方向から見ても明

くなりサービスエリアは拡大するが反面スクリーンの中心ゲインが低下し，正面から見た輝度が現象する。どの位置から見ても明るい映像を得るには，光学エンジンその物の出力光量の増強が根本対策だが，ランプ寿命の確保の点で現実的には制限を受ける。したがって，有限の光出力を如何に前方ゲインと視野角のバランスを取って配光するかが課題となる。このため出射光を広げる役割を担うレンチキュラーでは上下視野角の拡大に拡散剤が用いられるが，水平方向同様に垂直方向にもレンチキュラー（Vレンチ）を重ねて用いるケースもある（図3）。また監視制御システムではサービスエリアに合わせて最適な視野特性設計が施される。図4の例でも前方の監視員と後方の指揮指令の双方に適切な出射光を与えるべく，視野特性の最適化を図っている。

2.3.2 斜め方向からみたマルチ画面での一体感

マルチ・ディスプレイではスクリーンから出射される光線の中心方向（光軸）を画面の全エリアで鉛直方向に揃える必要がある。出射光線方向が揃っていないと，正面からはマルチ画面として一体感を持って見えたとしても，斜め方向から見ると隣合わさった画面の合わせ部分に輝度段差を発生する。これは隣どうしの画面境界部分の光軸にズレを生じると，スクリーンの視野特性に

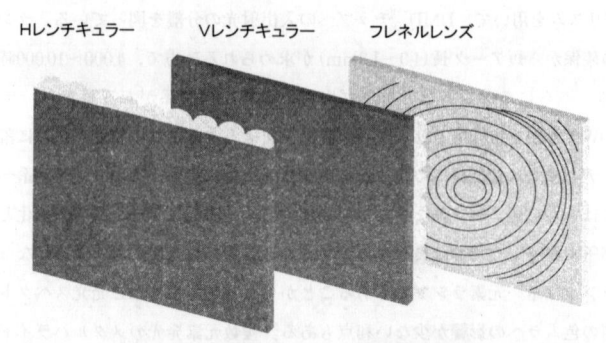

図3 Vレンチキュラーによる垂直視野特性確保

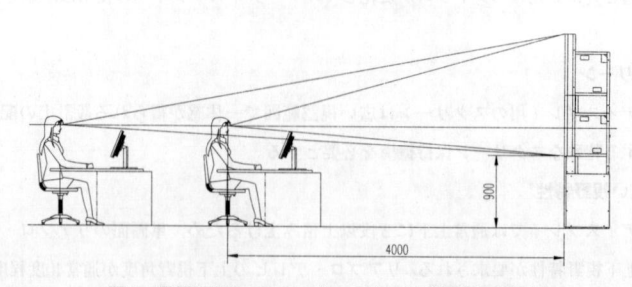

図4 監視制御用マルチ・ディスプレイの視認範囲設計例

第6章 応用システム

より斜め方向への出射する光の強度に差を発生するからである。このためフレネルレンズの焦点距離と光学系の投射距離(正確にはスクリーン・レンズ瞳間距離)を正確にあわせ,さらに光学系の中心とスクリーン中心を合わせて配置する。これでスクリーンの出射光軸は画面の全ての位置でスクリーンに対して鉛直方向に揃い,隣どうしの画面間での光軸が並行化し,斜めからみても輝度段差を発生せず自然で一体感ある映像が実現できる(図5)。

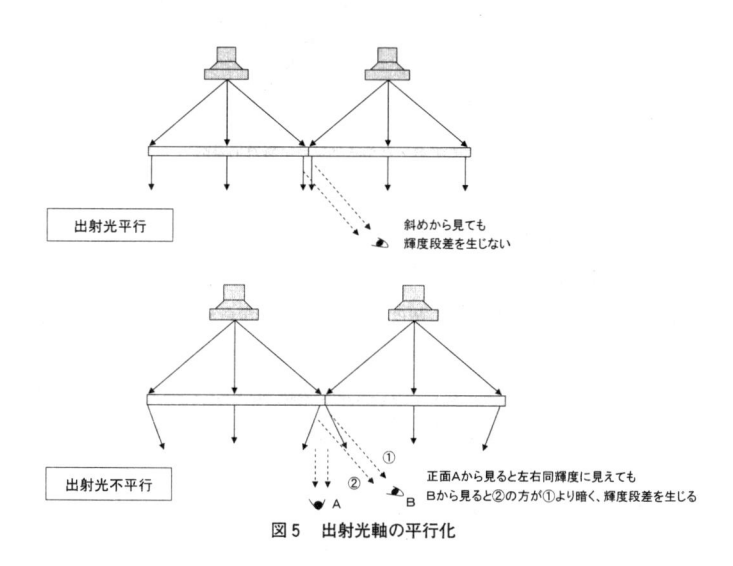

図5 出射光軸の平行化

2.3.3 細目地スクリーン構造

マルチ・ディスプレイでは画面の一体感の実現に目地幅を極少化し,各ディスプレイ画面の隅々まで映像を表示する必要がある。リア・プロでも通常はスクリーン保持に20mm程度の額縁(ベゼル)を必要とする。これを1mm以下に縮小し細目地を実現する。スクリーンは2から3枚のアクリル板で構成され,図6の例では重ねた周囲を極薄厚の板金で固定することでまず一体ユニット化と細目地化を図る。スクリーンユニットのプロジェクター本体への取り付けは,フレネル周囲に固定したスクリーン枠を介するが,これが影になると画面周囲まで光が届かない。この回避にはフレネルレンズの入射光がフレネルレンズを通過する間に広がることを利用してスクリーン枠が影になるのを防いでいる。

プロジェクターの最新技術

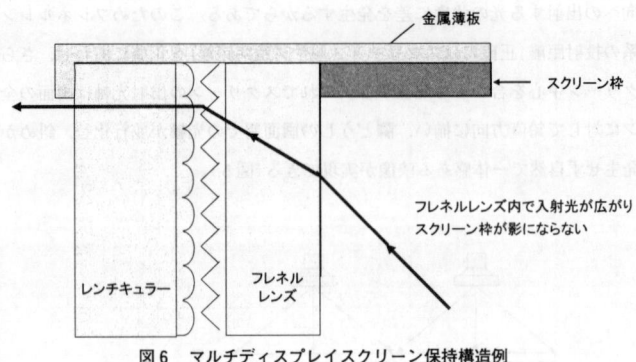

図6 マルチディスプレイスクリーン保持構造例

2.4 画面マルチ化の信号処理技術
2.4.1 CSC色域補正回路

マルチ・ディスプレイでは各画面の色と輝度を完全に合わせないと一体感ある全体画面が得られない。各画面のRGB3色を正確に調整すれば，白色における輝度と色を合わせることは可能であり，これがいわゆるホワイトバランスである。しかし各画面の全ての色を合わせるにはRGB3色が単色レベルであっていなければならない。この3原色ディスプレイの単色での色合わせを実現したのがCSC (Color Space Control) 色域補正回路である。

2画面を合わせる場合を例に説明する。ディプレイ1のRGB3色の色度座標をR1, G1, B1，ディスプレイ2は同様にR2, G2, B2とすると，各ディスプレイが共に再現可能な共通エリアの色域を表す3角形R3, G3, B3が存在する。各ディスプレイのRGBの単色色度をR3, G3, B3に合わすのがCSC色域補正回路である。信号処理は以下の式を満足させるマトリクス演算処理を行う。各マトリクスの係数は，あらかじめ測定した各画面の3原色の色度から，演算によって求める。これにより各画面の全色域における色合わせが可能となった（図7）。

$$\begin{pmatrix} R3 \\ G3 \\ B3 \end{pmatrix} = \begin{pmatrix} A11 & A12 & A13 \\ A21 & A22 & A23 \\ A31 & A32 & A33 \end{pmatrix} \begin{pmatrix} R1 \\ G1 \\ B1 \end{pmatrix} \quad \begin{pmatrix} R3 \\ G3 \\ B3 \end{pmatrix} = \begin{pmatrix} B11 & B12 & B13 \\ B21 & B22 & B23 \\ B31 & B32 & B33 \end{pmatrix} \begin{pmatrix} R1 \\ G1 \\ B1 \end{pmatrix}$$

2.4.2 グラデーション補正回路

CSC色域補正回路を用いると各画面の中心色は完全に合わせられる。しかし各画面内部に色ムラや輝度ムラを発生すると，結果として隣同士の画面間の境界で色や輝度の段差が発生し，結果

第6章 応用システム

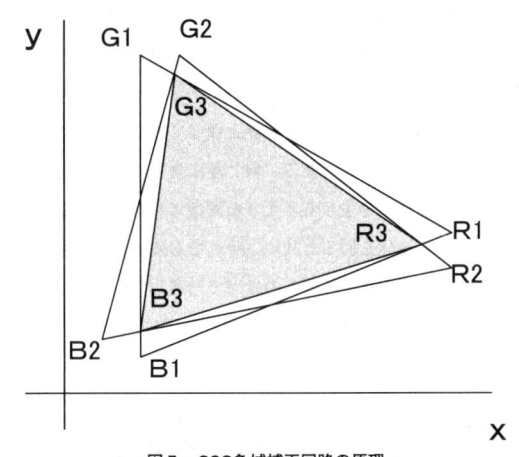

図7 CSC色域補正回路の原理

として一体感ある画面が得られない。勿論ディスプレイの基本性能として画面均一性能が優れていれば問題はないが，現実には多少なりとも補正が必要である。これを実現するのがグラデーション補正回路である。具体的にはRGB3色独立に各画素ごと(現実には数画素単位で)に乗算係数を持ち，各画素のゲインを任意に調整する。これにより，各画素間の輝度を合わせられ，さらに3色独立にゲインを設定する事で，各画面エリアの色合わせも可能となる。

2.4.3 輝度センサーフィードバックシステム

調整直後は全画面の輝度と色が完全に合っていても，時間が経つと各画面の経時変化のバラツキでしだいに一体感ある画面が失われてくる。経時変化の原因の大半はランプの輝度劣化である。幸い高圧水銀ランプでは時間が経っても光出力は低下するが，色度特性は殆ど変化しない。そこで各画面の輝度(光出力)を光学センサーで観測し，つねに画面間の相対光出力が一定となるようにフィードバック制御を掛ける。これにより時間が経っても画面間の相対輝度変化は殆ど生じず，長期間に亘って全画面での一体感がキープできる。

2.5 省スペース化技術

2.5.1 超薄型マルチプロジェクター

マルチ大画面で省スペースが図れれば，大きくビジネスチャンスが広がる。現状①高画質高精細，②100″以上の大画面，③省スペースを同時に満足できるディスプレイは皆無である。6章の1.4で解説した非球面ミラーを使用した超広角薄型DLPリア・プロジェクター技術を活用した薄

177

型DLPマルチについて解説する。各画面の周囲4辺の内，下辺を除く3辺については細目地化スクリーン構造を採用する。下辺は光学系が配置されるので，細目地化は不可能であるが，逆に定期的に交換が必要なランプを前方から取り出せるフロントメンテナンス対応となり，背面を壁に密着できる。各画面ユニットは上下逆さ配置も可能となっており，上下は2面まで，左右方向は原理的に無制限なマルチ画面構成が可能となる。但し超広角光学系では光学エンジンとスクリーンの相対位置関係にわずかでもズレを生じると大きな画像ズレが発生する。このため筐体の剛性を上げることで，位置ズレの極少化を図ると共に，それでも残ったわずかな位置ズレは画素ごとに表示位置を調整できる任意画素変換システムの併用で回避している。以上により各画面59インチで奥行きわずか26cmのマルチ大画面システムを実現した(図8)。

図8 薄型DLPの展開

図9 フロントメンテナンス対応 前方スクリーン取り出し構造

2.5.2　フロントメンテナンスシステム

通常のマルチ画面ユニットの奥行き寸法は50インチの画面サイズで約60cmだが，実際のシステムではランプ交換やシステムのメンテナンスの目的で背面にサービスマンが通れるメンテナンススペースが必要となり，実質奥行寸法はトータルで壁面から1.2m程度となってしまう。これは普段は必要としないメンテスペースを省略できれば設置スペースを約1/2に縮小できる事を意味する。これを実現したのがフロントメンテナンスシステムで，図9にその構造を示す。各マルチ

第 6 章　応用システム

　画面ユニットはメンテ時にスクリーンユニットを前方に引き出せ，その上で引き上げて内部を覗ける構造となっている。これによりランプ交換等の定期メンテと万一の故障時のサービスを行う。
　超薄型マルチでは奥行き26cmの省スペースは実現しても画面構成は上下が最大2面までの制限がある。これに対して上下も通常のマルチと変わらず3段以上の多段積が可能となり，システム展開の自由度が広がる。

3 デジタルシネマ

藤井哲郎[*]

3.1 はじめに

コンテンツの王様と言えば映画である．現在，我々の周りにある映像メディアを見渡してみるに，アナログで映像を上映し続けているのは35mmフィルムを用いた映画だけである．テレビは，地上波デジタルに代表されるようにHDTVクラスまでが既にデジタルで放送されるようになった．まさに映画がアナログ映像の最後の牙城となっている．これは，HDTVを超える上質な映像を最大700インチクラスの大スクリーンに表示しなければならないからである．この大型スクリーンへのデジタル上映が最新のプロジェクター技術により，可能になりつつある．これに併せて，ハリウッドでは7大スタジオが中心になってデジタルシネマ・システム仕様案を策定し，標準化を牽引しようとしている．既に2004年に封切られた「Spiderman 2」はこの新しいデジタルシネマの仕様に従ってHDTVの4倍の解像度でデジタルマスターが制作されている．これらの最新状況を本節では概説する．

3.2 映画の電子化の進展

映画の電子化への挑戦という観点では，最初の一歩はNHKがハイビジョンをアメリカに持ち込みデモを行った1981年である．このときからE-Cinema (Electric Cinema)という概念が生まれた．これを支持したのがFrancis Ford Coppola監督である．残念ながら，走査方式がインターレースであり，24Hzの映画のプログレッシブ再生には至らず，仕様が異なっていたこと．さらに，アナログ信号処理ベースであったこと等から映画の電子化は実現されなかった．

1998年にアメリカのFCCにおいて，デジタルHDTV規格の一つとして，映画を念頭においた1秒間に24フレームを表示するプログレッシブスキャンの1080/24P方式が初めて規格化された．この規格に準拠したデジタルカメラ，VTR，ディスプレイといった各種ツールが揃いはじめ，デジタルシネマの新しい動きが始まりだした．これを最初に活用したのがGeorge Lucas監督であり，1999年に「Star Wars Episode I」を試験的にフィルムレス上映して以来様々なトライが始まった．さらに，George Lucas監督は，1080/24P方式のHDTV用カメラで撮影し，フィルムレス制作・上映を初めて「Star Wars Episode II」で実現した．今までに，デジタル上映が試された映画の作品数は世界中で100本に達し，ビジネス評価が始まったところである．

このデジタルシネマは制作の流れに従って大きく以下のように4つに分けられる．

---

[*] Tetsuro Fujii 日本電信電話㈱ 未来ねっと研究所 第一推進プロジェクト プロジェクトマネージャー

第6章 応用システム

① デジタル制作
② ネットワーク配信
③ デジタル上映
④ フィルム・アーカイブ

　近年制作される殆どの映画ではコンピュータ上でのデジタル特殊効果が必須となっており，映画制作の側面においてデジタル化はかなり浸透している。この工程をハリウッドではDigital Intermediate(DI)と呼んでいる。第②項の配給に関しては，ハリウッドを中心にビジネスモデル構築に向けた取り組みが始まったところである。第③項に関しては，HDTVクラスのプロジェクターを設置した映画館が全世界でやっと200館を超えたところである。第④項は，文化の継承という意味でヨーロッパなどで重要視されている。

　HDTVの1080/24P方式を用いたトライは，対象がアニメ或いはCGであれば特に問題が無いが，解像度が1,000本に留まる為にオリジナルの35mm映画フィルムが有する品質をカバーしきれていないということも広く知られている事実である。これを乗り越えるために，最近ハリウッドでは4Kと呼ばれるHDTVの4倍の解像度を採用した新しい標準規格を策定し，これを用いた映画制作を開始している。本節では，このような最新のデジタルシネマの動向も含め，標準化の進展と要求される画質の側面から解説する。次に，機器の開発状況を眺めてみる。また，標準化に於いて重要な役割を果たしている日本発の4K技術をデジタルシネマ・コンソーシアムの活動を通して解説する。ここでは，ネットワーク配信の実験についても触れ，最後に将来像を探ることにする。

3.3　ハリウッドを中心に進む世界標準

　35mm映画フィルムの規格は米国のSMPTE(Society of Motion Picture and Television Engineers)により標準化され，世界統一規格として広く用いられている。ハリウッドを中心にデジタルシネマへの期待は大きく，このSMPTEにおいて既にDC28と呼ばれる委員会Committee on Digital Cinema Technologyを組織し，基本検討を進めている。

　2002年春に，この動きをさらに活性化し，ハリウッドの意向に添う形でデジタルシネマの世界標準化を策定するために，ハリウッド7大スタジオは米国政府の許可の下にデジタルシネマの標準化を進める団体NEWCOを立ち上げた。何故政府の許可を得たかというと，米国では独占禁止法に抵触するからである。このNEWCOは現在名前を改め，Digital Cinema Initiatives, LLC (DCI)と呼ばれている。まさにデジタルシネマの標準は映画の世界の中心であるハリウッドが決めるのだという明確な意志表示である[1]。DCIからは2003年5月21日にDigital Cinema System Specification V.1.9.2が初めて示され，2005年3月15日にV.5.0まで改訂されており，標準化案はほ

プロジェクターの最新技術

表1 DCIのデジタルシネマ仕様(案)の特徴

画像	サイズ	4K方式は4,096×2,160画素,2K方式は2,048×1,080画素
	サンプリング	アスペクトレシオ1:1
	各画素値	色座標CIEのXYZ,各色12ビット,ガンマ2.6
	符号化	JPEG2000 image coding system
音声	信号	24ビット(非圧縮),最小16チャネル
	サンプリング	48KHz,或いは96KHz
文字	サブタイトル	翻訳の表示機能
セキュリティ	暗号	AES 128ビット,別途暗号鍵配,セキュアマネジャーを規定
	電子透かし	組み込みを要求しているが方式を規定せず。変更が可能なこと。

がまとまりつつある。この仕様書ではデジタルシネマのマスターであるDigital Cinema Distribution Master(DCDM)の仕様を定義している。その主要なポイントを表1に示す。今後, DCIはこの案をSMPTE DC28に送り,最終的な標準化を進める予定である。その為にDC28の組織も再整備され,ChairmanにはWarner Brothers社のWendy Aylsworth氏が昨年始めから就任している。既に,一部のドキュメントに関しては投票段階に入っている。

ハリウッド以外でもデジタルシネマの標準化を進めようという試みは幾つかあった。例えば,放送等の国際的な標準化を進める団体であるITU-Rでは2002年3月よりTask Group 6/9として正式な活動を開始した。しかし,ハリウッド勢が封切り映画をITU-Rで扱う対象から取り除くことを強く主張し,拒否権を振りかざしながら強引に要求し,最終的にこれを貫いた。そのために,2003年3月に開催されたITU-R TG6/9の会合で作り出された言葉がLSDI(Large Screen Digital Imaginary)である。これは,デジタルシネマ以外での大画面映像システムの活用を目指すものであり,スポーツ,ミュージカル,演劇などを高臨場感でライブ中継することを目的とした標準化策定にその目的を絞りなおしている[1]。

デジタルシネマの普及を目指す団体も幾つか結成されている。ヨーロッパではデジタルシネマの普及を目指してEDCF(European Digital Cinema Forum)がイギリス,フランス,イタリア,スウェーデンを中心に形成され,ロンドンに映像評価のためのテストベッドを開設した。昨年組織のNPO化を行い,積極的に活動を進めている。日本では,デジタルシネマ・コンソーシアム(DCCJ)が2001年2月に設立され,高品質なデジタルシネマの開発と普及活動を進めている。こちらも2003年6月にNPO化され,EDCF等とも連携しながら活動を進めている[2]。

第 6 章　応用システム

3.4　デジタルシネマの画質の階層化

　1080/24Pを採用したHDTV規格の解像度は，1920（横）×1080（縦）画素である。この解像度では，オリジナル35mm映画ネガフィルムの品質を失うことなく完全にデジタル化することは無理である。これは，ASC（American Society of Cinematographers：全米撮影監督協会）からITU-Rに対するリエゾン文書の中で明確に述べられている。これらの意見を反映して，デジタルシネマに要求される品質のレベルを4段階に階層化する試案がEDCFの技術部会から提案されている。その分類を表2に示す[31]。

表2　デジタルシネマの品質の階層化。EDCF技術部会の提案

レベル1:	35mmオリジナルネガの画像品質を完全に維持できる方式（映画品質）
レベル2:	35mm上映用フィルムの画像品質（映画品質）
レベル3:	HDTV 1920（横）×1080（縦）画素（テレビ品質）
レベル4:	Standard TV（テレビ品質）

　このレベルに関する定義はほぼ世界的に受け入れられており，ユーザサイドの環境に応じての選択となる。レベル1に対応するにはHDTVを超える走査線数2,000本級の高精細映像が必要となり，例えばNTT社及びDCCJが提唱している解像度800万画素の超高精細画像システムがこれに該当する。このHDTVの約4倍の解像度を有する超高精細画像システムを用いれば35mmフィルムの品質を維持したままデジタルシネマが実現できる。実際にこの画質がDCIに受け入れられ，前述のDCIから提示されたDigital Cinema System Specification V5.0にはレベル1相当の画質として「4K」方式が，レベル2相当の画質として「2K」方式が採用されている。

3.5　4K映画用機器の開発状況

　世界に先駆けてHDTVの概念を提唱し，E-Cinemaの概念をアメリカに伝えたのは日本のNHKである。これがデジタル化され，様々なHDTVの撮影，録画，表示装置が日本のメーカーにより開発され，世界中に提供されている。特に，映画をターゲットに，プログレッシブスキャン方式を導入し，映画と同じ24fpsを最初にサポートしたのがソニーのCineAltaである。このカメラをGeorge Lucas監督が利用していることはあまりにも有名な話である。松下電器からは走査線数が720本の解像度ながらもスローモーション用の高速撮影が可能なVariCamが開発され，より安価なデジタル映画の撮影を可能にしている。このカメラで『突入せよ！「あさま山荘」事件』などが撮影されている。

プロジェクターの最新技術

　HDTV用カメラの限界を超え，さらなる高解像度の映画用カメラの開発も進められている。日本では，オリンパス社と日本ビクター社が4K方式のカメラを開発している。この他にもドイツのARRI社，カナダのDALSA社が映画用の4K方式の高解像度カメラの実用化を進めている。

　近年のデジタルシネマの概念を大きく進展させたのは，カメラとは対極の立場にあるプロジェクターの大きな進歩であろう。つまり，DLP，D-ILA或いはSXRDという新しいデバイス技術に基づくデジタルHDTV対応プロジェクターの登場である。これまでの高解像度のプロジェクターはCRT管を用いて構成されていたため，画面の明るさに限界があり，映画館で実際に使えるには至らなかった。しかし，TI社は画素数分の微少な鏡を百万個並べたDMD(Digital Micromirror Device)を開発し，非常に輝度の高い映像を得ることに成功した。最新型では解像度2048×1080画素を実現している。これに対して，日本ビクター及びソニーも，高解像の反射型液晶を用いることにより高輝度のデジタル対応フルHDTVプロジェクターを製品化している。日本ビクター及びソニー社からはさらに解像度が高い超高精細液晶を用いた4K方式のプロジェクターも登場してきており，ホットな話題となっている。このような大きな技術開発の流れに乗ってDCIが前述のデジタルシネマ標準化案を策定している。

　走査線数2,000本クラスである超高精細デジタルシネマの実現を目指して，2001年2月日本においてデジタルシネマ・コンソーシアム(DCCJ)が結成され，活動を開始した。同コンソーシアムは，35mm映画フィルムの品質を完全に保ったまま非常に高品質な走査線数2,000本の解像度で映画のデジタル化を実現し，アーカイブ・映画配信などを世界に先駆けて行うことを目標としている[1]。このDCCJ及びNTTが提唱する走査線数2,000本クラスの画像をDCIが4K方式として採用したのである。

　4K方式の装置は日本の各企業において要素技術として個別に開発されてきた。日本ビクター

写真1　ハリウッドにおけるDCCJ主催の4Kデジタルシネマ評価実験(2002年10月)。南カリフォルニア大学　ETC(ハリウッド)で実施。スタジオ関係者100名及びASC関係者20名参加。

第6章 応用システム

のD-ILA方式のQHDTVプロジェクター，ソニーのSXRD方式の4Kプロジェクター，オリンパスの超高精細画像カメラ，IMAGICAの35mm映画フィルムの4K方式スキャナ，NTTの超高精細画像伝送装置等である。これらをDCCJというコンソーシアムの下にひとまとめにして，超高精細デジタルシネマというコンセプトを世界中に示してきた。これがDCCJの果たしてきた大きな役割の一つである。2002年10月には写真1に示すように，ハリウッドにて映像評価実験を行い，ハリウッド技術関係者から世界初の4K方式デジタルシネマとして高い評価を受け，DCIが進めるデジタルシネマの標準化に採用されたのである。

3.6　4Kデジタルシネマ配信システム

　本項では，4K方式の超高精細デジタルシネマ配信システムの詳細とネットワーク実験を紹介する。まず，4K方式の超高精細デジタルシネマ配信システムの外観を写真2に，システム構成図を図1に示す。2002年3月には，本システムをメトロイーサ（NTT東日本社が提供するビジネス用IPネットワーク）に接続し，IPストリーム伝送による2時間映画の完全デジタル配信・上映実験を行っている[5]。2004年10月には第17回東京国際映画祭において「失楽園」を一般の観客を対象に映画館で4Kデジタル試写会を行っている。以下，本システムの概要を述べる。

写真2　4K方式の超高精細デジタルシネマ配信システム。左から，1.2テラバイトのサーバー，ギガビットイーサ・スイッチ，Motion JPEG2000方式のマルチレートデコーダ，800万画素超高精細プロジェクター。

プロジェクターの最新技術

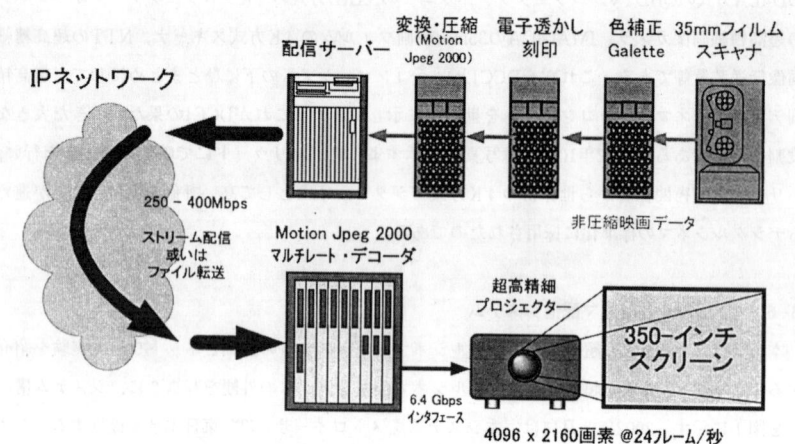

図1　4Kデジタルシネマ配信システムの構成。フィルムスキャンから，
　　　IPネットワークを用いた配信，デジタル上映。

① フィルムデジタル化

　2002年3月に行った配信実験では101分のハリウッド映画「トゥームレイダー」を素材として用いた。スキャン用の素材はデューブ・ネガ(上映プリント作成用ネガフィルム)で提供され，IMAGICA社のデジタル・フィルムスキャナーIMAGER XEを用いて1コマ毎スキャンしてデジタル化した。これはCCDを採用した高解像度フィルム・スキャナーで，35mmフィルム(4p)を最大4096×3112画素，14ビットRGBで取り込むことが可能である。同作品はシネマスコープ(アスペクト比2.35：1)であり，プロジェクターの表示可能な最大サイズとして，3840×1634画素で取り込んだ。総コマ数は144,000フレームである。

② 符号化処理

　デジタル・マスター・データに，ネットワーク配信を行う為に最初に処理すべき作業は，デジタル権利管理(DRM)の為の「電子透かし」を入れることである。電子透かしはその名前から推察できる様に，人間の目では見ることができないけれども，特別な透かし検出装置にかけると刻印された権利関係を読みとれる電子的なマークである。

　次に，この大量のデータを人間の視覚では映像品質の損失が解らない範囲で圧縮を行う。これは「Visually Lossless Coding」などと呼ばれている。現在，本システムで利用している符号化方式はJPEG2000である。一個のフレーム毎に画像を圧縮・符号化する方式である。テレビのような動画像の符号化には，高圧縮を目的としてMPEG 2と呼ばれるフレーム間の相関を利用して圧縮

第6章 応用システム

する方式もある。しかし、①動画像の一コマ毎の編集が行えない、②伝送路誤りが発生したときにその影響が前後のフレームに波及する。③MPEG2では4K方式の解像度に対する規格が未定である、等の問題点があり、JPEG2000で約1/10～1/15程度に圧縮して高品質を実現している。この様な手順で作成された配信用データがNTT東日本社のデータセンター（飯田橋）に設置されたコンテンツ配信サーバー上にアップロードされ、上映会場である銀座ヤマハホールへ配信された。

③　マルチレートデコーダー

コンテンツ・サーバーよりネットワークを介して配信されたデジタルシネマのデータを受け取り、高速に復号化し、800万画素クラスの画像を再生する装置がNTT社が開発したJPEG2000方式を採用したマルチレート・デコーダー（復号装置）である[7]。この装置はリアルタイムで処理を行う必然性のため、ハードウェアで実現されており、演算ユニットを並列に動作させて高速処理を実現している。出力画像のサイズは要求に応じて可変であり、このような柔軟性は並列信号処理構成とFPGAを中心とするフレキシブルな回路構成を全面的に採用することにより実現している。

④　超高精細プロジェクター

銀座ヤマハホールのスクリーン幅は約8mで有り、対角で表すと約350インチのスクリーンになる。スクリーンの背面にスピーカが配置されており、スクリーンは穴あきである。このスクリーンに解像度800万画素で24フレーム/秒の映画をデジタルで上映する為に、日本ビクター社で新しく開発された4K方式のD-ILA方式反射型液晶プロジェクターを用いた。これは1.7インチD-ILA素子をそれぞれRGB用に3枚用いて実現されたプロジェクターである。画素数はRGBそれぞれ3840×2048画素（現在は4096×2160画素に拡張済み）である。D-ILA素子は、シリコン基板上に垂直配向の液晶をはさむ形で細かく分割された反射画素電極と透明電極が配置されている。反射画素電極は電極であるとともに液晶を通過した光源からの光をほぼ100%反射させる鏡の役目も果たしており、開口率92%を実現している。これにより、5,000ANSIルーメンの大光出力と1,000:1の高コントラスト比を実現している。

なお、2004年10月の東京国際映画祭での「失楽園」の上映会では、さらに改良されたD-ILA方式のプロジェクターを用い、8,000ANSIルーメンの大光量で東宝ナビオPlexの約500インチのスクリーンに1,500:1の高コントラストで4Kデジタル上映を行った。

3.7　ネットワーク配信実験

HDTVの品質を超える4Kデジタルシネマのネットワーク配信実験を下記のように試みてきている。

プロジェクターの最新技術

- 2001年10月東京シネマショーでの配信実験
- 2002年3月国際デジタルシネマシンポジウムでの2時間ハリウッド映画のデジタル配信・上映，メトロイーサを利用
- 2002年10月Internet 2 大会（ロサンゼルス）での長距離伝送実験（300Mbps，3,000km伝送）
- 2003年6月デジタルシネマシンポジウムでの450MbpsでのメトロイーサおよびATMを用いたIPストリーム配信
- 2004年10月東京デジタルシネマ・シンポジウムでJGN 2 を介し，450MbpsでのIPストリーム配信を実施．

これらの実験に用いられた伝送方式に関して以下にその実験内容を簡単に紹介する．

① 転送方式について

例えばVoIP（Voice over IP）にみられるように，IPプロトコルを流用することによりユーザは通信費用の大幅なコストダウンが期待される．またブロードバンドネットワーク自身もIPプロトコルを利用した使い勝手の良い高速ネットワークを目指している．このような状況にあるので，超高精細デジタルシネマの配信についても今後IPネットワークを用いたシステムが主流になると考えられる．

ここで，デジタルシネマの配信を考えるときに，予めスケジュールに従い，各映画館まで事前にファイル転送を行う方式と，上映毎にストリーム配信を行う方式が考えられる．これはネットワークのコストと著作権処理に絡んでのコントロール方式により選択されることになるであろう．

② メトロイーサによるIPストリーム配信

2002年3月のハリウッド映画「トゥームレイダー」の4Kデジタルシネマ上映実験では，配信方式としTCP/IPストリームを用いたネットワーク配信を行った．映像配信システムは全て高性能な汎用品であるGbEを用いて構成し，これを効率的に活用できる高速伝送用プロトコルを組み込んだ専用のソフトウェアを開発した．この実験では，NTT東日本社のセンター（飯田橋）に設置されたコンテンツ・サーバーより上映会場である銀座ヤマハホールにメトロイーサを介して配信した．伝送レートは平均で約300Mbpsであり，光ファイバーを用いて放送と同じような感覚で，しかもオンデマンドによりデジタルシネマを鑑賞することが可能となった．

③ Internet 2 での配信実験

2002年10月にロサンゼルスで開催された次世代インターネットであるInternet 2に関する会議において，4Kデジタルシネマの長距離・高速配信実験をイリノイ大学，南カリフォルニア大学と共同で行った．実験は，シカゴの配信サーバーよりロサンゼルスに設置したデジタルシネマ上映システムまで約3,000kmの長距離を300Mbpsの速度にてIPストリーム配信するというものであ

第6章 応用システム

る[8]。IPネットワークのパスは，次世代高速ネットの実験網であるInternet 2の高速バックボーンであるABILINEを経由して南カリフォルニア大学までルーティングされた。ネットワークの構成図を図2に示す。同図より，6段のルータを介しての中継であることが解る。また，Internet 2に関しては，実際に他のヘビー・ユーザとネットワークをシェアーしながらの配信実験でもあった。

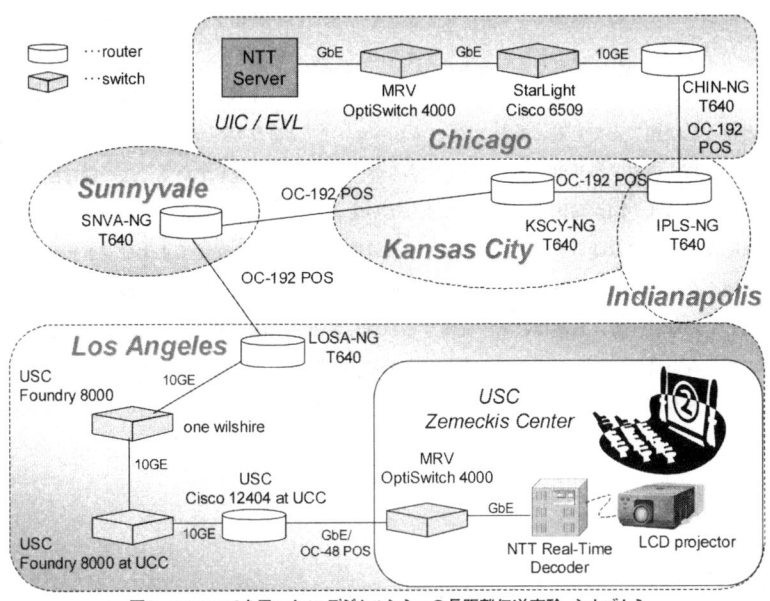

図2 Internet2を用いた4Kデジタルシネマの長距離伝送実験。シカゴから
ロサンゼルスまでの3,000kmを300MbpsでIPストリーム伝送。

4Kデジタルシネマ配信システムには全て高性能な汎用ギガビットイーサ（GbE）のボードを装着した。ネットワーク伝送方式としてはTCP/IPプロトコルを用いた。古典的帯域積の解決方法に従えば，単純にTCPのバッファを大きくするだけで，高速伝送が可能なはずである。ところが，複数のユーザでシェアーしているインターネット環境下ではこれだけでは十分な速度を引き出せない。実際に測定したところ，50Mbpsまでしか伝送速度を引き出せなかった。このために，長距離高速伝送用に開発された64本のマルチTCPストリーム方式を用いて多重化し，出力パケットのレート平滑化制御を行うことにより，伝送レートとして300Mbpsを引き出すことに成功した。

以上紹介したように，デジタルシネマの配信ですらIPプロトコルを用いてIPネットワークを介

して配信が行われようとしている。今後ますます様々なメディアがIPネットワークに統合され、低コストで伝送されるものと考えられる。

3.8 デジタルシネマの将来

映画関係者に話を伺うと,将来は必ずデジタルになると答えられる。但し,この大きなデジタル化の波は今のところ日本発で起こってくるとは思えない。誰もが,ハリウッド発で日本に津波のように伝わってくると直感している。しかも,いつ来るのか確信を持てずにいるのが現状であろう。ハリウッドではDCIによりデジタルシネマの標準案が策定され,ポスプロはデジタルマスタリングを拡大中である。既に,これから制作されるハリウッド映画の1/3はDIで作業が進められるという話が聞こえてくる。また,「スパイダーマン2」は世界初の4Kの解像度でDI制作されたと報じられている。ハリウッドではデジタルシネマが着実に浸透している。この波は既に韓国には伝わっており,DIが韓国ではブームになっているという話も伝え聞く。

映画制作・配給におけるデジタル化のメリットは明白であり,今後ますますデジタル化は促進されていくだろう。これに対して,ハリウッドの映画産業は最大のビジネス課題として取り組みを強化している。一方,日本は技術が先導する状況にあり,日本の産業として4Kデジタルシネマ・システムを世界にこれから供給するというチャンスを迎えている。このチャンスを同時に技術にサポートされたコンテンツ・クリエートの新しい産業振興のチャンスとしても捉える事が重要であろう。

文　献

1) 藤井,「映画が変わる-ディジタルシネマの世界～ITUにおける標準化活動と日本における動向～」, ITUジャーナル, **Vol.32**, No.9, 36～39 (2002)
2) T. Aoyama, S. Ono, K. Hagimoto, T. Fujii "The Emergence of Next Generation Digital Cinema - Digital Cinema Consortium in Japan", Asia Display / IDW 2001, October 16-19 (2001)
3) EDCF Technical, "IBC 2002 Technical report", http://www.digitalcinema-europe.com/technical_docs/IBC%2002%20EDCF-T%20Status%20Report.pd
4) S.Ono, N.Ohta, T.Aoyama, "Super High Definition Images beyond HDTV", Artech House Publisher (1995)
5) 藤井,中村,"超高精細ディジタルシネマとそのネットワーク配信", 映画テレビ技術, No.599, 33～37 (2002)

第 6 章　応用システム

6) 小野束「電子透かしとコンテンツ保護」, オーム社 (2001)
7) 藤井竜也, 野村充, 藤井哲郎,「超高精細 (SHD) 画像システムによるディジタルシネマの実現」NTT R&D, 2001 年 8 月 (2001)
8) Yamaguchi, Shirai, Fujii, Nomura, Fujii, Ono, "SHD Digital Cinema Disribution Over a Long Distance Network of Internet2", VCIP2003, July 2003 (2003)

4 広視野ディスプレイ

清川 清*

4.1 はじめに

本節では，応用システムの一例として，広視野ディスプレイについて述べる。広視野ディスプレイは，通常のディスプレイよりもはるかに広い画角の映像で観察者を包み込むことにより，映像の中に「入り込んでいる」かのような感覚を観察者に与えることが可能である。この感覚を「没入感(sense of immersion)」という。また，没入感に類した語として，提示されている映像の世界が「その場にある」，もしくは体験者が映像の世界に「いる」と感じる感覚を指す「臨場感(sense of presence)」がある。没入感が広画角・立体感といった映像の広がりを意味する傾向が強いのに対し，臨場感は高精細・高コントラストといった映像の品質を意味する傾向が強いといえるが，それぞれの指す概念はオーバーラップしている。

臨場感や没入感を感じるために必要な映像の画角は人間の視覚特性から決まり，古くから研究されている。人間の視野は，視細胞の分布や眼球の構造上，中心ほど分解能が高く注意も向けやすいため，注視点を中心とする幾つかのいびつな同心円状に分類される[1]。視野角全体は水平約200度，垂直約125度(下75度，上50度)に達するが，情報受容能力に優れる有効視野は水平30度，垂直20度程度に過ぎず，注視点が迅速に安定して見える安定注視野は水平に60～90度，垂直に45度～70度程度である。また，映像に誘発される自己運動感覚(ベクション)は，臨場感の重要な指標であるが，その誘発は画角が水平20度程度から起こりはじめ，110度程度で飽和するとされる[2]。臨場感や没入感を与える広視野ディスプレイでは，有効視野外の補助視野に映像が及び周辺視が可能となる。

4.2 スクリーン形状

映画館などで体験するように，単一の平面スクリーンであってもスクリーンの画角や映像品質が十分であれば高い臨場感・没入感を得ることができる。しかし，単一の平面スクリーンをいくら大きくしても観察者の視野を包み込むことはできない。そこで，観察者の視野をより広範囲に映像で包み込むことを目的とした広視野ディスプレイでは，曲面スクリーンもしくは複数の平面スクリーンが利用される。複数の平面スクリーンを用いる場合，観察者周囲の壁面をスクリーンで覆うことから，この方式のスクリーンを周壁面スクリーン，周壁面スクリーンを用いたディスプレイを周壁面ディスプレイと呼ぶ。図1に，典型的な周壁面スクリーンや曲面スクリーンの形状を示す。次に，周壁面スクリーンや曲面スクリーンを用いる場合の特徴について述べる。

---

* Kiyoshi Kiyokawa　大阪大学　サイバーメディアセンター　助教授

第6章　応用システム

(A)　(B)
周壁面ディスプレイの例

(C)　(D)　(E)
曲面ディスプレイの例
図1　広視野ディスプレイのスクリーン形状

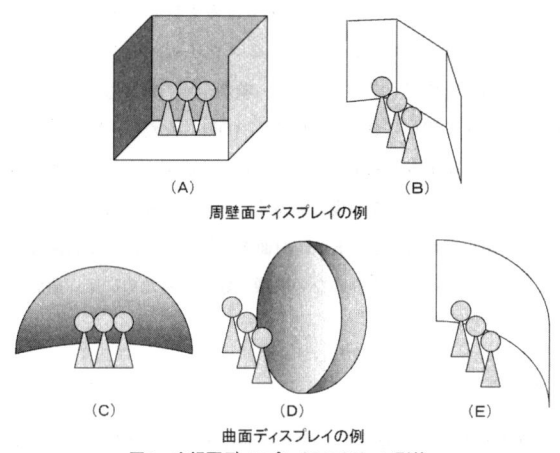

① 周壁面スクリーン

　周壁面スクリーンでは，大型の平面スクリーンを多面体状に組み上げて，各々のスクリーンに対して映像を前面または背面投影することにより全体として広視野の映像を構成する。後述するCAVEシステムでは床面にも投影を行っているが(図1(A))，既設のビルディングの屋内では天井高が不足するため，天井面や床面への投影は困難である。そのような場合は，左右方向にのみ3〜8面ほどのスクリーンを並べることが多い(図1(B))[31]。

　周壁面ディスプレイでは，数名の観察者がディスプレイを共有して映像を観察することができる。また，平面への投影を仮定して設計された一般的なプロジェクターをそのまま流用できるため，歪み補正や輝度調整，あるいは焦点距離などの調整が簡便に行えるという利点がある。しかし，映像を分割する平面スクリーンと同数程度のプロジェクターが必要となる点では不利である[注1]。また，理想的な観察位置以外では，スクリーン境界で映像が折れ曲がってしまうという問題もある。従って，周壁面スクリーンは一人用のバーチャルリアリティシステムに利用される場合が多い。

② 曲面スクリーン

　曲面スクリーンを用いる場合，周壁面スクリーンを用いる場合と異なり，理想的な観察位置ではない場合であっても，直線が折れ線として観察されず連続する曲線として観察されるため，破

注1：もちろん，平面スクリーンとプロジェクターの対応を1対1にしない構成も考えられる。

綻した映像として知覚されにくいという利点があり，多人数での観察に適している。曲面スクリーンの中でも曲率が一定な球面スクリーン（ドームスクリーン）は，球の中心からの前面投影の場合に投影距離や投影の入射角が一定になるため，映像全域の輝度むらが少なく焦点も合わせやすいという利点があり，よく用いられる（図1 (C)，(D)）。ただし，そのための投影光学系は特殊であり，曲率や内径が変化すると光学系も設計しなおす必要がある。また，周壁面スクリーンの場合と同様に，天井高が確保できない場合も多く，そのような場合は円筒の一部を切り取ったアーチ型スクリーンが用いられる（図1 (E)）。曲面スクリーンでは，投影位置と観察位置を一致させることは困難なため，まったく歪みのない映像を観察するためには，曲面形状に応じた映像の歪み補正機能が必要となる。

4.3 投影方式

スクリーンへの映像投影は，前面投影方式と背面投影方式に大別される。いずれの場合も，キーストーンなどの台形補正，樽型補正が容易であり，時分割式立体映像の提示に必要な96Hz～120Hzの高い垂直周波数が得られることから，現在でもCRT式のプロジェクターが主流である。しかし，映像の生成段階において計算機上で歪み補正を行うことが可能となってきたことから，液晶プロジェクターやDLPプロジェクターを用いるシステムが増えつつある。以下では前面投影方式と背面投影方式の特徴について述べる。

① 前面投影方式

前面投影方式ではスクリーンに対して観察者と同じ側にプロジェクターを配置し，スクリーンの表側から映像を投影する。このため，バックヤードが不要であり設置面積の点では有利である。また，特に球面スクリーンの場合に，投影距離や投影の入射角が一定となるため歪み補正や輝度調整，焦点調節などが容易であり，調節コストの点で有利である。広画角の投影光学系を用いれば，曲面スクリーンの広範囲を少ない台数のプロジェクターでまかなうことができるという利点もある。一方，前面投影では観察者が映像とスクリーンの間に入ると映像が観察者自身に遮られて見えなくなってしまうという問題がある。小型のディスプレイあるいはバーチャルリアリティ用途のディスプレイでは，観察者が映像に接近することが多いために，遮蔽の問題は特に深刻となる。

② 背面投影方式

背面投影方式ではスクリーンに対して観察者と反対側にプロジェクターを配置し，スクリーンの裏側から映像を投影する。したがって，観察者がプロジェクターとスクリーンの間に入り映像を遮る恐れがない。このため，小型のディスプレイあるいはバーチャルリアリティ用途のディスプレイに適している。また，プロジェクター本体が観察者から隠されるため，プロジェクター本

第6章 応用システム

体が視界に入ったりスクリーンを一部隠したりしてしまうといった問題を避けられる。ファン音が聞こえにくいため静寂性の点からも好ましい。その一方で，バックヤードが必要なため設置に必要な面積や空間が大きくなる。曲面スクリーンの場合には，さらに様々な問題が生じる。まず，広視野をまかなうために必要なプロジェクターの台数が多くなり，その場合のプロジェクター間の映像の繋ぎ目の調整も困難になる。また，投影距離や投影の入射角が一定でないため，映像周辺で糸巻き歪みや輝度低下，焦点ぼけなどが顕著となる。さらには，輝度の低下を防ぐために拡散材を用いると偏光が乱れるため偏光方式の立体映像の提示ができなくなるといった二次的な問題も発生する。筑波大学では，これらの問題点を考慮した，背面投影による曲面ディスプレイを開発している[4]。

4.4 周壁面ディスプレイの事例

4.2項で述べたように，周壁面ディスプレイは観察者の視点に合わせた立体映像を提供することによりバーチャルリアリティ用途で利用することが多い。バーチャルリアリティ分野では，このような高い没入感を与える投影方式をIPT (Immersive Projection Technologies)，IPTによるディスプレイを没入型プロジェクションディスプレイ，IPTディスプレイ，あるいはIPD (Immersive Projection Display) などと呼ぶ。以降では，IPTディスプレイの様々な実例を紹介する。

① CAVE

初のIPTディスプレイは，1992年にイリノイ大で開発されたCAVE (Cave Automatic Virtual Environment)である[5]。CAVEは，立方体状の部屋の正面と左右面に背面投影を，床面に天井からの前面投影を行い，ブース全体に没入感の高い立体映像を映し出すことができる。具体的には，まず3次元センサが計測する観察者の視点に応じて各CRTプロジェクター用の立体映像が実時間で生成され，これを各CRTプロジェクターが同期して時分割投影する。次に観察者は液晶シャッタ眼鏡を通して左右眼でそれらを分離して，広視野の立体映像を知覚する。

CAVEは，発表以来世界中に普及し，バーチャルリアリティ用の周壁面ディスプレイのスタンダードとして広く用いられている。具体的には，科学技術計算の可視化，3次元モデリング，インテリアシミュレーション，景観シミュレーションなどの実利応用のみならず，エンタテインメントやアートなどの分野においても活発に利用されるようになりつつある。ただし，ディスプレイ装置としてのCAVEの特性は必ずしも良い点ばかりではない。正しい視点以外から観察するとスクリーンの境界で映像が折れてしまう，通常は一面につき一台のプロジェクターが用いられるため単位立体角あたりの解像度が低い，高輝度化すると面同士が互いにコントラストを下げてしまう，といった問題点もある。日本においては1996年に東京工業大学ベンチャー・ビジネス・ラ

195

ボラトリ (VBL) に導入された150インチ (約3m×2m) のスクリーンを用いるCAVEが最初である。
② 広画角化に対応したIPTディスプレイ
　CAVEの考え方を発展させて，より広画角の映像を提供するためには，残る天井面や背面にも映像を提示する必要がある。1996年に東京大学インテリジェント・モデリング・ラボラトリ (IML) に設置されたCABIN (Computer Augmented Booth for Image Navigation) (2.5m角) では[6]，強化ガラスを二重にした床面に対して階下からの背面投影を行うとともに背面投影の天井面を追加することにより，観察者の背面を除く5面化を実現した。これにより，上下の視野角270度を確保することが可能となった。さらに1999年には，メディア教育開発センターにTEELeX (Tele-Existence Environment for Learning eXploration Virtual Space) (3m角)，および岐阜県テクノプラザにCOSMOS (COsmic Scale Multimedia Of Six-screens) (3m角) がそれぞれ開発された。TEELeXは，天井面は背面投影を行い，床面には天井面の中央部に設けた穴から前面投影を行うという5.5面のIPTディスプレイである。一方，COSMOSは世界初[注2]の完全6面型のIPTディスプレイである[7]。図2にCOSMOSの外観，図3にCOSMOSの体験者の様子を示す。5面以下では見回し時に映像のフレームアウトが頻発し，結局「正面」を意識せざるを得ないが，完全6面化されると映像空間に360度囲まれ物理世界の座標系を意識する必要がなくなり，没入感が飛躍的に向上する。完全6面化した場合，背面スクリーンを可動式にして入退室の経路を確保するなどの工夫が必要となる。

図2　COSMOSの外観 (岐阜県生産情報技術研究所提供)

注2：スウェーデンKungl Tekniska HogskolanのVR-CUBEと同時期。

第6章　応用システム

図3　COSMOSの体験者の様子（岐阜県生産情報技術研究所提供）

③　複数人の観察に対応したIPTディスプレイ

　一般に，3次元グラフィックスはある設定した視点から透視投影法により描画する。これを描画時とは異なる視点から観察すると映像が歪んで見える。IPTディスプレイにおいても同様であり，正しい透視投影像を観察できるのは同時に一人のみである。しかも，観察者がIPTディスプレイ内を移動しても常に正しく映像が見えるためには，視点の3次元位置を実時間で計測して，計測した視点に合わせた映像を描画（視点追従）する必要がある。しかしながら，実用上は，視点追従している観察者の近傍であれば，多少の歪みがありながらも大きな違和感なく映像が観察できる場合も多い。実際，多人数で一つの映像を観察可能な点は，IPTディスプレイの特長としてよく取り上げられる。

　これに対して，複数の観察者のそれぞれから正しい透視投影像が見えるように工夫したIPTディスプレイも存在する。そのようなディスプレイでは，複数の観察者に対して正しい透視投影像を提示するために，時分割のサイクルを通常の二分周より増やす方式が採用されている。例えば，サイクルを一人目の観察者の左眼・右眼，続いて二人目の左眼・右眼と四分周にすることにより二名の利用者に対して正しい立体映像を提示可能である。実例としては，1996年にセガがアミューズメント施設に導入した5面型のIPTディスプレイSEGA B.O.X. SYSTEMが挙げられる。この施設は，CAVE型ディスプレイの初の商用利用事例としても知られる。ただし，この方法は分周が増えるにつれて映像が暗くなるという問題もある。

④ テレイマージョンに対応したIPTディスプレイ

複数のIPTディスプレイを高速ネットワークで接続して互いのバーチャル空間を共有し，遠隔の利用者を互いに立体映像として等身大で観察できるような環境をテレイマージョン（Tele-Immersion）という。テレイマージョン環境では，遠隔の利用者を2.5次元のビデオアバタ[8]もしくは完全な3次元モデルとして等身大で観察することにより，臨場感の高いコミュニケーションが可能である。利用者のビデオアバタや3次元モデルを得るためには，IPTディスプレイ内に利用者を撮影するカメラを多数設ける必要がある。しかし，設置したカメラがスクリーンを隠し映像の観察を妨げる，撮影距離が短いため利用者のフレームアウトが発生しやすい，といった問題がある。この問題を解決するために，スイス連邦工科大学（ETH）では前方と左右のスクリーンが高分子分散型液晶（PDLC）のパネルで構成されたCAVE型ディスプレイblue-cを開発している[9]。PDLCは透過性が高く，電圧のオン・オフにより透明・不透明（白色）を高速に切り替えることが可能であるという性質がある。blue-cでは，PDLCパネル，映像のプロジェクションと液晶シャッタ眼鏡，および利用者の撮影をPDLCパネルの切り替えと同期することにより，利用者に常に映像を見せながら，かつ，スクリーン外部のカメラから利用者を撮影することが可能な機構になっている。

4.5 曲面ディスプレイの事例

次に，曲面スクリーンを用いた広視野ディスプレイの実例を取り上げる。曲面ディスプレイの中でも，プラネタリウムや博覧会のパビリオンなど，大勢の体験者を映像で包み込むための大型ドームディスプレイは古くから用いられてきた[10]。また，最近では設置面積やコストへの要求に応えて小型ドームディスプレイが登場しつつある。以降では，これらの曲面ディスプレイの実例や特徴的な研究事例を紹介する。

① プラネタリウム

1923年にドイツ博物館とカール・ツァイス社が発明したプラネタリウムは，世界で最も古く，かつ最もよく知られた広視野ディスプレイといえる[注3]。最新のプラネタリウム設備のひとつとして，2004年に大阪市立科学館に設置されたコニカミノルタ社のインフィニウムL-OSAKAは，光ファイバ導光レンズ投影により約35万個の星を映し出す。また，同年に日本科学未来館に設置されたMEGASTAR-II cosmosは，微細レーザ加工による恒星原版を用いて12.5等星までの約500万個の星を映し出すことができる。実際の天空を模すためにはドーム径が大きいほどよいが，それだけ建設費が嵩み，輝度の高い光源が必要となる。現在世界最大のプラネタリウムは愛知県総合

注3：特に日本では多く設置されており，直径15mを超える大型のプラネタリウムは世界最多である。

第6章 応用システム

科学博物館のもので，直径30m，座席数は300である。

プラネタリウムは現在でも恒星原版とレンズ光学系を用いる方式が主流であるが，1996年に五藤光学が初めて全天周にCG映像を投影可能なVIRTUARIUMを開発して以来，急速にデジタル化が進んでいる。CG映像を全天周に実時間で描画するためには，スクリーンの形状に合わせてCG映像を実時間で変形する必要がある。これは，当時最先端のSGIのグラフィックスワークステーションが備えるテクスチャマッピング機能を用いることで，初めて実現することができた。VIRTUARIUMは6台のプロジェクターを用いて，ドームの下端から中心方向に投影して対角線上のスクリーンに映像を結像させる方式である。2003年には，後継のVIRTUARIUM IIが開発されている。従来のプラネタリウムは中央の投影機の周囲を座席がフラットに取り囲むレイアウトが多かったが，近年のプラネタリウムは後述するIMAX DOMEと兼用のものが多く，座席が階段状で一方向（多くは南方）を向いている。このため，（特に北方の）天空の観覧には必ずしも適さないという問題もある。

② IMAX DOME

大勢の観客に迫力のある映像を提供することが求められる各種博覧会のパビリオンにおいても，様々な大型映像システムが展示されてきた。特に，通常の35mmフィルムの約10倍の面積を持つ70mm15p（パーフォレーション）フィルムを用いるIMAX社のIMAXシアターは高さ20m〜30mの大型平面スクリーンに高精細映像を提示することが可能である。IMAX DOME[注4]は，このIMAXシアターの技術を流用し，大型ドームスクリーンに適用したシステムである。IMAX DOMEは，IMAXシアターと同様のフィルムを用い，階段状の観客席を覆う大型ドームスクリーンに魚眼レンズで撮影した映像を魚眼レンズで投影する。IMAXシアターとIMAX DOMEは，いずれも1970年の日本万国博覧会で初めて公開されて以来，世界中の博覧会や科学館などで広く利用されている。

③ 全天周立体映像

一般に，ドームスクリーンで立体映像を提示することは困難である。まず，全天周の立体映像を撮影することが難しい。例えば一組の魚眼レンズを水平方向に並べて撮影すれば，レンズが互いに映りこむ。また，レンズを水平方向に並べて撮影した映像では，ドームの正面はよいが天井や背面など他の方向を観察する際に立体視が破綻する。さらに，映像が撮影できたとしても，直線偏光方式ではやはり観察方向の依存性が問題となる。「映像博」とも呼ばれた1985年の国際科学技術博覧会で展示された，富士通パビリオン「コスモドーム」の全天周立体映画「ザ・ユニバース」は，これらの問題を解決した初の試みとして知られている。コスモドームでは映像提示システム

注4：以前はOMNIMAXと呼ばれていた。

199

プロジェクターの最新技術

としてIMAX DOMEを採用していた。撮影の問題はコンピュータグラフィックスを用いることで解決し，レンダリングには当時の大型コンピュータFACOM M-380を用いて膨大な計算時間を費やした。また，立体映像の提示にはアナグリフ方式（赤青メガネ方式）を採用していた。1990年の国際花と緑の博覧会では，同じく富士通パビリオンにおいて初のフルカラー全天周立体映画「ザ・ユニバース2」が上映された。カラー化のために，立体映像は液晶シャッタ方式で提示された。この全天周立体映像提示システムはIMAX solido[注5]と呼ばれており，現在は幕張の富士通ドームシアターとフランスの大型映像テーマパークであるフチェロスコープに設置されている。

④ 全球ドームディスプレイ

通常のドームディスプレイはせいぜい半球であり，スクリーン面のない側（主に床面）に映像は提示されない。多人数が観察できるドームディスプレイの考え方を拡張して，全方向の映像を提示するためには完全な球状のスクリーンとそれに適合した投影系が必要となる。1990年の国際花と緑の博覧会では，三菱未来館において全球ドームディスプレイを用いた全球型映像が世界で初めて上映された。ただし，この全球型映像は超魚眼レンズ一対を用いたもので繋ぎ目が目立つものであった。一般に，IMAX DOMEのように曲面ディスプレイに実映像を提示するためには投影系に適合する撮像系が必要であり，スクリーンの大きさや曲率などを変更する場合には新たに光学系を設計し直す必要がある。しかし，CGを用いれば投影スクリーンの形状に合わせて予め歪んだ映像を生成することが可能となる。2005年の日本国際博覧会では，長久手日本館において全球型映像が直径12.8mの全球状ドームディスプレイを用いて展示されている。このディスプレイは，12台のグラフィックスPCでレンダリングしたCG映像を実時間で歪み補正し，さらに映像の繋ぎ目を解消するエッジブレンディング処理を加えて12台のプロジェクターで投影する仕組みになっている。これにより世界で初めて繋ぎ目のない全球型映像が実現された[11]。

⑤ 小型ドームディスプレイ

5面や6面のCAVE型システムは3階建相当の広い空間を要するなど，一般に広視野ディスプレイは大規模になりがちである。そこで，コストや設置面積などの点で有利な小型ドームディスプレイへの要求が高まっており，様々な小型ドームディスプレイが開発されている。商用の小型ドームディスプレイとしては，ElumensのVisionStationや松下電工のCyberDomeが挙げられる[12]。VisionStationは，直径1.6mの半球ドーム型ディスプレイであり，魚眼レンズを通して前面投影する[13]。特殊レンズによる光学系による歪み補正とレンダリングによる歪み補正を併用している。CyberDomeは，直径1.8mのドーム上部のプロジェクターからの映像を平面ミラーで折り返し，ドームスクリーンに投影する（図4）。CyberDomeでは直線偏光方式の立体視が可能である。

注5：OMNIMAX 3Dとも呼ばれる。

第6章 応用システム

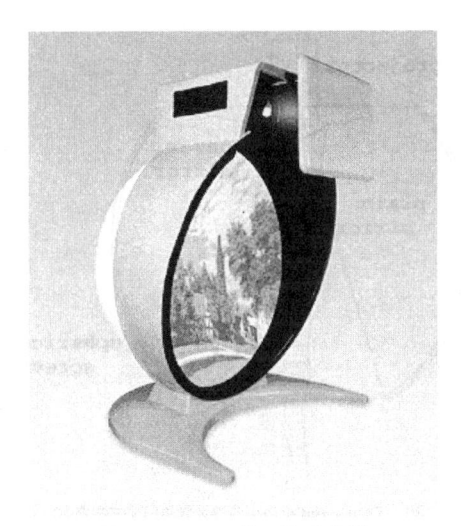

図4　CyberDome（松下電工㈱提供）

　また，筑波大学では直径2.1mの球面ディスプレイEnspheredVisionを開発している[11]（図5）。これは，上下を除くほぼ完全な球状にくり抜いたスチロール製のディスプレイであり，上方のプロジェクターと凸面鏡で広画角の映像投影を行い，下方から観察者が出入りする。プロジェクターは本来球面の内側全てに結像するほどの焦点深度を持っていないため，凸面鏡を用いて光束を適切に拡げることで，焦点深度を大きくしている。また，同研究室は，内径56cmの球状スチロールを頭からかぶり，背負ったプロジェクターで映像提示するユニークな装着型没入ディスプレイを提案している[15]。こうした小型の没入ディスプレイでは，広い画角全体に渡って映像をシャープに提示することが困難であり，映像がシャープであっても観察距離が短いために臨場感を得にくい。この問題を打開するために，例えばモントリオール大学では，リング状の鏡面と放物ミラーを組合せて焦点距離を遠方に飛ばす360度パノラマディスプレイを提案している[16]。

4.6　広視野ディスプレイの高精細化

　広視野ディスプレイでは，少ない台数のプロジェクターで広い画角をまかなうため，提示される映像の解像度が低くなりがちである。人の目の最小分解能は視力2.0の場合視角にして約0.5分（1/120度）であるので[17]，この値が高解像度化という観点での目安といえる。1画素が視角0.5分で見えるためには，例えばCAVEであれば一面の標準的画角である90度に対して10800画素が必要となる。逆に，一面あたり1024×1024画素程度であれば，視力換算で0.1程度しか得られていな

201

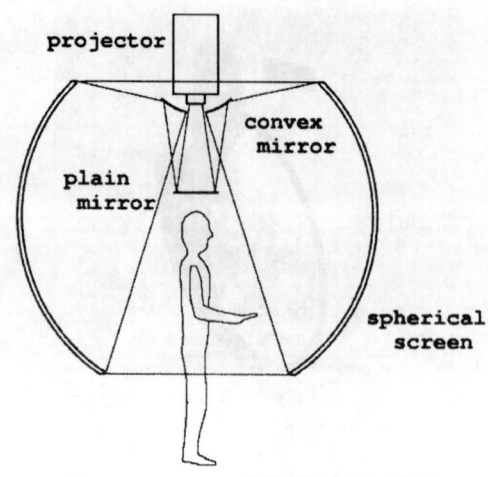

図5 EnspheredVision（筑波大学岩田研究室提供）

いことがわかる。広画角化による角度分解能の低下を抑えるには解像度の高いプロジェクターを用いるか，画面を分割して複数のプロジェクターを用いる必要がある。単板モジュールによる4000×2000画素程度のプロジェクターは開発されているが，コストやスケーラビリティの点から，複数の映像を並べて高解像度化するのがより一般的である。ただし，一般のマルチプロジェクションシステムとは異なり，立体映像を提示可能な，高精細IPTディスプレイはまだ数少ない。

高精細IPTディスプレイの例としては，ボストン大学のDeep Vision Display Wall（DVDW）[18]や東京工業大学のD-vision[19] が挙げられる。DVDWは4×3に分割された4.6m×2.4mのスクリーンに対して24台のプロジェクターで投影を行い，4096×2304画素の高精細立体映像を提示することができる。ただし，DVDWは平面ディスプレイであり，180度を超える画角は提供できない。一方，D-visionのスクリーン形状はユニークで，正面は平面スクリーンを用いて遮蔽の問題のない背面投影を行っているのに対し，側面・天井面・床面は曲面スクリーンを用いて前面投影を行っており，全体で幅6.3m×高さ4.0m×奥行き1.5mの大きさを有している（図6）。D-visionは，16台のプロジェクターを用いてスクリーン全体を4×4に分割しており，4000×4000画素の高精細映像を提示可能である。また，正面とその上下の2×4の領域はさらに8台（合計24台）のプロジェクターを用いて偏光方式による立体視が可能である。

4.7 任意形状へのプロジェクション

近年は高速なグラフィックスを描画可能な計算機や，高精細なプロジェクターの低価格化が進

第6章 応用システム

図6 D-visionの構成図(左)と体験者の様子(右)(東京工業大学佐藤研究室提供)

み，広視野ディスプレイを実現しやすくなってきた。従って，投影に適した大型スクリーンの設置場所を確保し，大型スクリーンを構築することが，現実的には最も困難な課題といえる。一方，部屋の壁などの任意の形状に直接映像を投影することで，観察者に正しい透視投影像を提示する技術が開発されている。この技術を用いれば，広視野ディスプレイの設置場所の自由度が大幅に向上する。そこでこの技術を，広視野ディスプレイを支える技術の一つとして取り上げたい。

　起伏のある壁面をスクリーンと見立てて没入感のある映像を提示する研究としては，ノースカロライナ大学のOffice of the Futureプロジェクトがよく知られている[20]。この研究では，プロジェクターを映像投影装置としてだけではなく，カメラと組み合わせて形状計測装置としても利用している点が特徴である。すなわち，形状計測のステップにおいては，プロジェクターから様々なパターンの構造化光を投影し，それぞれのパターンに対応するカメラ画像を解析することにより，実環境の形状を計測する。実環境の形状と観察者の視点が取得できれば，①本来提示したい映像を観察者の視点からレンダリングし，②その結果を観察者の視点から実環境の形状に対して投影テクスチャマッピングし，③その結果をプロジェクター視点から再度レンダリングして，④レンダリング結果をプロジェクターから投影する，という手順により，起伏のある実環境をスクリーンとする広視野ディスプレイを実現できる。さらに，ドイツのワイマール・バウハウス大学では，形状だけでなく色調を補正するSmartProjectorシステムを開発している[21]。図7に示すように，SmartProjectorでは，投影面の色調や明るさが不均一であっても，投影する映像の色調や明るさを予め画素ごとに補正することにより，観察者に違和感のない映像を提示することが可能である。

図7 SmartProjectorによるカーテン(左)への色調補正前の投影(右上)と
色調補正後の投影(右下)(ワイマール・バウハウス大学提供)

任意形状のスクリーンに対して映像を投影する場合，プロジェクターの位置や姿勢などをキャリブレーションする必要があり，複数のプロジェクターを用いる場合はその作業が大変煩雑になる。三菱電機米国研究所(MERL)で開発されたiLamps(intelligent, locale-aware, mobile projectors)は，カメラと姿勢センサを備えたプロジェクターで，自身の幾何学的位置を認識して，キーストーンや明るさ，ズーム，焦点距離などを自動調整することが可能である[22]。また，任意形状のスクリーンに投影可能で，複数のプロジェクターをクラスタとして用いれば自動的に繋ぎ目のない広視野ディスプレイシステムを構成することが可能である。

文　献

1) 増田千尋：3次元ディスプレイ，産業図書，p.49(1990)
2) 3次元画像用語事典，新技術コミュニケーションズ，p.124(2000)
3) ソリッドレイ，納入事例一覧，http://www.solidray.co.jp/data/user/usertop2.htm
4) 岩田洋夫，橋本渉：背面投射型球面ディスプレイ，*Human Interface News and Report*, **12**, No.2, 119-124(1997)
5) C. Cruz-Neira, D. J. Sandin, T. A. DeFanti: Surrounded-Screen Projection-Based Virtual Reality: The Design and Implementation of the CAVE, *ACM SIGGRAPH '93*, 135-142(1993)

第6章 応用システム

6) 廣瀬通孝, 小木哲朗, 石綿昌平, 山田俊郎：没入型多面ディスプレイ（CABIN）の開発, 日本バーチャルリアリティ学会第2回大会論文集, 137-140 (1997)
7) 山田俊郎, 棚橋英樹, 小木哲朗, 廣瀬通孝：完全没入型6面ディスプレイCOSMOSの開発と空間ナビゲーションにおける効果, 日本バーチャル学会論文誌「プロジェクション型没入ディスプレイ」特集号, **4**, No.3, 531-538 (1999)
8) T. Ogi, T. Yamada, M. Kano, M. Hirose: Immersive Telecommunication Using Stereo Video Avatar, *IEEE VR2001*, 45-51 (2001)
9) M. Gross, S. Wurmlin, M. Naef, E. Lamboray, C. Spagno, A. Kunz, E. Koller-Meier, T. Svoboda, L. V. Gool, S. Lang, K. Strehlke, A. V. Moere and O. Staadt: blue-c: A Spatially Immersive Display and 3D Video Portal for Telepresence, *ACM SIGGRAPH 2003*, 819-827 (2003)
10) 青木豊：博物館映像展示論, 雄山閣出版 (1997)
11) 映像情報メディア学会誌「「愛・地球博」における最新映像技術」特集号, **59**, No.4 (2005)
12) 柴野伸之, 澤田一哉, 竹村治雄：サイバードーム視覚ディスプレイシステムの開発, 日本バーチャルリアリティ学会第8回大会論文集, 87-90 (2003)
13) Elumens Co., Products, http://www.elumens.com/products/products.html
14) 橋本渉, 岩田洋夫：凸面鏡を用いた球面没入型ディスプレイ：Ensphered Vision, 日本バーチャル学会論文誌「プロジェクション型没入ディスプレイ」特集号, **4**, No.3, 479-486 (1999)
15) 続元宏, 岩田洋夫：装着型没入ディスプレイ, 日本バーチャルリアリティ学会第5回大会論文集, 33-36 (2000)
16) Luc Courchesne : Panoscope 360°, *ACM SIGGRAPH 2000*, Conference Abstracts and Applications, p.93 (2000)
17) 大越孝敬：三次元画像工学, 朝倉書店 (1991)
18) Boston University, Scientific Computing and Visualization Group, SCV Deep Vision Display Wall, http://scv.bu.edu/Wall/
19) 但田育直, 長谷川晶一, 松本直樹, 外山篤, 佐藤誠：PCクラスタによるマルチスクリーン分散レンダリングシステムの構築, 電子情報通信学会技術報告, **MVE2001-140**, 19-24 (2002)
20) University of North Carolina, Office of the Future, http://www.cs.unc.edu/Research/stc/
21) O. Bimber, A. Emmerling, and T. Klemmer: Embedded Entertainment with Smart Projectors, *IEEE Computer*, 56-63, Jan. (2005)
22) R. Raskar, J. Baar, P. Beardsley, T. Willwacher, S. Rao and C. Forlines: iLamps: Geometrically Aware and Self-Configuring Projectors, *ACM SIGGRAPH 2003*, 809-818 (2003)

5 プロジェクターによる立体映像システム

奥井誠人[*1], 関口治郎[*2]

5.1 はじめに

1800年代半ばのステレオスコープ(立体鏡)と写真技術の出現以降,両眼視差による直感的な奥行き感が得られる立体映像が娯楽として一般化した[1,2]。とくに多人数に対して大画面で臨場感あふれる立体映像を提示できる投射方式は,その媒体がフィルムから電子方式へ移りながらも,劇場や博覧会のほか,最近のテーマパークでも人気を博してきている。

立体映像を表示する上で,直視型のディスプレイに対するプロジェクターの優位性は,シアターのように多人数での鑑賞が行えること,両眼視差方式(以下,2眼式)においてはプロジェクター2式と偏光メガネを使用すれば比較的容易にシステムが構築できること,が挙げられる。またスクリーンや光学装置との組合せでシステムを自由に構成できる点を生かし,マルチ画面で大画面化・高精細化を図ったり多眼立体表示装置を構成するなどに用いられる。本節では,プロジェクターを用いた最も一般的な形態である2眼式の立体映像システムを中心に述べる。

5.2 奥行き感と再生像

5.2.1 奥行き手がかりと視差

人間が奥行きを感じる手がかりについて表1にまとめておく。

一般に,立体表示装置では,実物を見る場合と異なってこれら手がかりの一部のみが再現されたり,手がかり間で整合しない場合が生じる。たとえば後述のように,調節と輻輳・開散の非整

表1 奥行きを知覚する手がかり

● 両眼視によるもの
- 輻輳・開散　左右の眼球が対象をとらえるために内向きに向く運動
- 両眼視差　両眼の網膜像のズレにより注視点の前後で感じられる相対的奥行き感

● 両眼視以外によるもの
- 調節　対象までの距離に応じた水晶体のピント調節
- 運動視差　観察者の動きによる対象の網膜像の変化
- その他　線遠近法,陰影などの手がかり(多くの場合は2次元映像でも表現可)

[*1] Makoto Okui　日本放送協会　放送技術研究所　テレビ方式　主任研究員
[*2] Jiro Sekiguchi　㈱NHKテクニカルサービス　事業開発センター　制作　立体ハイビジョン　チーフエンジニア

6章 応用システム

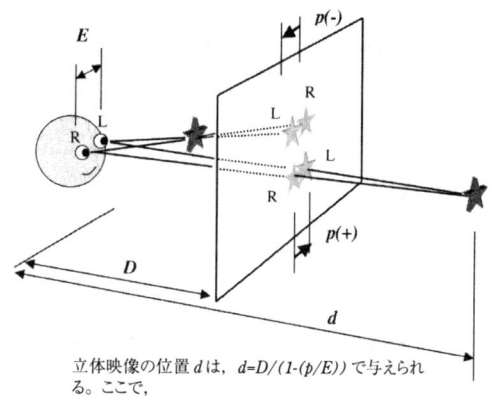

立体映像の位置 d は，$d=D/(1-(p/E))$ で与えられる。ここで，
E：瞳孔間隔，D：視距離
p：視差 p（方向を含めた正負の値）

図1 スクリーン上の視差と表現される奥行き

合は疲労の原因とされ，また線遠近法—両眼視要因の非整合は知覚される空間の歪みになる。2眼式立体表示で再現される奥行き手がかりは，輻輳・開散，両眼視差である。両眼視差は，両眼の網膜上に生じる被写体対応点間の位置の差であるが，ここでは2眼式における左右眼映像の画面上での位置の差も含めて視差と呼ぶことにする。

2眼式は右眼・左眼用映像をそれぞれの眼だけに見えるような仕組みを作り両眼立体視する方法である。図1に示すように，映像は左右眼用のペアで提示され，表示画面上に生じる映像の対応点間の視差 p，すなわち水平位置のズレにより奥行き感を得るもので，再現される奥行き d は図1のようにしばしば幾何学的な関係で説明される。

5.2.2 視差と再生像の位置

再生される立体像の幾何学的なひずみが少なくなる撮影表示法は，図2(a)に示される平行法に基づく手法である。とくに実物を見る場合と同じサイズ・奥行きを再現する条件は無ひずみ条件と言い，$\theta_C = \theta_D$，$g_C = g_S = E$ のときに成立する。この条件は制約が大きく，また表示時に左右映像の水平位置調整が必要なことから，実用上は図2(b)の交差法が用いられることが多い[2]。

無ひずみ条件では自然な立体感が得られることが報告されている[3]が，一般的な映像を観察する上では，この条件を満たさない場合でもひずみの影響は顕著ではなく，撮影・表示条件の自由度は比較的大きいと言える。ただし，一定の条件下で箱庭効果，書き割り効果として知られる奥行ひずみが生じる[1]。

図3は，視距離などの表示に関するパラメータが変化した場合，その前後でどのように立体像

207

(a) 平行法と無ひずみ条件　　　　(b) 交差法

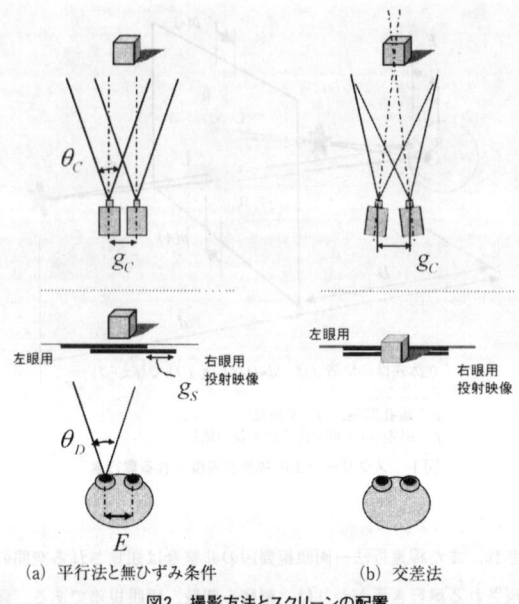

図2　撮影方法とスクリーンの配置
（上：撮影，下：表示）

の奥行きが変化するかを示したものである。視距離の変化に対しては視差により再現される奥行きが比例して変化する（同図(a)）。また同じ映像内容でスクリーンサイズが変化した場合，および左右映像の水平位置をシフトして表示した場合の変化を同図(b)(c)に示す。

立体表示装置では，現実のものを観察したときの視差範囲を越えた視差が生じる場合があり得る。無限遠を与える視差は，スクリーン上では瞳孔間隔Eの水平ズレに相当し，これを超えると視線を過度に開いた状態となり見づらくなる。これは撮影時の条件でも発生するが，映像制作時に想定したものより大きい画面を使用した場合，水平シフトを与えた場合などでも生じる。図3(b)において，変化前の立体像にひずみが無いと想定すると，画面サイズが2倍の場合d = 6 m以遠で，図3(c)で水平シフト量Δ = 5 cmの場合d = 3.9m以遠でこの状態になっている。

一方，スクリーン前方への過大な飛び出し映像も見づらさと疲労の原因ともなる。過大な視差に対する融合可能な限界[5]に近い視差では疲労が生じやすい。また，快適に観察できる遠近を含んだ画面全体の視差の分布範囲は，視差を両眼の見込む角度で表して60分程度との報告がある[6]。さらに，明確に自覚可能な過大な視差による見づらさのほか，調節・輻輳矛盾が疲労の原因とされている。これは眼のピント調節は，実際の表示面（スクリーン位置＝視差にかかわらず不変）に

影響を受けるのに対し,輻輳が再生像位置(視差により変化)に影響されるために生じる[7]。表示面の前後における目の焦点深度の範囲内ではこの影響は少ないと考えられる[7]。

視機能への影響や視覚疲労を生理的な指標については現在,検討が行われているが[8]),立体映像がさらに普及し様々な場で視聴されることを考えると,今後の研究の進展が期待される。

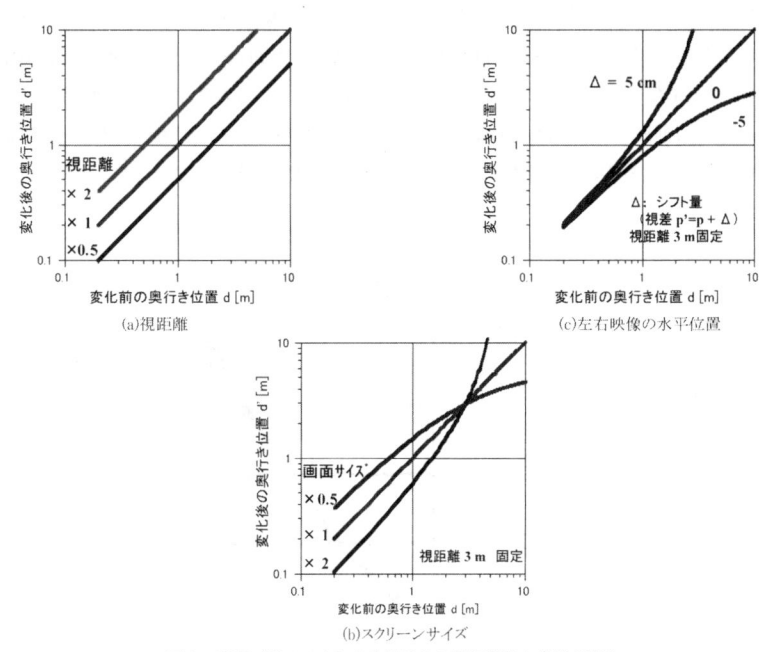

図3 表示パラメータによる再生像の幾何学的な奥行き変化

5.3 立体表示装置の特性と立体映像表示

最近のプロジェクターの性能向上は立体映像表示にも大きく寄与している。たとえば高輝度化により偏光メガネを用いる場合の光量の低下を補うことが可能である。しかし,立体映像ではプロジェクター単体の性能とは別に,複数の機器間のクロストークや特性差が原因となって見づらさや視覚疲労の要因となる場合があるため,留意する必要がある。

5.3.1 クロストーク

クロストークは,左右眼用映像がそれぞれ他方の眼に視認される妨害であり,軽度のものは二重像妨害となるが,妨害が大きいと左右映像が融合せず立体視できなくなる。プロジェク

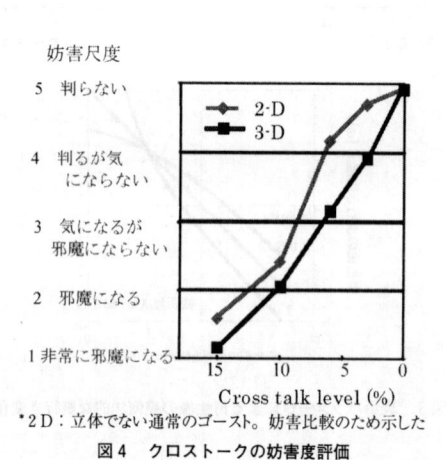

ターにおいてクロストークの発生要因は複数存在し，上映に際してしばしば立体映像の品質低下の原因となる。これは偏光メガネ方式においては偏光方向の不十分な調整やスクリーンの偏光特性など[9]，時分割方式ではシャッター特性，蛍光体の残光特性などに起因して生じる。クロストーク妨害の目立ちやすさはコントラスト比に依存する。すなわち同じクロストーク量でも高コントラストな表示装置では目立ちやすくなる。同様な理由で，たとえば前景と背景の映像に大きな輝度差があると妨害が顕著になる。また，視差量の大きい場合，妨害が立体像本体から離れて見えるため目立ちやすい。黒背景に白指標を表示した信号で検知レベルを求めた結果は0.2％程度であった[10]。また，一般画像における妨害度の例を図4に示す。許容限（評価値3.5相当）は4％程度であるが，同時に行った他の絵柄の結果では10％のものもあり，絵柄依存性が大きい。前面投写型のクロストーク量は1％程度と考えられ[11]，輝度差の大きい輪郭周辺ではクロストークが検知される可能性がある。

図4 クロストークの妨害度評価

*2D：立体でない通常のゴースト。妨害比較のため示した

5.3.2 幾何学ずれ

左右の映像に幾何学的な不一致があると見づらさ，疲労の原因となる。これらは垂直方向の位置ズレ，水平方向の位置ズレ，回転，画面サイズの変位である。撮影時のカメラ光軸や映像投影時に光軸が平行でない場合，台形状のひずみも生じる。

文献12)では，立体ハイビジョン映像を画面高の3倍の距離（3H）から見た場合のそれぞれのひずみが単独で生じた場合の許容限を求めている。回転ずれが1.1°前後，サイズずれが2.9％前後，垂直ズレが1.5％前後（画面高に対する比）である。現行テレビ画質（視距離6H，PAL）によるデー

タでは[3]では,許容限は回転0.5°,サイズ(撮影時の焦点距離)1％である。偏光方式など2台のプロジェクターを用いる方式では事前の幾何学位置の調整が必要になる。

5.3.3 輝度

現行テレビ方式での実験結果として[4],左右映像のコントラスト差の許容レベルとして,1.5dB(白レベル20％相当),0.1dB(黒レベル1％相当)が報告されている。別な報告では,「判るが気にならない」レベルとして3～6dBであるが,動画の動き部分に対しては検知しやすくなる,と報告されている[5]。コントラストの差異(映像レベルの振幅変化)でなく,クリップ特性に差異があった場合についての許容レベルは[6],白ピークレベル100％に対する差異の大きさとして,白クリップは70％程度,2％程度である。

5.4 プロジェクターによる立体映像表示装置

プロジェクターによる投写型で実際に用いられる方式を中心に述べる。

5.4.1 偏光メガネ方式

光の偏光特性を用いて左右映像を分離する方式である。基本構成を図5(a)に示す。2台のプロジェクターの各々を右目・左目専用に用い,相互に分離可能な2種の偏光特性を持つ偏光板をそれぞれ右目左目のプロジェクターの投射レンズの前面に置く。スクリーンに投影された映像を対応する同じ特性の偏光メガネで観察することで,左右映像がそれぞれの眼に分離して表示される。2種の偏光特性は直線偏光の場合は,直交する2種の偏光,円偏光の場合は左旋偏光と右旋偏光を左右映像用に割り当てる。円偏光方式ではクロストークが若干多くなるが,直線偏光では生じる姿勢を傾けることによるクロストークの増加することがない。

なお,偏光方式の場合,スクリーンへの反射,透過に際して偏光特性の保存性が要求されるためスクリーン材質も重要である。フロント投射の場合スクリーンゲインの高いシルバースクリー

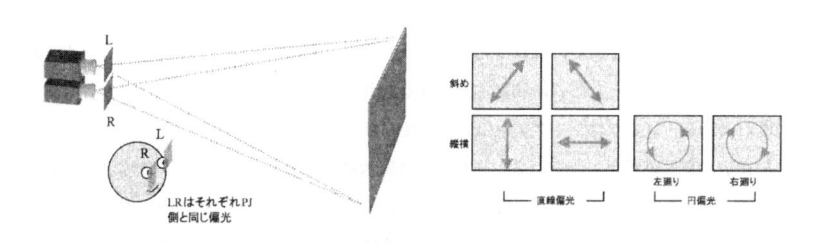

図5 偏光方式よる立体映像システム
(a) 構成　　(b) 左右映像に割り当てる偏光特性

ンを用いるのが一般的である。マットスクリーンなど拡散性の高いスクリーンでは反射前後の偏光が保たれずにクロストークが発生する。リアプロジェクション用のスクリーンについても，偏光特性の保存性が立体映像用に考慮されているものを用いる。

液晶プロジェクターの中にはRGBの映像間でもともと直線偏光の方向が異なる製品がある。この場合も偏光素子の組み合わせで立体映像システムを構成することができる。

5.4.2 時分割方式

時分割方式は，左右目用の映像をフィールド毎もしくはフレーム毎に時間順次に交互に，それと同期したシャッター付きメガネで観察することによって立体視するものである。表示装置が1台でよいためを構成を簡単にできる。基本構成を図6に示す。

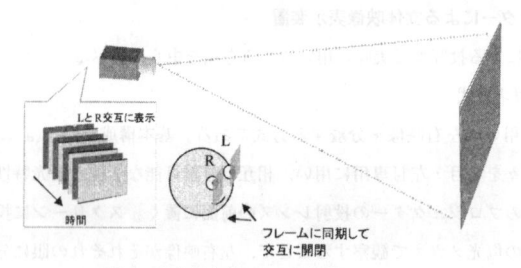

図6 時分割方式による立体映像システム

テレビ信号（フィールドレート60Hz）をこの方式にそのまま用いた場合，片目あたりのフィールドレートは半分の30Hzとなり，ちらつき（フリッカー）が発生する。フリッカーを感じないためには多重信号は110Hz程度が必要であるため[17]，通常は倍の速度の120Hzで表示する。このためには映像信号を左右眼用映像を多重して倍の信号速度にする信号変換器と高速動作が可能なプロジェクターが必要となる。シャッターメガネには能動的なシャッター動作が必要となり，機械式を含め種々用いられてきたが，現在は比較的明るく低電圧で駆動できるLCDシャッターが主流である。プロジェクターとしては倍速表示が可能な短残光特性を持つCRTもしくはDLP[18]によるものが用いられる。液晶プロジェクターは応答速度の点で時分割表示には向いていない。

時分割表示は表示装置が1台でよく，そのために表示側に起因する左右特性差が生じない利点がある。またメガネ側にシャッターを設ける方式では偏光方式のようにスクリーン特性に影響されることもない。しかし，シャッターメガネの開閉特性やCRTの場合の残光特性に起因してクロストークが目立つ場合があり，改善の試みも報告されている[19]。なお，プロジェクターの前面においた素子にシャッター機能を持たせ，メガネは円偏光のパッシブなものを用いる方式もある[20]。

6章 応用システム

5.4.3 色フィルタによる方式

アナグリフ方式は色フィルタを左右の眼に用い，それぞれに対応する色で表示された映像を見ることで立体視する方式である。色フィルタの分光特性は相補的である赤―青，赤―シアンなどが用いられる。自然色でのカラー表示はできず，また左右で異なる色を見ることになるため，他の方式に比べて見づらく長時間の観察には適さない。しかし最も簡単な方法として，投射映像に限らず印刷物やパソコン画面でも利用されている。

プロジェクターの左右眼用のフィルタの分光特性が，RGBのそれぞれの波長帯域内で互いに相補的な阻止域と通過域を持つ新しい方法も提案されている[21]。メガネ側はこの帯域にそれぞれ整合した特性のフィルタで分離して立体視する。プロジェクターはそれぞれのフィルタごとに2台必要であるが，カラー表示が可能であり，偏光方式のようなスクリーン特性に対する制約もない特徴がある。

5.4.4 眼鏡なし方式

プロジェクターによる投影映像を用い，かつメガネを装着すること無しに立体映像を表示する試みがこれまでもなされてきている[11]。レンチキュラーレンズやパララクスバリアのような光学スクリーンを用いる方法と，大凸レンズなどによりプロジェクターの射出瞳の実像を視域として形成する方式に大別される。いずれも2眼だけでなく多眼化が可能である。

図7にレンチキュラーレンズスクリーンによるメガネ無し方式の原理図を示す。映像は縦ストライプ状に左右映像が交互配置されたものを投影し，左右映像1組ごとにレンズが対応するようにレンチキュラースクリーンが配置され，その結果，左右映像の視域が形成される。パララクスバリアはレンチキュラーレンズのレンズ作用の代わりにピンホールを用いたものと考えることができ，光学スクリーンとして縦ストライプ状のスリット列が用いられる。光量はレンチキュラー

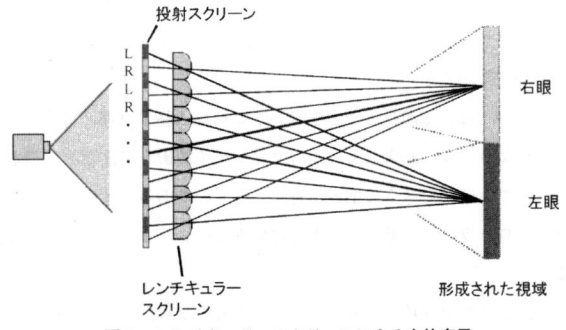

図7　レンチキュラースクリーンによる立体表示

レンズより減ずる。なお，投影側にもう1枚レンチキュラースクリーンを用いることにより，ストライプ状の映像を作成することなく，左右映像用の2台のプロジェクターから直接投影することができる[22]。

冒頭に述べた大凸レンズなどを用いて視域を形成する手法の最近の例としては，凹面鏡機能を再起型反射スクリーンを用いて水平方向の凹面鏡を形成し，これと小型プロジェクターを組み合わせて机上型の装置を構成したもの[23]，結像光学系をホログラフィーで形成したホログラムスクリーンを投射スクリーンに使用するものなどがある[24,25]。

5.5 偏光フィルタによる立体映像システムの基本構成と導入例

シアター形式での立体映像の視聴には，コスト的に有利な直線偏光の偏光フィルタを用いる場合が一般的なので，ここでは直線偏光のフィルタを使った立体映像システムについて解説する。

プロジェクターの進歩は著しく，小型でも5,000ANSIルーメンを超えるような，高輝度で，大画面での投影に適した製品が市場を賑わしている。しかし，立体視の視聴に必要な分離度を持つ直線偏光フィルタの透過率は3割強に過ぎないので，より高輝度のプロジェクターが求められている。

液晶プロジェクターは原理的に偏光技術を用いているため，装着する偏光フィルタが液晶素子の偏光方向と相反する関係となった場合，映像が極端に暗くなる，特定の色が欠落するなどの現象が発生することがあるので，注意が必要である。一方，同様に液晶の原理を用いているD-ILA方式の製品は，3原色とも直線偏光で，かつ偏光角度が整った光が出力されるものがある。この場合，片側のプロジェクターに1/2波長板（位相差板）を装着することで，左右分離に必要な90度の位相差を得ることができる。この方式では偏光フィルタを装着する必要がなく，光量ロスを最小限に抑えることができるため，最も効率的な投影方式といえる。

シアター形式では大画面での視聴が前提となるため，映像システムも高解像度のハイビジョンや高精細コンピュータグラフィクスシステムなどが望ましい。図8は一般的な映像システムを使用した3D上映設備の機器構成例である。

システムコントローラーは，電源投入や上映コントロール，終了処理，音声，照明の制御などシステム全体をシーケンシャルに制御，もしくはマニュアル制御を可能とする機器であり，設備に応じてプログラムして，運用コストの削減に寄与するものである。イベント等の臨時的な運用では，システムコントローラーを省略し，個々の部分をオペレーターがマニュアル操作する場合がほとんどである。

スクリーンには，偏光情報を保持する能力が必須である。これは，左右の映像を分離するために極めて重要な要素である。立体視に使用する反射型スクリーンでは，微細アルミ粉を吹き付け

6章　応用システム

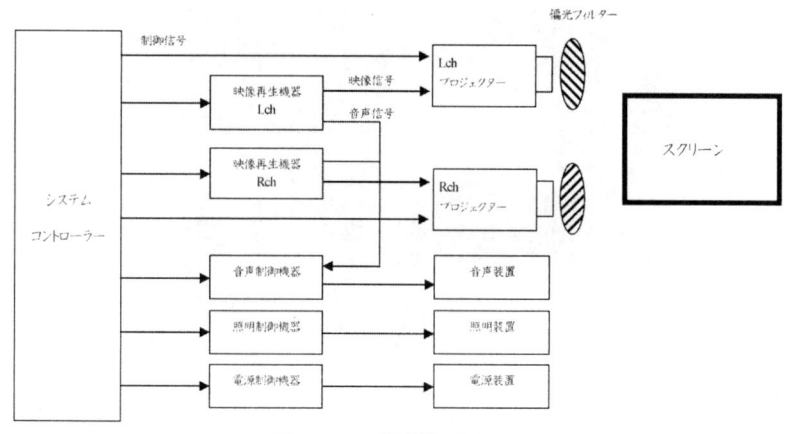

図8　3D上映設備機器構成の例

たシルバースクリーンが一般的である。ホワイトマットやビーズ，偏光スクリーンなどは，偏光情報が失われたり，変化してしまうため使用できない。また，反射効率の高いスクリーンは指向性が強く，視野角が狭まる傾向があり，画面中央部が明るくなるホットスポット現象が発生し易くなるなど，視聴品質を低下させる原因となる。

　透過型では，同じ材質，同じ構造を持つものでも表面処理や加工方法により特性が変化するため，注意が必要である。

　図9は，背面投射方式による立体ハイビジョン上映イベントの設置例である。スクリーンは，アスペクト比16対9，サイズ120インチの透過型である。後方にDLP方式のWXGAパネルを搭載した高輝度プロジェクターがあり，2台重ねて設置されているのが見える。

　3D映像の上映では，右目用と左目用の異なる映像を時間差なく，かつ完全に同期させてプロジェクターに入力する必要がある。ビデオ映像の場合はフリッカーを避けるため，通常左右別々のビデオ装置を用い，タイムコードによる同期制御など，なんらかの方法で同期運転させている。しかし2台別個の再生装置を使っている以上，左右の映像が時間的にずれる可能性をゼロにはできない。

　左右映像の時間的ずれの問題を根本的に解決し，かつオペレーションを簡便にするため，左右画像を1画面に圧縮したハイビジョン映像と音声を1台のハードディスク装置に同時記録し，上映時はボタン操作ひとつで独立した左右画像にデコードし，時間的にずれのない3D映像と音声を得ることができる立体ハイビジョン再生システムがある（図10）。図9のイベントでもこのシス

図9 イベントにおける背面投射方式の立体映像上映の様子
（提供：株式会社NHKテクニカルサービス）

図10 3Dハイビジョン HDD再生装置（提供：株式会社NHKテクニカルサービス）

テムを使用して上映を行っている。

5.6　2台のプロジェクターを用いて立体映像を投影する際の手順と留意点

プロジェクター単体の設置調整方法は，それぞれの取扱い説明書を参照していただくととして，ここでは立体映像を投影する際の設置手順と留意すべき点を挙げることとする。

① プロジェクターを縦に積み重ねる，または横並びさせるなど，プロジェクターの仕様に基づき，2台運用時の構成を整える。

6章 応用システム

② 基準とするプロジェクターにどちらの目の映像を投影させるかを決め，偏光フィルタは取り付けずにプロジェクター内蔵の調整用パターンを用いて基本的な調整を行う。
③ 同様にもう一台のプロジェクターを調整した後，両方のプロジェクターで内蔵調整パターンを重ねて投影し，位置，サイズを基準とするプロジェクターに合わせ込む。
④ モノスコープ信号など，画角調整に必要な外部のテストパターン発生器のテスト映像を同時に投影し，最終的な位置，サイズ，色調整を行う。この時2台の映像に「ずれ」があると，視聴の際立体感の歪みとなって現れ，立体視の限界点である「融合限界」を超えたり，目が疲れる，痛みを感じるなど視聴に支障をきたすおそれがあるので，確実に合わせ込む必要がある。
⑤ オーバースキャンをしている場合は，マスク処理などを行い，スクリーンフレーム外への投影光の漏れを防ぐ。
⑥ 偏光フィルタをそれぞれのプロジェクターに装着し，偏光メガネの右目部分を左目用プロジェクターのレンズにかざし，投影光が最も暗くなるなるように偏光フィルタを回転させたのち固定する。同様に右目用プロジェクターの投影光に偏光メガネの左目部分をかざし，最も暗くなるなるよう偏光フィルタを回転させたのち固定する。

この調整が不完全な場合，左右映像間のクロストークが発生し，視聴品位の低下を招く。偏光フィルタ角度の調整時は，偏光メガネを水平に保つことが重要である。

5.7 立体映像展示施設の事例紹介
5.7.1 ナショナルセンター東京　CYBER DOME
東京都港区の汐留地区にある松下電器グループ殿の総合情報発信拠点「ナショナルセンター東

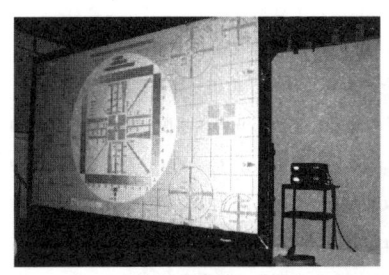

図11　外部テストパターン発生器の信号を用いた調整の様子（左）と
　　　偏光フィルタを装着したプロジェクター（右）
　　　（提供　株式会社NHKテクニカルサービス）

プロジェクターの最新技術

京」では，垂直に設置された直径8.5メートルの世界最大級ドーム型スクリーンに立体映像が投影できるバーチャルリアリティシステム「CYBER DOME」が導入されている（図12）。

図12　ナショナルセンター東京CYBER DOME（提供：株式会社クリプトン）

　このシステムは都市開発シミュレーションシステムとして開発され，主に設計段階の都市空間や景観，照明，住空間などのイメージを，大迫力の高解像度3D映像でバーチャルリアリティ体験できるものである。
　最大の特徴は，この巨大ドームに映像を投影するために左目用，右目用各9台ずつ，計18台も設置された高精細D-ILA方式プロジェクターと，18面の映像を歪み無くドームに投影するために新たに開発されたリアルタイム画像処理技術である。これらを駆使して，違和感のない，極めて高い臨場感を実現している。ドーム型スクリーンの中央に位置する視聴ステージからの視界がすべてスクリーンで覆われるため，観客は完全に映像に没入する感覚を得ることができる。

5.7.2　山梨県三珠町　歌舞伎文化公園文化資料館3Dハイビジョンシアター

　（三珠町は平成17年10月，市川大門町，六郷町との合併に伴い，市川三郷町に町名変更予定）
　甲府盆地の南に位置し，初代市川団十郎家発祥の地としてゆかりのある山梨県三珠町の歌舞伎文化公園文化資料館内に平成16年11月3Dハイビジョンシアターがオープンした。このシアターは資料展示室を改装して作られ，定員は30名，反射型120インチスクリーン，天井から吊り下げられたハイビジョン対応小型高輝度液晶プロジェクター2台，HDD再生装置，自動制御装置というコンパクトな構成で，歌舞伎のふるさとととして知られる同町の魅力を紹介するオリジナル番組を随時上映している。液晶プロジェクターのため，左右画像の分離には1/4波長板（位相差板）と偏光板を組み合わせて使用している。

6章　応用システム

図13　山梨県三珠町　歌舞伎文化公園文化資料館3Dハイビジョンシアター

＊注：執筆担当：5.1〜5.4（奥井），5.5〜5.7（関口）

文　献

1) 大越孝敬，三次元画像工学，朝倉書店(1991)
2) 泉武博監修，3次元映像の基礎，NHK放送技術研究所編，オーム社(1995)
3) 山之上ほか，立体ハイビジョンにおける無ひずみ撮像・観察条件，映情学誌，**52**，3，377-383(1998)
4) 山之上ほか，2眼式立体画像における箱庭・書き割り効果の幾何学的考察，映情学誌，**56**，4，575-582(2002)
5) 江本ほか，立体画像システム観察時の融像性輻湊限界の分布，映情学誌，**55**，5，703-710(2001)
6) 野尻ほか，位相相関法を用いた立体ハイビジョン映像の視差量測定と見やすさについて，映情学誌，**57**，9，1125-1134(2003)
7) 江本，矢野，立体画像観視における両眼の輻湊と焦点調節の不一致と視覚疲労の関係，映情学誌，**56**，3，447-454(2002)
8) 原島博監修，元木，矢野編，3次元画像と人間の科学，オーム社(2000)
9) 金澤ほか，偏光特性を用いた立体用ディスプレイのクロストーク，映情学技報，**21**，No.63，31-36(Oct. 1997)
10) 花里ほか，2眼立体表示におけるクロストーク妨害，三次元画像工学コンファレンス'99,

10-3 (1999)
11) Pastoor, Human Factors in 3D Imaging, HHI Report' 96
12) 山之上ほか，立体ハイビジョン撮像における左右画像間の幾何学的ひずみの検知限・許容限の検討，信学誌，**J80-D-II**, No.9, 2522-2531 (1997)
13) J. Fournier and T. Alpert, Admissible rotation of one of the 2 sensors of a stereoscopic camera, Proc. 4-th European Workshop on Three-Dimension Television, 41-48, Oct. 1993
14) J. Fournier and T. Alpert, Human factor requirments for a stereoscopic television service - Admissible contrast differences between the two channels of a stereoscopic camera, *Proc. SPIE*, **2177**, 45-54 (1994)
15) P. Beldie and B. Kost, Luminance Asymmetry in Stereo TV Images, *SPIE*, **1457**, 242-247 (1991)
16) 花里ほか，輝度クリップ特性差による立体映像の劣化の評価，映情学ア学年次大会4-5 (2001)
17) 磯野ほか，時分割立体視の成立条件，テレビ誌，**41**, 6, 549-555 (1987)
18) 佐藤，時分割方式立体視対応DLPプロジェクタ「Mirageシリーズ」，映像情報インダストリアル (July, 2001)
19) 伊澤ほか，立体CUBEシステムの開発，*PIONEER R&D*, **6**, No.1
20) 首藤，液晶シャッタを用いたフィールドシーケンシャルステレオ表示装置，テレビ誌，**48**, 3, 763-767 (1989)
21) H. Jorke, *et. al.*, Infitec- A New Stereoscopic Visualisation Tool by Wavelength Multiplex Imaging, Electronic Displays 2003 (Wiesbaden, Sept., 2003)
22) H. Isono, *et al.*, Autostereoscopic 3-D TV Display System with Wide Viewing Angles, Euro Display' 93 (SID), VIQ-P 1 (1993)
23) 金子ほか，指向性反射スクリーンによる眼鏡なし立体ディスプレイの開発，映情学技報，**26**, No.73 (高臨場感ディスプレイフォーラム2002)
24) 宋ほか，2眼立体ディスプレイ用大型ハイブリッドホログラム・スクリーン，三次元画像コンファレンス2002予稿集，6-2
25) 岡本ほか，ステレオ画像投射方式の繰返し複数視点ホログラムスクリーンディスプレイ，映情学誌，**58**, 12, 2041-2048 (2002)

6 超短焦点非球面ミラーを用いた反射型投写方式

坂本幹雄[*1]，小川　潤[*2]

6.1 はじめに

近年，パソコンにより誰でもが簡便にきれいな資料作成やその資料を基にしたプレゼンテーション等が可能となり，ほとんどのビジネス用途で利用されるのは当たり前で，更に家庭においても小さな子供から老人にいたるまでインターネットやメールのやり取り等の利用で，いつでも，どこでも手軽に各種情報の入手等が可能な世の中になってきている。

このようなIT産業と呼ばれるものの中に各種周辺機器の成長も見逃せない。プリンターやスキャナーなどは各家庭に1台くらいはと思われるほどパソコンとともに普及してきている。また，各家庭にとはいかないまでも，ビジネス用途ではこれらを利用したプレゼンテーションや多人数でのコラボレーション等を可能にする大画面ディスプレイが必需品にまでなろうとしている。さらに最近ではホームシアターなどとも題してこの大画面ディスプレイの普及が加速されつつある。ただ，この大画面ディスプレイ普及の裏にはこの10数年の間での新方式の台頭，コストパフォーマンスの格段の向上，小型化，機能の充実等メーカーの努力に負うところも大きい。

本節ではこの大画面ディスプレイで，特に技術的な革新のひとつとして注目を集めている超短投写距離を実現しているプロジェクターについて紹介する。

プロジェクター開発経緯において，表示デバイス別ではそれまでのブラウン管を用いたCRTプロジェクターに代わり，現在液晶プロジェクターやDLPプロジェクターがその主役の座を占めている[1]。このようなプロジェクターには基本的な光学性能を決定する光学エンジンと呼ばれる光学ユニットがあり，インテグレータ照明系や偏光変換光学系などプロジェクターの基本特性である明るさや明るさの均一性向上の各種技術が盛り込まれてきている。このような技術革新や光源としてのランプ等光学部品の進展により，この10年間あまりで明るさでは約10倍の向上が見られ，会議等での明るい部屋でも十分なプレゼンテーションを可能にさせている。

6.2 ミラーによる反射型投写方式の必要性

以上のようにプロジェクターの技術進歩には目覚しいものがあり，顕著な普及の要因となっている。この技術進歩は使用者の要求に応えるものであるが，その中の重要な要求の1つとして投写距離の短距離化が挙げられる。図1に，いくつかのプロジェクターの使用シーンでの投写距離の短距離化の必要性を示している。図中において，小さな会議室や会議机の上でプロジェクター

＊1　Mikio Sakamoto　NECビューテクノロジー㈱　開発本部　本部長代理
＊2　Jun Ogawa　NECビューテクノロジー㈱　開発本部　第四技術グループ　マネージャー

図1　投写距離短距離化の必要性

　が邪魔になる(左上)，プレゼンテーション時に発表者は投写光で眩しくて発表しづらいことや視聴者には発表者の影で見ずらくなる(右上)，投写光の光路中はフリースペースにする必要がありその空間が無駄になる(左下)，プロジェクターを設置する為に会議机等のレイアウト変更が都度必要になってしまう(右下)等投写距離がある程度必要な為に起こる大きな課題も抱えていた。逆に，使用者から見ればこれらを解決できるプロジェクターの出現が非常に望まれていた。投写距離を極端に短くすることがその解決方法のひとつであり，プロジェクター装置側から見た開発課題は，超短焦点投写レンズの開発に他ならない。図2にはNECビューテクノロジー社製品例における通常の屈折型レンズ使用のプロジェクターの年別の投写距離の推移を示す。何年か前と比較しても投写距離の短距離化はさほど進んではいないことがわかる。この理由は，従来の屈折型レンズの組み合わせでは不可能な領域にある，という単純であるが難しい課題があったことである。投写レンズは通常硝子を磨いた凹凸の単レンズを10数枚程度組み合わせて構成される。何枚ものレンズで構成するのはレンズとしての諸性能(投写距離，各種収差等を所定のレベルに収める)を満足させるためであるが，これら諸性能はかなりな部分でお互いにトレードオフの関係にもある。このように，通常の屈折型レンズだけによる構成では特に，投写距離を極端に短くすることが他の性能を急激に劣化させる大きな要因であり，このことが極端に投写距離を縮める阻害要因となっている。その解決方法のひとつとして近年，反射方式のミラーを用いる方法で屈折型レンズとの組み合わせによりBOX型のリアプロジェクターの薄型化のために開発された光学系が提案さ

第6章 応用システム

図2 屈折型投写レンズによる投写距離の例
（NECビューテクノロジー社製品例による）

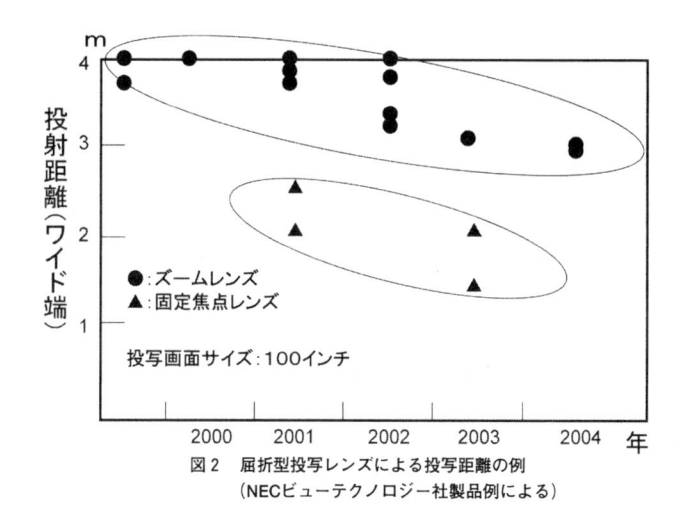

れている[2]。しかし，極端に投写距離を縮めることやそれに伴う収差を補正するには屈折型レンズを完全に用いないオール反射方式が必要である。

世界に先駆けて発表された反射方式の非球面ミラー超短焦点（超短投写距離）投写方式によるプロジェクターWT600を例として，反射型投写方式の技術内容，製品およびその応用について紹介する[3]。

6.3 反射型投写方式の基本

ミラーを用いた反射型方式のレンズ（以下ミラーレンズ）に関しては，天体望遠鏡等の望遠鏡光学などで一般的に知られている[1~6]。基本的には，屈折型の硝子レンズで発生する屈折率の波長依存性（分散）が無い為，各種収差のなかで色収差が発生しないという特徴を持つことになる。従って，このミラーレンズを設計する上で阻害要因となるこの収差を無視することが可能となる。この特長を最大限に生かし，このミラーレンズをプロジェクター用超短焦点レンズに転用することが提案され開発が行われた。ただし，反射方式であろうと先ほど述べたように屈折型レンズに使用する硝子材料の分散に起因する収差を除けば，つまりミラー表面形状等による収差は発生する。従って，ミラーレンズの設計はこれらの収差を実使用レベルまで極小にすることにある。図3の(a)(b)(c)はそれぞれ2枚，3枚および4枚ミラーの場合のミラー構成M_n，各ミラーの焦点距離f_n（曲率半径r_n），合成焦点距離F_nおよびその時のペッツバール和p_nを示す。基本的にはペッツバール和はSM両像面の非点収差の総計の意味で，この数値を最小にする設計を行うことはレ

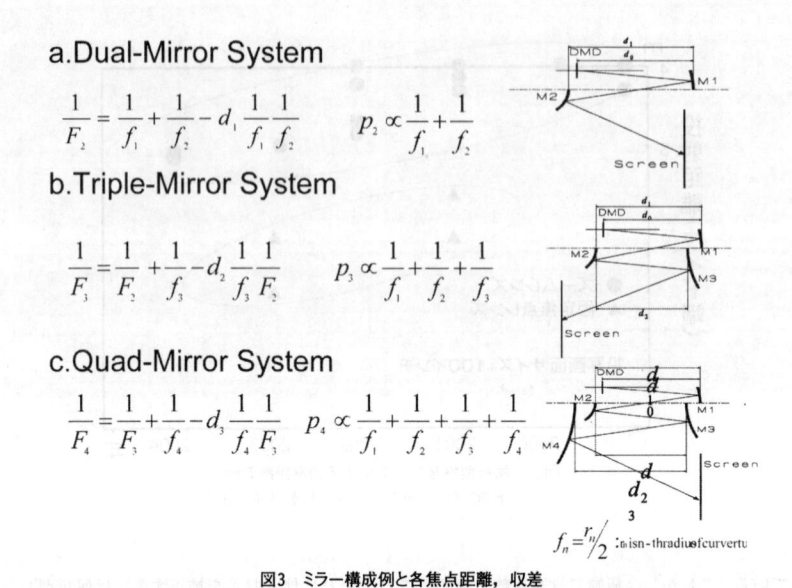

プロジェクターの最新技術

a.Dual-Mirror System

$$\frac{1}{F_2} = \frac{1}{f_1} + \frac{1}{f_2} - d_1\frac{1}{f_1}\frac{1}{f_2} \qquad p_2 \propto \frac{1}{f_1} + \frac{1}{f_2}$$

b.Triple-Mirror System

$$\frac{1}{F_3} = \frac{1}{F_2} + \frac{1}{f_3} - d_2\frac{1}{f_3}\frac{1}{F_2} \qquad p_3 \propto \frac{1}{f_1} + \frac{1}{f_2} + \frac{1}{f_3}$$

c.Quad-Mirror System

$$\frac{1}{F_4} = \frac{1}{F_3} + \frac{1}{f_4} - d_3\frac{1}{f_4}\frac{1}{F_3} \qquad p_4 \propto \frac{1}{f_1} + \frac{1}{f_2} + \frac{1}{f_3} + \frac{1}{f_4}$$

$$f_n = \frac{r_n}{2} \quad \text{(}r_n\text{ is n-th radius of curvertu)}$$

図3　ミラー構成例と各焦点距離，収差

ンズ設計ではよく知られている[7]。超短焦点で実使用に耐えるペッツバール和を最小に持っていき，かつミラーの数を実用レベルで抑える，つまりミラー表面での散乱に伴うコントラスト低下および反射率($R=R1×R2×\cdots$)による明るさ低下を考慮して設計を行う為には，ミラーの表面形状を球面で設計することは困難である。従って，これを可能にする為にミラー表面形状に非球面形状を導入した。このときの非球面は一般的には次式で与えられる。

$$Z = \frac{ch^2}{1+\sqrt{1-(1+k)c^2h^2}} + \sum_{i=1}^{n} \alpha_i h^{2i}$$

ここで

$c = 1/r$　　(r：曲率半径)

$h^2 = x^2 + y^2$　　($x, y,$ 及びzはミラー頂点からの座標)

以上の設計原理に基づいて所望のミラーレンズの仕様を満たすように収差補正をしながら，かつ量産性を考慮して，ミラー間隔，枚数，サイズおよび非球面定数αの最適化を行っている。

6.4　製品WT600の光学設計と構成

図4に開発されたフロントプロジェクター(WT600)の光学構成の模式図を示す。表示デバイ

第6章 応用システム

スには単板方式のDMD™を使用している。このためカラーホイールと呼ばれる角度分割した赤，青，緑の3原色のカラーフィルタ，均一照明を行なうロッドインテグレータおよびリレー光学系を通してDMD™を照明する。DMD™の各素子がオン時にのみ反射された映像光が各ミラーに入射する。結像系は非球面ミラーの4枚構成で，それぞれの形状はM1：凹面，M2：凸面，M3：凹面，M4：凸面となっている。これらのミラーの非球面係数の設計値を表1に示す。4枚の各ミラーM1，M2，M3，M4に対してそれぞれの曲率rと非球面定数αを示している。本設計例では装置仕様を満たすために第16次の非球面項（ただし，偶数項のみ）まで計算している。また，図4ではコントラスト向上のため，第一ミラーと第二ミラーの間に絞りを挿入，第一ミラー表面での不要散乱光やDMD™オフ時のオフ光がその他の部品で反射された不要光を遮蔽する構造をとっている。もちろん，この絞りの径は，照明系あるいは結像系のFナンバーによって決定されている。また，本ミラーレンズでは，光軸方向へのフォーカス調整用に第三ミラーを可動させる構造をとっている。このため第三ミラーの設計では，可動させることによる種々の諸性能への影響を極力避けるため，表1に示すように曲率r＝3,000m以上と表面形状をほぼ平坦とする構造とすることで可能としている。

図5には実際の製品（WT600）の光学エンジンの構成を示す。各ミラーの材料は設計仕様の満

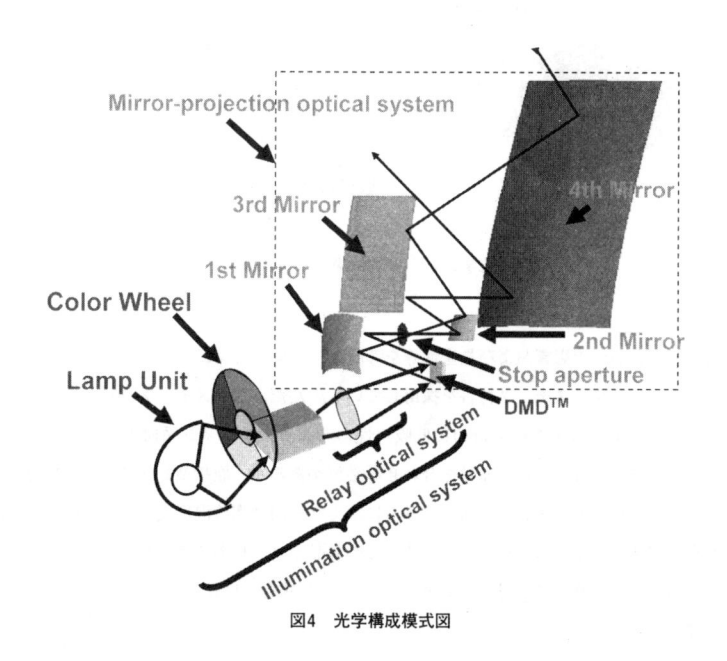

図4 光学構成模式図

表1　各ミラーの表面形状と非球面定数α設計例

- Feature of mirror
- aspheric equation

M1 : concave

M2 : convex

M3 : concave

M4 : convex

$$Z = \frac{ch^2}{1+\sqrt{1-(1+k)c^2h^2}} + \sum_{i=1}^{n} \alpha_i h^{2i}$$

$$c = 1/r \quad h^2 = x^2 + y^2$$

	M1	M2	M3	M4
r	134.9742	-112.408	-3435.339	132.2968
k	-5.263296	-83.78333	0.0	-7.00602
$a1$	0.0	0.0	0.0	0.0
$a2$	5.292E-07	7.072E-06	-5.672E-08	-1.775E-08
$a3$	-7.085E-11	-1.023E-08	2.067E-11	6.856E-13
$a4$	8.673E-15	1.640E-11	-2.409E-15	-1.720E-17
$a5$	-5.678E-19	-1.435E-14	1.503E-19	2.908E-22
$a6$	1.767E-23	6.015E-18	-4.780E-24	-3.014E-27
$a7$	---	---	5.713E-29	1.481E-32
$a8$	---	---	---	-7.663E-39

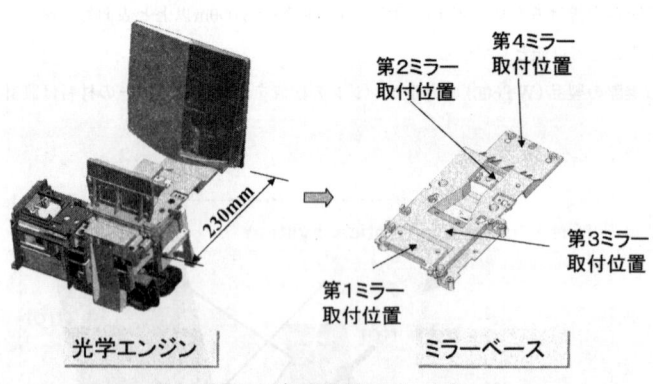

図5　光学エンジンの構成例とベースプレート

足，環境温度変化等への影響および量産性等を考慮して，第一と第二ミラーにはガラス材料を第三，第四ミラーにはプラスチック材料を採用している．ただ，プラスチック材料といえども高温環境下における反りや変形を防ぐために低吸水性の非晶質オレフィン系樹脂材料を採用している．各ミラー配置では各ミラーの光軸を合わせる必要があるが，屈折型レンズのように鏡筒がないため3次元的な精度確保が必要であり，さらに，ミラー同様環境温度変化を仕様範囲内に抑えることも必要である．この両方を満たすため，この製品では4枚のミラーを一枚のベースプレートに一体に取り付ける構造を，またそのベースプレート材料に低線膨張係数のBMC系樹脂材用を採用している．

第6章 応用システム

このほかに実際の製品では，画面全体の結像性能に大きく影響を与える第一及び第二ミラーの間隔に調整機能を，DMD^{TM}にはフランジバック調整機能も採用している。図6には以上のような設計の結果，総合的に光学シミュレーションによる結像性能であるMTFを示す。この設計ではDMD^{TM}画素ピッチである0.42lp/mmで実用的なレベルとして60%以上の解像力を維持している。

MTF at 60"

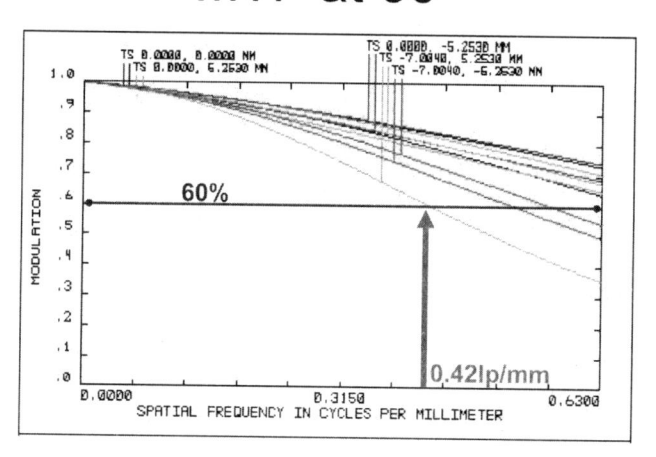

Each line of graph shows MTF curves at 5 grid points in right half image area. Calculation wavelengths are 650, 546 and 460nm.

図6 光学シミュレーションによるMTF設計例

6.5 実際のミラーレンズ特性

各ミラーの量産は金型成型により行なう。図7には実際量産するため特に成型条件の厳しい第四ミラーについて最適化を行なった表面形状の結果を示す。成型条件の詳細は記されていないが，設計仕様を満足させるためにはかなり厳しい条件を維持しており，同図では成型パラメータである温度や時間等の最適化により条件1-2, 2-2等で量産可能としている。同図で示す第四ミラーは170mm角と形状も大きく，全面にわたりその形状収差を最小にすることにより画面の歪曲収差を押さえている。表2には実際に量産した各ミラーに対する各種収差に影響する表面形状誤差，散乱光に影響を与える表面粗さ，投写光利用効率に影響する反射率を示す。表面形状誤差は，各ミラー面内の最大最小の形状誤差の差で，各位置での形状誤差の面内ばらつきというもの

227

プロジェクターの最新技術

である。サイズの点で通常の屈折型レンズに比べても大きい第四ミラーの表面形状誤差を除けばミラー製造条件の最適化により、同表に示すように十分に設計仕様を満足する屈折型レンズ同等以下の数値が得られている。図8には量産レベルでの第四ミラーの表面形状誤差の実測値を示す。図中X、Yはそれぞれミラーの縦、横で、その一部分で最大値75μmを示しているが、この製品

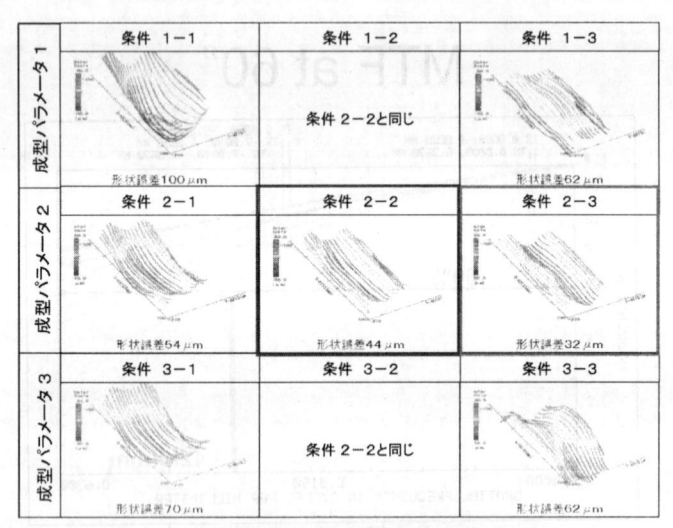

	条件 1-1	条件 1-2	条件 1-3
成型パラメータ1	形状誤差100μm	条件 2-2と同じ	形状誤差62μm
成型パラメータ2	条件 2-1 形状誤差54μm	条件 2-2 形状誤差44μm	条件 2-3 形状誤差32μm
成型パラメータ3	条件 3-1 形状誤差70μm	条件 2-2と同じ	条件 3-3 形状誤差62μm

投写性能から成型条件を決定
図7　第四ミラーの成型条件例

表2　量産ミラーの各種特性

The potision of Mirror	1st	2nd	3rd	4th	remark
Material	glass		prastic		
Dimensions (W×H)	45×40	25×20	90×90	180×175	(mm)
Shape error (PV)	<1	<1	<20	<75	(μm)
Roughness (Ra)	<3	<3	<5	<10	(nm)
Reflectance (Ave)	>95	>95	>95	>95	(%)

PV : The Peak-to-Valley value is the distance between the lowest point and the highest point of the shape error on the mirror surface.
Ra : Roughness-average is arithmetic average deviation from the center line, which is a best fit surface.
Ave : The average of reflectance in the range of 400nm to 680nm wavelength.

第6章 応用システム

Peak to valley: less than 75μm

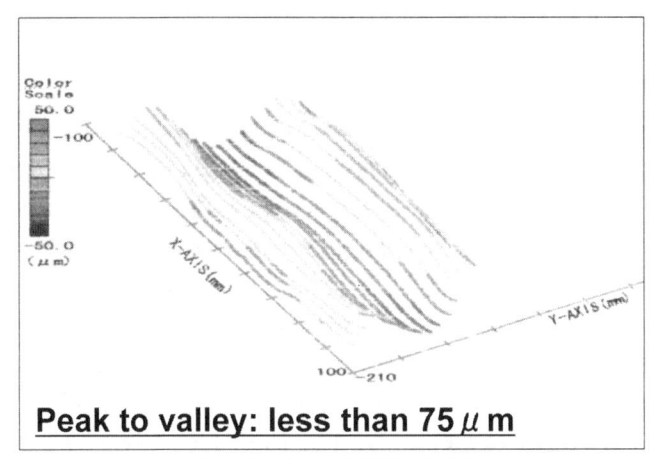

図8　第四ミラー表面形状の実測例

Color aberration (Blue)

Color aberration (Red)

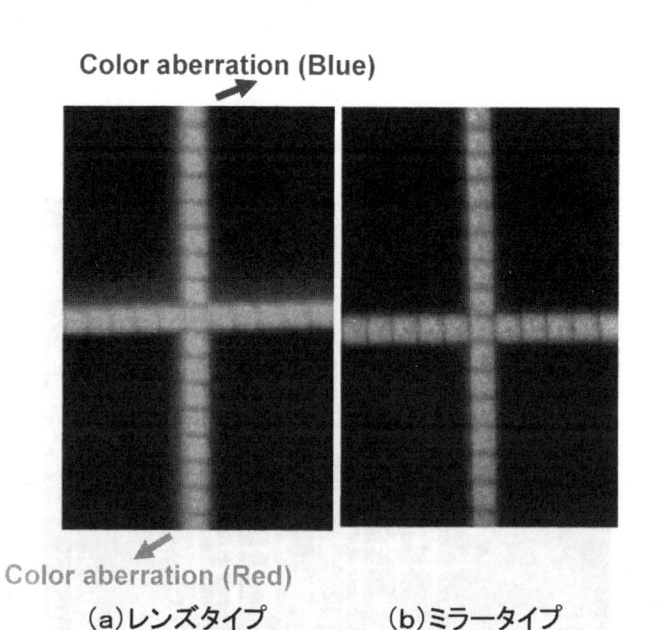

（a）レンズタイプ　　（b）ミラータイプ

図9　屈折型レンズと反射型レンズの色収差例
（いずれもNECビューテクノロジー社製品例による）

におけるミラーレンズの設計仕様を満足するものである．

6.6 投写性能

図9に同じ光学エンジンに従来型の屈折型レンズを，また本紹介のミラーレンズをそれぞれ搭載した製品レベルでの色収差を示す．先に述べたように光学エンジンにはDMD^{TM}単板方式を採用しており3板方式のような各色毎のデバイスのずれによる影響はないため，基本的に色収差はレンズのみによって決定される．同図に見られるように屈折型レンズを用いた場合でも実用上問題のないレベルではあるが，ミラーレンズではそれが無いことがわかりより一層の解像力向上が確認できる．図10は投写画面の歪みを示す．製造時の誤差やばらつきを含めても1.2TV%以下と実用上問題ないレベルを達成している．表3には製品としてのWT600の仕様を示す．セットの奥行き方向の長さを入れても0.65mで画面サイズ100インチを実現し，現状屈折型レンズで短投写距離のものに比べても約1/4を実現している．また，DMD^{TM}単板方式との組み合わせにより，色ずれがなく解像力が高くかつ高コントラスト映像を実現している．

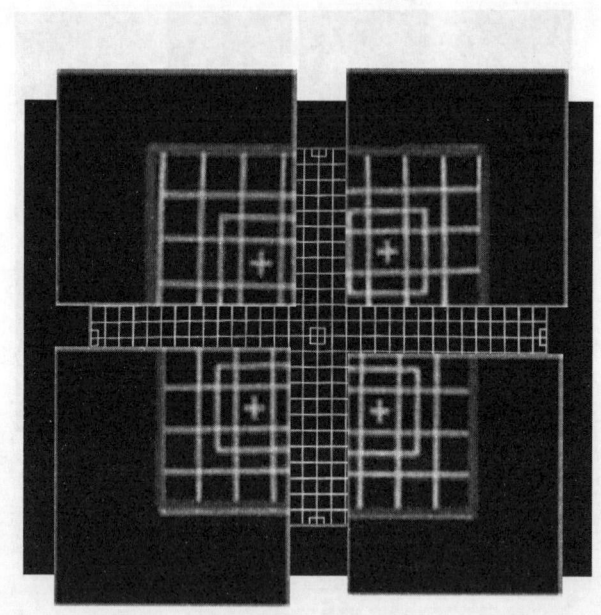

図10 投写画面の歪曲例

第6章 応用システム

表3 製品（WT600）仕様

Projection optical system	Aspherical-mirror-projection
Projection angle	130 degrees
Projection distance	0.06m@40"- 0.26m@60" - 0.65m@100" from front of set
Fno	3.5
Screen size	40" - 100"
Focus adjustment	Electrical power focus
Illumination optical system	Mixing rod/ Relay optics
Brightness	2500 lm （1500 ANSI）
Uniformity	80%≧
Contrast ratio	3000:1@（on/off）
DMD^{TM}	0.69-in. diagonal single chip tilt angles of +/- 12 deg.
Number of pixels	1024×768 @（XGA）
Light source	220W high pressure mercury discharge lamp

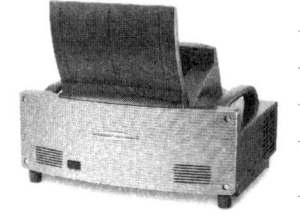

NEC WT600

使用例1 ミーティングルーム

テーブルの上がすっきり。排気熱も気にならない。

使用例2 パブリックディスプレイ

天吊状態での使用も可能。影ができにくい。

使用例3 学校教育

狭いスペースに配置可能。レイアウト変更も不要。

図11 さまざまな設置例

6.7 使用状況と今後

図11に実際の各種設置状況を示す。狭い会議室でも設置場所を気にせず，また人影が写る心配もないという利点が活かされている。このように超短焦点レンズの活用は今までのプロジェクターでは困難であった新しい市場への応用が期待される。現状まだ，ミラー製造に高精度な技術が要求されるため少し高価格ではあるが，今後の製造技術改善により低価格化が進めば市場の広がりが大いに期待される。

＊注：DMDは，Texas Instruments社の登録商標です。

文　　献

1) 浦野邦彦，プロジェクタの高輝度化の推移，日本機会学会誌　9月号，704-706 (2004)
2) Shikama,S *et al.*, Optical System of Ultra-Thin Rear Projection Equipped with Refractive-Reflective Projection Optics, *SID '02 Digest*, 46.2, 1250-1253 (2003)
3) Ogawa,J *et al.*, Super-Short-Focus Front Projector with Aspheric-Mirror Projection System, *SID' 04 Digest*, 12.2, 170-173 (2004)
4) D.Korsch, Reflective Optics, Academic Press,Inc. (1991)
5) Daniel J.Schroeder, Astronomical Optics Second Edition, Academic Press,Inc. (1999)
6) R.N.Wilson, Reflecting Telescope Optics Ⅰ　A&A Library, Springer
7) 高野栄一，レンズデザインガイド，写真工業出版社，59 (1993)

第7章　視機能から見たプロジェクターの評価：色順次提示方式プロジェクターにおけるカラーブレイクアップ現象とその観賞者への影響

鵜飼一彦*

1　はじめに

　プロジェクターなどを通して映像を見る場合には，もちろん，映像を見る人の立場から，快適に，負荷が少なく，という条件が最優先される。プロジェクターの設計もそれらの条件を考慮して進められている事と思う。想定される観賞条件に応じて，考慮すべき条件も変わるが，一般的には次のような，明るさ(人間から見る場合は常に輝度が重要，ただし，プロジェクターから見れば投影距離やスクリーンサイズとスクリーンの反射特性を考慮しないといけない)，コントラスト，空間解像度，リフレッシュレートや残光時間を始めとする時間特性，明るさ・色の階調，外光の見え具合，それらのスクリーン上での各場所の変化，見る人の位置による変化，などの項目が考えられる。これらの項目が視覚特性とマッチしていないと快適性が損なわれる。場合によっては快適性が損なわれるのみでなく，害を及ぼす事も考えられる。

　映像に関する生体影響の研究も多く行われている。たとえば，ISOでは生体の安全性に関する国際ワークショップを2004年の12月に開いて，その会議の合意事項をまとめたものを公布しようとしている[1]。ここでは，光過敏性発作(いわゆるポケモンショック)，映像酔い(松江で多くの中学生が受診したという事件はまだそれほど古い事ではない)と映像(特に3D映像)による眼の疲労が取り上げられている。多くはコンテンツとの関係が重要であるが，プロジェクターの利用では必然的に映像のサイズが大きくなるので，酔いなどの現象とは密接な関係がある。

　本章では，これらの映像と生体影響のうち，例として，色順次提示方式プロジェクターにおけるカラーブレイクアップ現象とその観賞者への影響についてとりあげる。

2　色順次提示方式プロジェクターにおけるカラーブレイクアップ現象とその観賞者への影響

　近年，色順次提示方式のディスプレイ／プロジェクターが普及しつつある。色順次提示方式について，同方式と同時色提示方式の両方式がそろっているDLPを例にして簡単に説明する。DLP

＊　Kazuhiko Ukai　早稲田大学　理工学部　応用物理学科　教授

はDMDというテキサスインスツルメント社により開発されたデバイスを使用する映像投影システムである。詳細はすでに本書の別の個所で解説されているのでそちらを参考にしていただきたい。DMDは微小なマイクロミラーを配列した素子であり，このミラーの数が画素数に相当する。各ミラーは光をオンオフすることができる。通常のディスプレイに必要な階調表示はマイクロミラーの時間特性の良いことを利用してオンオフの時間を制御して行う。色表示については液晶などと同様に，この素子を3枚使用しRGBそれぞれを担当させる場合と，1枚の素子にRGBすべての色を担当させる場合がある。各マイクロミラーに異なった色を担当させることは行われておらず，時間特性の良いことを利用して照明光をRGB順次に与えそれと同期させてマイクロミラーを制御することによって色情報を附加する。1素子を利用した液晶の場合のように空間的に色情報を付加させている方式とは異なり，拡大しても色が分離して見えることはない。これが色順次方式である。通常1/60秒で1枚の画像を提示するが，この間にRGBを2回繰り返すような方式を2倍速のDLPと呼んでいる。3倍速，5倍速の機種も市販されている。

　色順次方式において，RGBの交代が高速であれば問題はまったくないのであろう。事実，普通の状態でこの色の交代に例えばちらつきとして気づくようなことはない。人間の視覚系の特性を考えると，どんなに条件をよくしてもせいぜい70Hzあたりがちらつきを感じる限界であり，明るさではなく色のちらつきを感じるのはもっとずっと低い周波数帯域である。

　しかし，暗い中でちらつきがわからないくらいの速さ（たとえば100Hz）で点滅している小さな輝点，たとえば発光ダイオードを高速で動かしてみると，人の眼には点線が見える。もしこの発光ダイオードがRGB順次点灯されていれば，静止時には白色に見えていたものが，動いているときには非常に鮮やかな色が交互に現れるのが観測されるであろう。先の色順次提示時方式のディスプレイにおいても高速移動物体を提示したときに同様なことが考えられる。この現象をカラーブレイクアップ（CBU，色割れ）という。ただし，いかに高速に変化している像を提示したとしても，RGBをセットとして同じタイミングの像を提示すればCBUは生じない。それでは，そのように配慮すればCBUは生じないかというと，残念ながらそうではなく，眼が動く際には，網膜上にRGBずれた像が投影されるためにCBUは生じてしまう。

　ここでは，そのようなCBUが，どのような機序で生じ，映像を見る人にどのような影響を与えるかを解説する。

3　CBUの機序

　CBUの機序に関しては，すでに，いくつかの報告[2〜5]があり，観察者の眼球運動との関連が知られている。図1のように，A点からB点に眼を動かしたときに，RGBの順次提示で構成された

第7章　視機能から見たプロジェクターの評価：色順次提示方式プロジェクターにおけるカラーブレイクアップ現象とその観賞者への影響

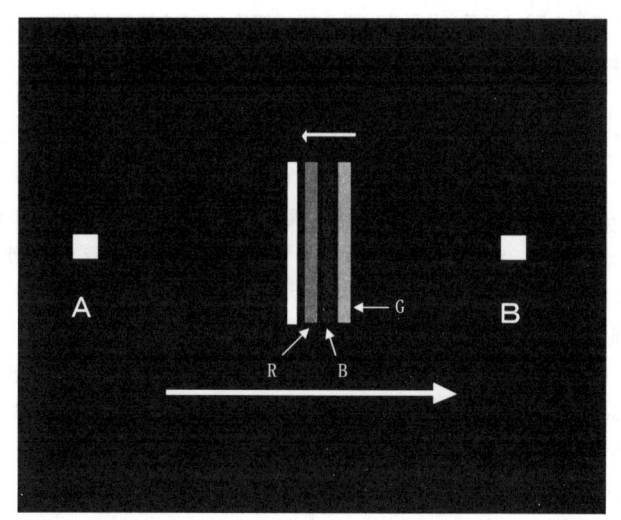

図1　カラーブレイクアップの見え。A点からB点へ眼を動かしたときに中央の白線の右側に3色の色が見える。

　白線が提示されていると，眼の動いていく側にCBUが観察される。眼球運動にはさまざまな種類があり，CBUと関係のあるのは衝動性眼球運動（saccade）と呼ばれている高速な眼球運動が主である。この眼球運動は，一つ一つの運動が分離されて生じ，運動と運動の合間に最低0.2秒が必要である。通常，頭を動かさずに外の世界を見ているときや，字を読むときなど，頻繁に生じる動きである。動きの量が大きければ大きいほど最高速度は速くなり，400度／秒にも達する。もちろん継続時間は0.1秒のオーダーであり，1秒続いて1回転という事にはならない。

　網膜像が高速に流れるので，白線を構成しているRGBが網膜の異なった場所に投影され，それによってCBUが生じる，というふうに考えると，この現象は容易に理解できる。しかし，この説明は正しいであろうか？

　眼球運動が生じると，網膜に写っている外界の像は動く。網膜と脳はつながっているのだから，網膜上で位置が変わった物体は，自分からみて存在する方向が変わってしまうはずである。実際にそのような事があったら大変で，眼が動くたびに世の中が揺れて見えてしまう。そうならないのは，頭の中で，網膜像のずれと目の動いた量を相殺して物体の存在する方向を知覚しているためである。空間定位の問題と呼ばれ，いくつかの報告[6〜9]がある。

　図1でA点を見ているときとB点を見ているときで白線の方向が変わって見えないのもこのためである。このような説明では逆になぜ白線だけが色により方向が異なって知覚されるかが説明

できない。網膜上でずれた位置に投影されていても，眼球の動きを補正すればすべて同じ方向に見えて良いはずであるから。

実際には，この高速な眼球運動の前後で網膜像のずれの補正が働いているとしても，眼が動いている最中にはそのような補正が働いていない，あるいは働きが不完全であるため，CBUが生じる。したがって，補正のタイミングと量次第では，CBUは白線の右側に見えても左側に見えても不思議は無い。CBUの色の見えの順番を注意深く観察して，プロジェクターから出る色の順番と比べてみると興味深い。図1の色の部分は，右の方から左に向かって見えている事がわかる。ちょっと見て判断してしまうのとは逆向きである。我々の研究室では，現在，このようにCBUを利用して空間定位に関する現象を解析するという研究を行なっている。

なお，図1に示した色ずれ部分は，色順次提示方式ではないディスプレイでも白色に見えているはずである。これに気づかないのは，あるいは気づいても気にならないのは，鮮やかな色ではないからであると考えられる。

4　CBUによる影響

CBUによる最大の影響は煩わしさである。自分の目が動くたびに，映像中の白い部分に鮮やかな色が見えてしまう。CBUに気づかない人も，しばしばいる。しかし，いったん気になり始めると，わずかなCBUも気になり，コンテンツどころではなくなってしまい，映像に集中できない。

あきらかに，CBUの出現しやすさは映像の構成に依存する。白背景に，黒の文字によるパワーポイントのプレゼンテーションの場合には，ほとんど感じない。これと逆に黒（あるいは青）背景に白や黄色の文字がでているとCBUが頻出する。同様に，映画を見ている場合でも，CBUがでやすいシーンがあり，暗い映像で一部のみが明るくなっている場面で気になることが多い。一般に映像を見ている場合，大きな眼球運動は水平方向にでやすい。このため，縦方向の明るい筋が最悪である。もちろん，暗い部屋に差し込む外部からの光なども，予想通りCBUが見える。やや暗いシーンでは，スーツ姿の人物のスーツとネクタイのすき間から見えているシャツなどは非常にきれいにCBUが見える。大きな眼球運動を誘発しやすい映像であるかどうかも，大きくこの現象の出現を左右する。おおまかには，このような傾向で出現するのであるが，時によって見えなかったり，意外な場面で見えたりすることもあり，予測しがたいことがあり，やっかいである。

このように気になるCBUであるが，それによって，煩わしさ以上の影響が見ている人におよぼすかどうかを測定した事例がいくつかある。梅澤ら[11]は，CBUの出やすいコンテンツを，プレゼンのスライドや市販の映画のシーンから集め，被検者に15分見せる実験を行った。これを，CBUの出やすいプロジェクターと原理的にCBUの出ないプロジェクターで比較した。疲労の測定は，

第7章 視機能から見たプロジェクターの評価：色順次提示方式プロジェクターにおけるカラーブレイクアップ現象とその観賞者への影響

映像を見る前後に同じアンケート，たとえば，「目が疲れていますか」「目の奥が痛いですか」「眼を開けているのが辛いですか」などの37項目を被検者に5段階評価で答えてもらい，その変化を計算する。この評価項目は，鈴村[1]による眼精疲労の自覚症状のリストを元に作成されている。それによると，CBUの出やすいプロジェクタを使用した場合に，目の疲れが現れる傾向があること，しかも，特定のアンケート項目で，悪化が見られることが明らかになった。また，森ら[2]は，同様のアンケート手法を用いて，映画一本を被検者に見てもらい，やはり，CBUの現れやすいプロジェクターを使用したときの方が疲労が強い傾向にあることを報告している。この実験では，たとえば，スターウォーズ・エピソード1と2のように，内容や時間のよく似た映画のペアを数組用意し，数人に，一方をCBUの現れやすいプロジェクターで鑑賞し，もう一方を現れにくいプロジェクターで鑑賞してもらう。同数の被検者を，逆の組み合わせで実験を行う，という手順が採用されている。

以上のように，CBUの出やすい映像を15分，あるいは通常の映像を100分と見ることによって，疲労などの影響がでるが，通常の映像を15分程度見ただけでは，疲労は少ないようである。これらの実験は2倍速のDLPで行われている。4倍速，5倍速となるに従ってCBUによる疲労は減っていくと考えられる。ただし，色のにじみなどは出現するので，煩わしいことに変わりはない。

ここまでのところは，単に，煩わしい，見ていて多少疲れる，という程度であり，我慢ができないことはない。しかし，常に眼が動いてしまうような人はどうであろうか。眼が継続的に往復運動する状態を眼振と呼ぶ。眼振には，正常な人でも状況によって起きる生理的な眼振がある。列車の窓から景色を見ているときの眼の動きが代表的な生理的眼振である。また，眼の動きを制御する部分の神経系などが病に侵されて生じる眼振（後天性眼振）もある。これらの他に，原因がつかめないような生まれつきの眼振がある。先天眼振と呼ばれており，Forssman & Ringner[3]によると人口1,500人に一人の頻度である。先天眼振の眼の揺れの波形はさまざまなものがあるが，おおまかに言うと，1秒間に2回から数回程度の往復運動を示し，この揺れは止まることはない。眼の向いている方向によって振幅は変化し，ある方向で揺れが小さくなることがある。ひどい場合には揺れのためにあきらかに視力が低下するが，通常は軽微な低下（0.8ないしは0.9）である。視力低下が大きくない場合には，この他に日常生活で困難をきたすような症状もなく，したがって，悪い病気によって起きているのではないことさえはっきりすれば，それ以上は治療を行わないこともある。ところが，これらの人たちが色順次提示方式の映像を見た場合にどう感じるであろうか。実際に話を聞いてみると15分見ているのは困難であるというほど，激しい疲労を覚えるそうである。この状況は，実験データからも明らかである。

尾形ら[1]は，3名の眼振を有する被検者に液晶プロジェクター，2倍速，4倍速のDLPプロジェクターの3機種により映像（映画の冒頭15分）を見せた。映像を見る前後に37項目，5段階の

アンケートを行い，変化を調べた。全項目での変化の合計を計算した結果では，機種による差が現れた（図2参照）。明らかにCBUの影響である。わずか15分のしかも特にCBUが現れやすい映像を選んだ訳ではないにもかかわらず，このような大きな変化となった。未発表であるが最近さらに2名の眼振によるデータを加え，先の結果を確認したということである。

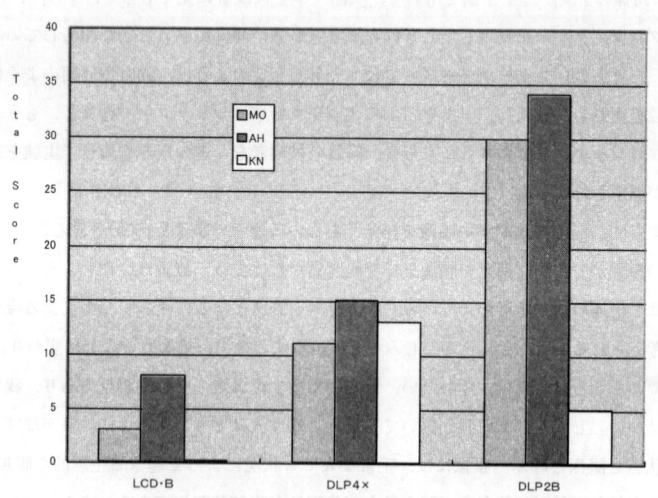

図2　3名の眼振による3主のプロジェクターの評価
プロジェクターは左から液晶，4倍速DLP，2倍速DLP。縦軸は鑑賞前後のアンケートの悪化（総得点）。文献[1]より改変。

5　むすび

色順次方式のプロジェクターにおけるCBUについて考察した。CBUによる見ている人への影響としては，軽い疲労が見られた。しかし，煩わしさによる集中のしにくさなどの方が問題であろう。なお，この他，同じ映像を2回，3回，…と繰り返す現行の2倍速，3倍速，…のDLPプロジェクターにはフィールド割れと呼ばれる，移動物体が2重，3重，…に重なって見える現象がある。この現象には，滑らかに移動物体を追従する眼球運動がかかわっている（図3参照）。

眼振を有する人ではCBUによって大きな疲労が認められる。このような人たちが見る可能性のある場合には，色順次方式のプロジェクターの使用は避けるべきである。問題は，先天眼振の1,500人に一人という頻度で，不特定多数の人が見る可能性のある場合にはやはり避けた方が無難

第7章 視機能から見たプロジェクターの評価：色順次提示方式プロジェクターにおけるカラーブレイクアップ現象とその観賞者への影響

であろう。

現在，色順次方式は低価格のDLPプロジェクターで多く使用されている。DLP方式は動きのある映像にたいして応答性の良いことをはじめ多くの良い点がある。これらの良い点を生かすにはDMD素子を3枚使用した，色順次方式を使用しないDLP方式が望ましい。さいわい，3板式のDLPプロジェクターも価格低下が著しいので，DLPにおけるCBUの問題も遠くない将来に解決されると思われる。

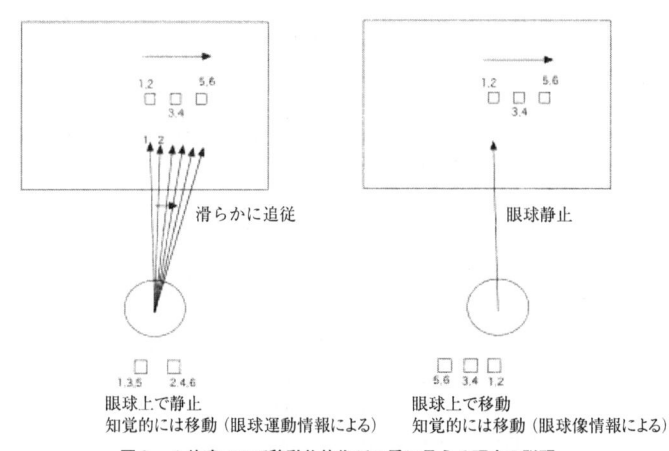

図3　2倍速DLPで移動物体像が2重に見える理由の説明
3倍速，4倍速では3重，4重に見える。図右では2重には見えない。同様に，動いている物体にCBUが見られるとすれば，滑らかな眼球運動が生じている証拠。ただし，この状況でなぜ色が見えにくいかは不明である。色の幅が狭いせいであろうか。

文　　　献

1) 氏家弘裕，映像の生体安全性に関するISO国際ワークショップ報告，*VISION*, **17**, (143-145 (2005)
2) 森峰生，畑田豊彦，石川和夫，最勝寺俊大，和田修，中村旬一，寺島信義，単板継時混色型プロジェクタにおけるカラーブレイクアップの解析，映像情報メディア学会誌，**53**, 1129-1135 (1999)
3) M. Mori, T. Hatada, K. Ishikawa, T. Saishoji, O. Wada, J. Nakamura and N. Terashima,

239

Mechanism of color breakup in field-sequencial-color projectors, SID 99 Digest, 350-353 (1999)
4) O. Wada, J. Nakamura, K. Ishikawa and T. Hatada, Analysis of color breakup in field-sequential color projection system for large area displays, Proceedings of the 6th International Display Workshops, 993-996 (1999)
5) 和田修,中村旬一,色順次駆動プロジェクションディスプレイに関するカラーブレイクアップの解析,ディスプレイ アンド イメージング,**9**,129-137 (2001)
6) H. Honda, Perceptual localization of visual stimuli flashed during saccades, *Perception and Psychophysics*, **45**, 162-174 (1989)
7) H. Sogo and N. Osaka, Perception of relation of stimuli locations successively flashed before saccade, *Vision Research*, **41**, 935-942 (2001)
8) L. Matin, Visual perception of direction for stimuli flashed during voluntary saccadic eye movements, *Science*, **148**, 1485-1487 (1965)
9) W. Hershberger, Saccadic eye movements and the perception of visual direction, *Perception and Psychophysics*, **41**, 35-44 (1987)
10) 梅澤恵美,柴田隆史,河合隆史,鵜飼一彦,カラーシーケンシャル表示方式を用いたプロジェクタの人間工学的評価,人間工学,**40**(特別号),428-429 (2004)
11) 鈴村昭弘,眼疲労,眼科,**23**,799-804 (1981)
12) 森峰夫ほか,カラーブレイクアップによる疲労の評価:一般的コンテンツ100分の影響,投稿準備中
13) B. Forssman and B. Ringner, Prevalence and inheritance of congenital nystagmus in a Swedish population, *Annals of Human Genetics, London*, **35**, 139-147 (1971)
14) 尾形真樹, 鵜飼一彦, 梅澤恵美, 河合隆史,色順次方式で提示された映像を見ることに起因する先天眼振の眼精疲労, *Vision*, **16**, 227-230 (2004)

《CMCテクニカルライブラリー》発行にあたって

弊社は、1961年創立以来、多くの技術レポートを発行してまいりました。これらの多くは、その時代の最先端情報を企業や研究機関などの法人に提供することを目的としたもので、価格も一般の理工書に比べて遙かに高価なものでした。

一方、ある時代に最先端であった技術も、実用化され、応用展開されるにあたって普及期、成熟期を迎えていきます。ところが、最先端の時代に一流の研究者によって書かれたレポートの内容は、時代を経ても当該技術を学ぶ技術書、理工書としていささかも遜色のないことを、多くの方々が指摘されています。

弊社では過去に発行した技術レポートを個人向けの廉価な普及版《CMCテクニカルライブラリー》として発行することとしました。このシリーズが、21世紀の科学技術の発展にいささかでも貢献できれば幸いです。

2000年12月

株式会社　シーエムシー出版

プロジェクターの技術と応用 (B0935)

2005年 6月30日　初　版　第1刷発行
2010年 8月20日　普及版　第1刷発行

監　修　西田　信夫
発行者　辻　　賢司
発行所　株式会社　シーエムシー出版
　　　　東京都千代田区内神田1-13-1　豊島屋ビル
　　　　電話 03 (3293) 2061
　　　　http://www.cmcbooks.co.jp

Printed in Japan

〔印刷　倉敷印刷株式会社〕

© N. Nishida, 2010

定価はカバーに表示してあります。
落丁・乱丁本はお取替えいたします。

ISBN978-4-7813-0260-7 C3054 ¥3600E

本書の内容の一部あるいは全部を無断で複写（コピー）することは，法律で認められた場合を除き，著作者および出版社の権利の侵害になります。

CMCテクニカルライブラリー のご案内

ナノサイエンスが作る多孔性材料
監修／北川 進
ISBN978-4-7813-0189-1　　　　B915
A5判・249頁　本体3,400円+税（〒380円）
初版2004年11月　普及版2010年3月

構成および内容：【基礎】製造方法（金属系多孔性材料／木質系多孔性材料 他）／吸着理論（計算機科学 他）【応用】化学機能材料への展開（炭化シリコン合成法／ポリマー合成への応用／光応答性メソポーラスシリカ／ゼオライトを用いた単層カーボンナノチューブの合成 他）／物性材料への展開／環境・エネルギー関連への展開
執筆者：中嶋英雄／大久保達也／小倉 賢 他27名

ゼオライト触媒の開発技術
監修／辰巳 敬／西村陽一
ISBN978-4-7813-0178-5　　　　B914
A5判・272頁　本体3,800円+税（〒380円）
初版2004年10月　普及版2010年3月

構成および内容：【総論】【石油精製用ゼオライト触媒】流動接触分解／水素化分解／水素化精製／パラフィンの異性化【石油化学プロセス用】芳香族化合物のアルキル化／酸化反応【ファインケミカル合成用】ゼオライト系ピリジン塩基類合成触媒の開発【環境浄化用】NO_x選択接触還元／Co-βによるNO_x選択還元／自動車排ガス浄化【展望】
執筆者：窪田好浩／増田立男／岡崎 肇 他16名

膜を用いた水処理技術
監修／中尾真一／渡辺義公
ISBN978-4-7813-0177-8　　　　B913
A5判・284頁　本体4,000円+税（〒380円）
初版2004年9月　普及版2010年3月

構成および内容：【総論】膜ろ過による水処理技術 他【技術】下水・廃水処理システム 他【応用】膜型浄水システム／用水・下水・排水処理システム（純水・超純水製造／ビル排水再利用システム／産業廃水処理システム／廃棄物最終処分場浸出水処理システム／膜分離活性汚泥法を用いた畜産廃水処理システム 他）／海水淡水化施設 他
執筆者：伊藤雅喜／木村克輝／住田一郎 他21名

電子ペーパー開発の技術動向
監修／面谷 信
ISBN978-4-7813-0176-1　　　　B912
A5判・225頁　本体3,200円+税（〒380円）
初版2004年7月　普及版2010年3月

構成および内容：【ヒューマンインターフェース】読みやすさと表示媒体の形態的特性／ディスプレイ作業と紙上作業の比較と分析【表示方式】表示方式の開発動向（異方性流体を用いた微粒子ディスプレイ／摩擦帯電型トナーディスプレイ／マイクロカプセル型電気泳動方式 他）／液晶とELの開発動向【応用展開】電子書籍普及のためには 他
執筆者：小清水実／眞島 修／高橋泰樹 他22名

ディスプレイ材料と機能性色素
監修／中澄博行
ISBN978-4-7813-0175-4　　　　B911
A5判・251頁　本体3,600円+税（〒380円）
初版2004年9月　普及版2010年2月

構成および内容：液晶ディスプレイと機能性色素（課題／液晶プロジェクターの概要と技術課題／高精細LCD用カラーフィルター／ゲスト-ホスト型液晶用機能性色素／偏光フィルム用機能性色素／LCD用バックライトの発光材料 他）／プラズマディスプレイと機能性色素／有機ELディスプレイと機能性色素／LEDと発光材料／FED 他
執筆者：小林駿介／鎌倉 弘／後藤泰行 他26名

難培養微生物の利用技術
監修／工藤俊章／大熊盛也
ISBN978-4-7813-0174-7　　　　B910
A5判・265頁　本体3,800円+税（〒380円）
初版2004年7月　普及版2010年2月

構成および内容：【研究方法】海洋性VBNC微生物とその検出法／定量的PCR法を用いた難培養微生物のモニタリング 他【自然環境中の難培養微生物】有機性廃棄物の生分解処理と難培養微生物／ヒトの大腸内細菌叢の解析／昆虫の細胞内共生微生物／植物の内生窒素固定細菌 他【微生物資源としての難培養微生物】EST解析／系統保存化 他
執筆者：木暮一啓／上田賢志／別府輝彦 他36名

水性コーティング材料の設計と応用
監修／三代澤良明
ISBN978-4-7813-0173-0　　　　B909
A5判・406頁　本体5,600円+税（〒380円）
初版2004年8月　普及版2010年2月

構成および内容：【総論】【樹脂設計】アクリル樹脂／エポキシ樹脂／環境対応型高耐久性フッ素樹脂および塗料／ハイブリッド樹脂【塗料設計】塗料の流動性／硬化方法／顔料分散／添加剤【応用】自動車用塗料／アルミ建材用電着塗料／家電用塗料／缶用塗料／水性塗装システムの構築 他【塗装】【排水処理技術】塗装ラインの排水処理
執筆者：石倉慎一／大西 清／和田秀一 他25名

コンビナトリアル・バイオエンジニアリング
監修／植田充美
ISBN978-4-7813-0172-3　　　　B908
A5判・351頁　本体5,000円+税（〒380円）
初版2004年8月　普及版2010年2月

構成および内容：【研究成果】ファージディスプレイ／乳酸菌ディスプレイ／酵母ディスプレイ／無細胞合成系／人工遺伝子系【応用と展開】ライブラリー創製／アレイ系／細胞チップを用いた薬剤スクリーニング／植物小胞輸送工学による有用タンパク質生産／ゼブラフィッシュ系／蛋白質相互作用領域の迅速同定 他
執筆者：津本浩平／熊谷 泉／上田 宏 他45名

※書籍をご購入の際は、最寄りの書店にご注文いただくか、㈱シーエムシー出版のホームページ（http://www.cmcbooks.co.jp/）にてお申し込み下さい。

CMCテクニカルライブラリーのご案内

超臨界流体技術とナノテクノロジー開発
監修／阿尻雅文
ISBN978-4-7813-0163-1　　B906
A5判・300頁　本体4,200円＋税（〒380円）
初版2004年8月　普及版2010年1月

構成および内容：超臨界流体技術（特性／原理と動向）／ナノテクノロジーの動向／ナノ粒子合成（超臨界流体を利用したナノ微粒子創製／超臨界水熱合成／マイクロエマルションとナノマテリアル　他）／ナノ構造制御／超臨界流体材料合成プロセスの設計（超臨界流体を利用した材料製造プロセスの数値シミュレーション　他）／索引
執筆者：猪股　宏／岩井芳夫／古屋　武　他42名

スピンエレクトロニクスの基礎と応用
監修／猪俣浩一郎
ISBN978-4-7813-0162-4　　B905
A5判・325頁　本体4,600円＋税（〒380円）
初版2004年7月　普及版2010年1月

構成および内容：【基礎】巨大磁気抵抗効果／スピン注入・蓄積効果／磁性半導体の光磁化と光操作／配列ドット格子と磁気物性　他【材料・デバイス】ハーフメタル薄膜とTMR／スピン注入による磁化反転／室温強磁性半導体／磁気抵抗スイッチ効果　他【応用】微細加工技術／Development of MRAM／スピンバルブトランジスタ／量子コンピュータ　他
執筆者：宮崎照宣／高橋三郎／前川禎通　他35名

光時代における透明性樹脂
監修／井手文雄
ISBN978-4-7813-0161-7　　B904
A5判・194頁　本体3,600円＋税（〒380円）
初版2004年6月　普及版2010年1月

構成および内容：【総論】透明性樹脂の動向と材料設計【材料と技術各論】ポリカーボネート／シクロオレフィンポリマー／非複屈折性脂環式アクリル樹脂／全フッ素樹脂とPOFへの応用／透明ポリイミド／エポキシ樹脂／スチレン系ポリマー／ポリエチレンテレフタレート　他【用途展開と展望】光通信／光部品用接着剤／光ディスク　他
執筆者：岸本祐一郎／秋原　勲／橋本昌和　他12名

粘着製品の開発
―環境対応と高機能化―
監修／地畑健吉
ISBN978-4-7813-0160-0　　B903
A5判・246頁　本体3,400円＋税（〒380円）
初版2004年7月　普及版2010年1月

構成および内容：総論／材料開発の動向と環境対応（基材／粘着剤／剥離剤および剥離ライナー）／塗工技術／粘着製品の開発動向と環境対応（電気・電子関連用粘着製品／建築・建材関連用／医療関連用／表面保護用／粘着ラベルの環境対応／構造用接着テープ）／特許から見た粘着製品の開発動向／各国の粘着製品市場とその動向／法規制
執筆者：西川一哉／福田雅之／山本宜延　他16名

液晶ポリマーの開発技術
―高性能・高機能化―
監修／小出直之
ISBN978-4-7813-0157-0　　B902
A5判・286頁　本体4,000円＋税（〒380円）
初版2004年7月　普及版2009年12月

構成および内容：【発展】【高性能材料としての液晶ポリマー】樹脂成形材料／繊維／成形品【高機能性材料としての液晶ポリマー】電気・電子機能（フィルム／高熱伝導性材料）／光学素子（棒状高分子液晶／ハイブリッドフィルム）／光記録材料【トピックス】液晶エラストマー／液晶性有機半導体中での電荷輸送／液晶性反役系高分子　他
執筆者：三原隆志／井上俊英／真壁芳樹　他15名

CO_2固定化・削減と有効利用
監修／湯川英明
ISBN978-4-7813-0156-3　　B901
A5判・233頁　本体3,400円＋税（〒380円）
初版2004年8月　普及版2009年12月

構成および内容：【直接的技術】CO_2隔離・固定化技術（地中貯留／海洋隔離／大規模緑化／地下微生物利用）／CO_2分離・分解技術／CO_2有効利用【CO_2排出削減関連技術】太陽光利用（宇宙空間利用発電／化学的水素製造／生物的水素製造）／バイオマス利用（超臨界流体利用製品／燃焼技術／エタノール生産／化学品・エネルギー生産　他）
執筆者：大隅多加志／村井重人／富澤健一　他22名

フィールドエミッションディスプレイ
監修／齋藤弥八
ISBN978-4-7813-0155-6　　B900
A5判・218頁　本体3,000円＋税（〒380円）
初版2004年6月　普及版2009年12月

構成および内容：【FED研究開発の流れ】歴史／構造と動作　他【FED用冷陰極】金属マイクロエミッタ／カーボンナノチューブエミッタ／横型薄膜エミッタ／ナノ結晶シリコンエミッタ BSD／MIM エミッタ／転写モールド法によるエミッタアレイの作製【FED用蛍光体】電子線励起型蛍光体【イメージセンサ】高感度撮像デバイス／赤外線センサ
執筆者：金丸正剛／伊藤茂生／田中　満　他16名

バイオチップの技術と応用
監修／松永　是
ISBN978-4-7813-0154-9　　B899
A5判・255頁　本体3,800円＋税（〒380円）
初版2004年6月　普及版2009年12月

構成および内容：【総論】【要素技術】アレイ・チップ材料の開発（磁性ビーズを利用したバイオチップ／表面処理技術　他）／検出技術開発／バイオチップの情報処理技術【応用・開発】DNAチップ／プロテインチップ／細胞チップ（発光微生物を用いた環境モニタリング／免疫診断用マイクロウェルアレイ細胞チップ　他）／ラボオンチップ
執筆者：岡村好子／田中　剛／久本秀明　他52名

※書籍をご購入の際は、最寄りの書店にご注文いただくか、㈱シーエムシー出版のホームページ (http://www.cmcbooks.co.jp/) にてお申し込み下さい。

CMCテクニカルライブラリーのご案内

水溶性高分子の基礎と応用技術
監修／野田公彦
ISBN978-4-7813-0153-2　　B898
A5判・241頁　本体3,400円＋税（〒380円）
初版2004年5月　普及版2009年11月

構成および内容：【総論】概説【用途】化粧品・トイレタリー／繊維・染色加工／塗料・インキ／エレクトロニクス工業／土木・建築／用廃水処理【応用技術】ドラッグデリバリーシステム／水溶性フラーレン／クラスターデキストリン／極細繊維製造への応用／ポリマー電池・バッテリーへの高分子電解質の応用／海洋環境再生のための応用　他
執筆者：金田　勇／川副智行／堀江誠司　他21名

機能性不織布
―原料開発から産業利用まで―
監修／日向　明
ISBN978-4-7813-0140-2　　B896
A5判・228頁　本体3,200円＋税（〒380円）
初版2004年5月　普及版2009年11月

構成および内容：【総論】原料の開発／繊維の太さ・形状・構造／ナノファイバー／耐熱性繊維　他／製法（スチームジェット技術／エレクトロスピニング法　他）／製造機器の進展【応用】空調エアフィルタ／自動車関連／医療・衛生材料（貼付剤／マスク）／電気材料／新用途展開（光触媒空気清浄機／生分解性不織布）　他
執筆者：松尾達樹／谷岡明彦／夏原豊和　他30名

RFタグの開発技術 II
監修／寺浦信之
ISBN978-4-7813-0139-6　　B895
A5判・275頁　本体4,000円＋税（〒380円）
初版2004年5月　普及版2009年11月

構成および内容：【総論】市場展望／リサイクル／EDIとRFタグ／物流【標準化、法規制の現状と今後の展望】ISOの進展状況　他【政府の今後の対応方針】ユビキタスネットワーク　他【各事業分野での実証試験及び適用検討】出版業界／食品流通／空港手荷物／医療分野　他【諸団体の活動】郵便事業への活用　他【チップ・実装】微細RFID　他
執筆者：藤浪　啓／藤本　淳／若泉和彦　他21名

有機電解合成の基礎と可能性
監修／淵上寿雄
ISBN978-4-7813-0138-9　　B894
A5判・295頁　本体4,200円＋税（〒380円）
初版2004年4月　普及版2009年11月

構成および内容：【基礎】研究手法／有機電極反応論　他【工業的利用の可能性】生理活性天然物の電解合成／有機電解法による不斉合成／選択的電解フッ素化／金属錯体を用いる有機合成／電解重合／超臨界 CO_2 を用いる有機電解合成／イオン性液体中での有機電解反応／電極触媒を利用する有機電解合成／超音波照射下での有機電解反応
執筆者：跡部真人／田嶋稔樹／木瀬直樹　他22名

高分子ゲルの動向
―つくる・つかう・みる―
監修／柴山充弘／梶原莞爾
ISBN978-4-7813-0129-7　　B892
A5判・342頁　本体4,800円＋税（〒380円）
初版2004年4月　普及版2009年10月

構成および内容：【第1編　つくる・つかう】環境応答（微粒子合成／キラルゲル　他）／力学・摩擦（ゲルダンピング材　他）／医用（生体分子応答性ゲル／DDS応用　他）／産業（高吸水性樹脂　他）／食品・日用品（化粧品　他）　他【第2編　みる・つかう】小角X線散乱によるゲル構造解析／中性子散乱／液晶ゲル／熱測定・食品ゲルNMR　他
執筆者：青島貞人／金岡鍾局／杉原伸治　他31名

静電気除電の装置と技術
監修／村田雄司
ISBN978-4-7813-0128-0　　B891
A5判・210頁　本体3,000円＋税（〒380円）
初版2004年4月　普及版2009年10月

構成および内容：【基礎】自己放電式除電器／ブロワー式除電装置／光照射除電装置／大気圧グロー放電を用いた除電／除電効果の測定機器　他【応用】プラスチック・粉体の除電と問題点／軟X線除電装置の安全性と適用法／液晶パネル製造工程における除電技術／湿度環境改善による静電気障害の予防　他【付録】除電装置製品例一覧
執筆者：久本　光／水谷　豊／菅野　功　他13名

フードプロテオミクス
―食品酵素の応用利用技術―
監修／井上國世
ISBN978-4-7813-0127-3　　B890
A5判・243頁　本体3,400円＋税（〒380円）
初版2004年3月　普及版2009年10月

構成および内容：食品酵素化学への期待／糖質関連酵素（麹菌グルコアミラーゼ／トレハロース生成酵素　他）／タンパク質・アミノ酸関連酵素（サーモライシン／システイン・ペプチダーゼ　他）／脂質関連酵素／酸化還元酵素（スーパーオキシドジスムターゼ／クルクミン還元酵素　他）／食品分析と食品加工（ポリフェノールバイオセンサー　他）
執筆者：新田康則／三宅英雄／秦　洋二　他29名

美容食品の効用と展望
監修／猪居　武
ISBN978-4-7813-0125-9　　B888
A5判・279頁　本体4,000円＋税（〒380円）
初版2004年3月　普及版2009年9月

構成および内容：総論（市場）／美容要因とそのメカニズム（美白／美肌／ダイエット／抗シミ／皮膚の老化／男性型脱毛）／効用と作用物質（ビタミン／アミノ酸・ペプチド・タンパク質／脂質／カロテノイド色素／植物性成分／微生物成分（乳酸菌、ビフィズス菌）／キノコ成分／無機成分／特許から見た企業別技術開発の動向／展望
執筆者：星野　拓／宮本　達／佐藤友恵恵志　他24名

※書籍をご購入の際は、最寄りの書店にご注文いただくか、㈱シーエムシー出版のホームページ（http://www.cmcbooks.co.jp/）にてお申し込み下さい。